异味污染的感官表征与暴露评估方法

李伟芳 等编著

化学工业出版社

·北京·

本书共7章，首先介绍了异味与气味的区别，异味的来源、特点和危害，异味污染的测定方法，以及国内外嗅阈值测定方法；其次，从臭气浓度、臭气强度、异味活度值、愉悦度、干扰潜力、气味品质与气味轮图等方面详细介绍了异味污染的几种感官表征方法，并介绍了典型异味物质及异味源的感官特征；再次，对异味污染暴露影响评价方法展开详细论述，并介绍了异味暴露影响评价案例；最后，对世界各地的异味污染管理政策进行了简要介绍，为我国异味污染管理政策的优化提供参考。

本书具有较强的技术性和针对性，可供环保领域的监测与评估人员、工程技术人员、科研人员和管理人员参考，也可供高等学校环境科学与工程、生态工程及相关专业师生参阅。

图书在版编目（CIP）数据

异味污染的感官表征与暴露评估方法/李伟芳等编著. —北京：化学工业出版社，2020.1
ISBN 978-7-122-35743-4

Ⅰ.①异⋯　Ⅱ.①李⋯　Ⅲ.①空气污染-污染防治
Ⅳ.①X51

中国版本图书馆 CIP 数据核字（2019）第 256463 号

责任编辑：刘兴春　刘兰妹　　　　　　　　　装帧设计：关　飞
责任校对：王素芹

出版发行：化学工业出版社（北京市东城区青年湖南街 13 号　邮政编码 100011）
印　　装：高教社（天津）印务有限公司
787mm×1092mm　1/16　印张 15　字数 312 千字　2020 年 3 月北京第 1 版第 1 次印刷

购书咨询：010-64518888　　　　　　售后服务：010-64518899
网　　址：http://www.cip.com.cn

凡购买本书，如有缺损质量问题，本社销售中心负责调换。

定　　价：85.00 元　　　　　　　　　　　　　　　　版权所有　违者必究

《异味污染的感官表征与暴露评估方法》
编著人员名单

李伟芳　李佳音　杨伟华

闫凤越　孟　洁　耿　静

韩　萌　翟增秀　张　妍

前言

异味（恶臭）是典型的扰民污染，也是当前公众投诉最强烈的环境问题之一。据全国"12369"环保举报平台统计，异味（恶臭）问题占大气污染举报的 45% 以上，占全部环境举报案件的 20%～30%，仅次于噪声，居第二位。异味污染来源广泛，涉及市政设施、工业企业、畜禽养殖以及餐饮服务等行业。党的十九大报告做出了"加快生态文明体制改革，建设美丽中国"的重大部署，异味污染既影响群众的生活质量，也影响美丽城市及乡村建设，是当前急需解决的环境问题之一。

异味兼有感官污染和有害气体污染的两重性。从污染物成分上看，异味物质包括挥发性有机物和 H_2S、NH_3 等无机物，同时，它又具有以人的嗅觉感知为判断标准的特殊性。异味物质的嗅阈值很低，且人的感觉强度与物质浓度并不成线性关系，相比污染物浓度控制，气味去除更为困难。异味从产生到扰民是一个涉及多环节的复杂过程，包括气味物质的形成与释放、大气迁移扩散、受体暴露、感知评价以及烦恼投诉等，迄今我们对各环节的认识仍然存在很多不足及空白。我国在异味污染防治领域尚未建立完整的标准管理体系和有效的科技支撑体系，亟须进行更深入的基础研究和技术研发以推动本领域的发展。

目前我国环境影响评价指导性文件都是针对有害化学污染物的，对感官污染影响评价的研究相对滞后。本书重点论述了异味污染的感官表征方法和暴露影响评价方法，这些内容既有笔者近年来的科研成果，也包含国内外最新的研究进展，旨在建立科学完整的异味污染评价方法体系，为标准制定、土地规划、事故调查、治理效果评价等提供科学指导及方法依据。本书注重理论方法的实用性，通过实际应用案例突出这些方法在现实环境中的具体应用，使读者在学习过程中能理论联系实际，提高分析问题和解决问题的能力。此外，本书还介绍了国外异味污染管理办法，以期为我国异味污染管理提供借鉴。

本书作者来自国家生态环境恶臭污染控制重点实验室，李伟芳组织撰写并最终统稿、定稿。本书具体编著分工如下：第 1 章由李伟芳、闫凤越编著；第 2 章由李佳音、翟增秀编著；第 3 章由耿静、韩萌、李佳音、闫凤越编著；第 4 章由李佳音、闫凤越编著；第 5 章由杨伟华、李佳音编著；第 6 章由杨伟华、张妍编著；第 7 章由孟洁编著。

参与项目调查及监测的其他成员有商细彬、荆博宇、卢志强、鲁富蕾、肖咸德和王亘，在此表示衷心感谢！

本书具有较强的技术性和针对性，可供环保领域的监测与评估人员、工程技术人员、科研人员和管理人员参考，也可供高等学校环境科学与工程、生态工程及相关专业师生参阅。

限于编著者水平及编著时间，本书难免存在不足和疏漏，敬请广大读者及同行多提宝贵意见。

编著者

2019 年 7 月

目录

第3章 异味污染的感官表征方法   **30**

第4章 典型异味物质及异味源的感官特征   **78**

第5章　异味污染暴露影响评价方法　　104

第6章　异味暴露影响评价案例　　137

第 7 章　世界各地的异味污染管理政策　173

附录   206

第1章

绪 论

1.1 气味与异味

1.1.1 气味

气味即人的嗅觉器官以空气为介质对挥发性物质物理特性的嗅觉感知。在自然界中，存在着大量的植物、动物和矿物等有气味的物质，它们不断地散发出人眼所看不见的微小气味分子，这种气味分子随着空气的流动而运动。据研究，人类能分辨10000种气味，不同的气味会使人产生愉悦、振奋、厌恶、颓废等不同的心理及生理变化。气味在医学、日用精细化工、食品、农业、军事、环境等领域中都有着广泛的应用。

对于基本气味，有众多不同看法。东方人对气味的辨识在嗅觉与味觉方面有不同的表述，分为五臭和五味，五臭与五味多以五行相配。五臭为臊、焦、香、腥、腐，五味为酸、苦、甘、辛、咸。在古代的词义系统中，气味具有两级，"臭（嗅）"指所有气味，"臊、焦、香、腥、腐"是第二级，包含在"臭（嗅）"中。西方学者对气味的分类提出了不同的观点。18世纪瑞典的植物学家Linne将气味分为芳香、芬香、麝香、大蒜气味、羊膻气味、"令人讨厌的气味"和"使人恶心的气味"7类。有人根据气味物质的化学结构，提出了樟脑味、麝香味、花卉味、薄荷味、乙醚味、辛辣味和腐腥味7种基本气味。环境心理学提出花香、果香、香料香、松脂香、焦臭和恶臭6类基本气味。时至今日，学术界对于气味一直缺乏科学、明确的分类标准。

表 1-1 列出了 7 种常见的气味类型和其包含的气味种类，以及气味属性。

表 1-1　气味类型、气味种类及气味属性

气味类型	气味种类	气味属性
芳香型臭气	花香臭 水果臭 药味臭	花的芳香气味 熟透的水果味 草药味
植物型臭味	藻臭 青草臭 木材臭	藻类腐烂时的臭味 蒸煮青草的味 锯末的味
土臭及霉臭	土臭 沼泽臭 霉臭	土壤中的臭味（腐殖质） 湿地中的臭味 物质发霉时的臭味
鱼臭	鱼臭 肝油臭	鱼市中的腥臭味 鱼肝油的腥臭味
药品及试剂型臭气	苯酚臭 焦油臭 油臭 油脂臭 石蜡臭 硫化氢臭 氯臭 碘臭 药方臭 试剂臭	苯酚、甲苯的臭味 炼焦油、沥青、焦炭的臭味 石油系列物质的臭味 动物油脂及其他油脂臭 蜡烛熄灭时的臭味 臭鸡蛋的气味 氯气臭味 碘仿的臭味 医院药房的臭味 各种化工厂的气味
金属型臭	铁锈臭 金属臭 黄铜臭	以铁为主的各种钢铁的臭味 以铝、锌为主的各种有色金属臭味 以铜为主的各种金属生锈后的臭味
腐败型臭气	污水臭 猪圈臭 腐败臭	下水道中发出的臭味 猪圈及动物园的臭味 有机物腐败时发出的臭味

1.1.2　异味

异味指一切刺激嗅觉器官引起人们不愉快感觉及损害生活环境的气味。异味是大气污染的一种形式，但由于它的特殊性，许多国家将它单独列为公害的一种。异味与噪声均属于感觉公害，噪声直接作用于人的听觉器官，而异味直接作用于人的嗅觉器官。异味不仅影响环境质量、生活品质和城市形象，同时对人群健康也有直接危害，它体现了感官污染和环境污染的两重性。

异味物质来源于工业、农业生产及生活等多个方面，不同源排放的气味物质及气味特点千差万别。向大气中扩散的异味物质，除了氨、硫化氢、二硫化碳等少数无机物外，绝大多数是挥发性有机物。有时异味物质会随废水、废渣排入水体及土壤，使水体及土壤产生异味。

表 1-2 是常见异味物质的分类及其气味特点。

表 1-2　常见异味物质的分类及其气味特点

无机物		气味特点	有机物		气味特点
含硫化合物	硫化氢 二氧化硫	腐蛋臭、刺激臭	芳香烃类		有机溶剂味、卫生球味
			含硫化合物	硫醇类	烂洋葱臭、烂菜心臭
				硫醚类	烂洋葱臭、蒜臭
含氮化合物	二氧化氮 氨 碳酸氢铵 硫化铵	刺激臭、尿臭	含氮化合物	胺类	鱼腥味、尿臭
				酰胺类	汗臭、尿臭
				吲哚类	粪臭
				其他	芥子气臭
卤素及其化合物	氯气 溴 氯化氢	刺激臭	含氧化合物	醇	酒精气味
				醛	花香味、油脂味
				酮和醚	刺激臭
其他	臭氧 磷化氢	刺激臭		酸	刺激臭、酸臭、汗臭
				酯	水果味、香水味
			萜烯类		草木气味

1.2　嗅　觉

1.2.1　东西方对嗅觉的认识

嗅觉是人类的重要感觉之一，它同视觉、听觉、味觉、触觉等共同构成人体认识及感受外界环境的重要渠道。纵观历史，中医学是以东方人的文化视角，对嗅觉从天人合一的整体观来认识的。人的嗅觉器官——鼻，是在肺的正常呼吸作用下，心、脑等脏腑的共同参与下完成感知的。《素问·五藏别论》说："心肺有病，而鼻为之不利也。"《素问·玉机真藏论》指出："脾不及，则令人九窍不通。"《难经·四十难》言："肺者，西方金也，金生于巳，巳者南方火；火者心，心主臭，故令鼻能知香臭。"古人认为心为君主之官，人体的一切感觉、精神思维活动都属于心的功能，心功能正常，令鼻知香臭，当心发生了障碍，会致嗅觉失灵。金元时《脾胃论·卷下》谓："夫三焦之窍，开于喉，出于鼻。鼻乃肺之窍，此体也，其闻香臭者用也。"鼻不只是具有单纯的嗅觉功能，还能"吸引五臭，卫养五脏"。有益的气味可以养身，有害的气味可以伤身，益和害并不是绝对的，在一定条件下是可以转化的。

西方医学对嗅觉是从解剖生理学的角度加以认识的。嗅觉过程是嗅觉感受细胞（OE）把信息传递到嗅小球（OB），嗅小球激活僧帽状细胞，信息从僧帽状细胞传到嗅觉皮质（OC）并通过嗅神经传向大脑中主嗅皮质——眶额皮质（OFC，前额叶的一部分），形成有意识的气味感知。在 OC，来自一些不同类型的气味受体的信息合成一个表达该种气味特征的气味影像，嗅觉皮质功能作为可检索内容地址的嗅觉内存库，使人能够产生嗅觉记忆，就像曾经看过某人会记得他一样。这种直接输入最高认知中心——大脑的一个特定属性的气味影像是人类至关重要的经验积累，据此在感觉的基础上产生相关的记忆、情绪、抽象思维和语言的感知系统，这就是为什么某些熟悉的味道会引发我们不同的回忆。

1.2.2　嗅觉理论

近百年来，研究人员从不同角度对嗅觉产生的奥秘进行了深入探索，先后提出了50 余种嗅觉理论，包括立体化学理论、外形官能团理论、振动理论、膜刺激理论、酶理论等，试图找到一种对气味和嗅觉的合理解释，但没有一种理论能够解释所有物质气味产生的机理。目前影响较大的嗅觉理论有以下几种。

（1）立体化学理论

嗅觉立体化学理论（stereochemical theory）由心理学家 Amoore 于 1952 年提出。该理论将物质产生的嗅觉与其分子形状联系起来，不同气味物质的立体分子的大小、形状和电荷不同，并首次提出原气味的概念。Amoore 根据各种气味出现的频率提出了 7种原气味，包括乙醚气味、樟脑气味、发霉气味、花香气味、薄荷气味、辛辣气味和腐烂气味。该理论认为，就像色彩中的三原色可以混合出各种颜色一样，其他气味都是由两种或者两种以上的原气味组合而成的。Amoore 通过对比后发现：具有相同气味的物质分子外形相似，人的嗅觉感受部位是一些具有一定立体形状的孔穴，当气味分子插入形状相符的嗅觉感受部位时，刺激嗅觉神经产生嗅觉；原气味以外的其他复合气味则由几种气味分子同时插入相应的感受部位中产生。但立体化学理论也具有一定的局限性，很多分子形状相近但是气味却迥异，例如把乙醇分子中的氧原子替换成硫原子成为乙硫醇，就没有了酒精的香味，取而代之的是强烈的臭鸡蛋味，二者的分子形状相似，但气味却大相径庭。

（2）外形官能团理论

香料化学家 Beets 在立体化学理论的基础上进行了更深入的研究，1957 年提出外形官能团理论。该理论认为气味除了与分子的形状和大小有关外，还与所含官能团的性质及其在分子中的位置有关。当气味分子接近嗅觉感受体时，形成相当于化学反应中的过渡状态，气味分子在嗅觉感受体上的排列既可能是混乱的，也可能是有序的，只有有序和定向的状态才能够产生气味刺激。仅含一个官能团的气味分子在嗅觉感受体表面的定向作用很强。缺乏官能团或虽有多个官能团但存在空间阻碍的分子，气味会大大减弱。除此之外，国内外相关研究发现，分子局部结构、分子骨架结构，甚至立体异构等都会影响气味特征。

表1-3列出了有机化合物的气味与其分子组成和结构特征之间的关系。

表1-3　有机化合物的气味与其分子组成和结构特征之间的关系

化合物	分子组成与结构特征	气味
烃类	含 C—C、C—H	具有石油气味，较弱，对异味影响不大
有机硫化物	含—SH、—S—	强烈的臭味，一般阈值很低，即使含量极微，也能对气味有影响
醇类	含—OH	C_{10} 以内的醇随分子量增大气味增强，C_{10} 以上的醇气味逐渐减弱至无气味。不饱和醇比对应的饱和醇气味强，多元醇无气味。如 $C_1 \sim C_3$ 醇有愉快的香味，$C_4 \sim C_6$ 醇具有近似麻醉性的气味，C_7 以上醇有芳香性，丙二醇、丙三醇（甘油）无气味
醛类	含—CHO	低级脂肪醛具有强烈的刺鼻气味，随着分子量增加刺激性减弱，$C_8 \sim C_{12}$ 饱和醛高度稀释后具有良好的香气
酮类	含—CO—	大多数有较强的气味，如香芹酮有留兰香的特征香味
羧酸类	含—COOH	低分子羧酸气味显著，C_5 以上一般无气味。如甲酸、乙酸具有强烈的刺激性气味，丁酸有腐败气味，异戊酸有恶臭味
酯类和内酯类	含—COOR	一般都具有好闻的香气，低级饱和脂肪酸和脂肪醇形成的酯具有各种水果香味
芳香族	含—C_6H_5	大多数具有芳香气味
含氮化合物	含—N	甲胺、二甲胺、三甲胺、吲哚、甲基吲哚等含氮化合物都有恶臭且有毒

（3）振动理论

振动理论最初由 Dyson 于 1938 年提出。该理论认为，气味由分子的电子振动产生，不管气味物质分子的尺寸、形状如何，只要低频振动相似，就有差不多的气味。1950年，Wright 提出气味的特征是由该分子的振动光谱即红外光谱决定的。许多有相近气味的化合物，它们的官能团在红外光谱上的振动能量（频率及波数）的确十分相近。例如，硝基苯、α-硝基硫苯和苯甲醛有相似的振动波数，都具有杏仁味。然而，Wright 的振动理论无法解释为什么具有相同红外光谱的光学异构体薄荷醇和香芹酮具有明显不同的气味。1996 年，麻省理工学院生物物理学专家 Luca Turin 教授在已有振动理论的基础上提出了振动诱导电子隧道光谱理论。该理论认为，气味感受器两端的电子分别处于充满及空置状态，气味感受器充满电子的一端与谷胱甘肽还原酶的辅酶相连，空置状态的一端则与能够传递气味信息的 G-蛋白相连，这两种状态之间具有一定的能量差，当气味分子与感受器结合时，如果气味分子的振动能量等于上述能量差，则会形成一个电子隧道，电子隧道激活 G-蛋白向大脑传递气味信息。目前该理论虽尚未被他人证实，但对于分子振动的生物传递机理研究起到了一定的推动作用。

（4）酶理论

酶理论着重强调嗅觉产生过程中酶所起的作用。该理论指出味神经纤维附近酶活动性的变化，可导致影响味传导神经脉冲的离子发生相应变化。气味物质与味感受体发生接触后，气味物质会抑制一类或多类酶的活动性，而某些酶则不受影响。不同的气味物质对酶活性的抑制也不一样，从而导致传导神经传递的脉冲形式也不同，由此带来不同的气味感受。酶理论中，位于嗅感黏膜上的酯类在感受气味时最重要。试验已经证实，在嗅感及味感黏膜上发现的碱性磷酸酯酶的活性，可被香草、咖啡等物质所抑制，但糖、盐和奎宁等物质却不能抑制这种酶的活性；奎宁能够抑制酯酶的活性，而糖、盐类物质则不能。以上事实说明，在嗅感及味感形成过程中，有些酶的活性及某些物质的浓度会发生变化。

酶理论的突出特点是能够解释为什么化学组成相差很大的物质却有类似的味道。也有研究者指出酶很少被某一特定物质所抑制，许多无气味的物质同样也会抑制酶活性，即使气味物质通过影响酶活性而产生嗅觉感知的论断成立，也不能圆满地解释为什么某些气味物质的浓度还未达到对酶产生抑制作用的浓度时就能被感觉到。酶理论虽然能解释嗅觉产生的现象，但这不是一个完整阐述嗅觉形成机理的理论。

（5）吸附理论

吸附理论认为，嗅感黏膜吸附进入嗅感区的气味物质，这种吸附导致黏膜位置发生变化，进而诱发产生嗅觉的神经脉冲。在这个过程，气味被感受的程度主要取决于气味分子从气相转移到液相黏膜上的吸附能力，以及吸附这些分子引起的膜换位，后者主要受分子形状和分子大小的影响。按上述概念，吸附理论的提出者推出计算嗅觉阈值的通用公式：

$$\lg OT + \lg K_{\frac{O}{A}} = \frac{-4.64}{p} + \frac{\lg p}{p} + 21.19 \tag{1-1}$$

式中　OT——嗅阈值；

　　　$K_{\frac{O}{A}}$——气味分子在脂相和水相接触面上的吸附系数；

　　　p——所吸附的气味分子数量。

按式(1-1)，一种气味物质若带有强烈气味，则该物质的 $K_{\frac{O}{A}}$ 值应比较大，而 p 值应比较小。

（6）膜刺激理论

该理论是1953年美国神经生物学家Davis基于有关神经中动传导理论发展起来的。他认为嗅觉神经细胞膜由双脂层构成，层内外表面都吸附有蛋白质，并且内外表面各有一定量的钠离子和氯离子。气味分子刺激嗅觉神经时，嗅觉细胞被大的、活动性差的以及刚性的气味分子穿透并失去定向能力，气味分子的亲水基推动神经周围的水形成空穴。若离子进入此空穴，则发生离子交换，使神经产生信号。1967年，Davis推导了气味分子功能基团横切面与吸附自由能的热力学关系，从而可以确定分子大小、形状、功能基团位置与吸附自由能之间的关系。

1.2.3　人类的嗅觉特征

异味污染属于感官公害，是通过人类的嗅觉进行评价的。为了客观公正地利用人类的嗅觉进行异味测试，需要了解嗅觉的几个重要特征。

（1）嗅觉的灵敏性

人类的嗅觉比仪器灵敏。通常人的嗅觉对多数气味物质的感觉阈值在 ppb（10^{-9}，体积分数）级，而化学分析、仪器分析对气味物质的最低检出浓度在 $10^{-9} \sim 10^{-6}$ 数量级范围内，这也是感官分析法的优势所在。在实际生活中，嗅觉的灵敏性常常体现在对突发事故的检测，例如感到有烧焦的气味时，表明可能有火灾发生。另外，嗅觉的灵敏性可以起到预警的作用，最常见的应用就是在煤气中添加腐臭剂硫醇，通过硫醇的臭味来预警煤气管道的泄漏。

（2）嗅觉的个体差异性

人和人的嗅觉灵敏度都是有差异的。通过嗅觉检测可以发现从嗅觉极为敏感到嗅觉基本丧失存在明显的个体差异。而且即使是嗅觉敏感的人，对不同气味的敏感度也不同。例如，欧美人对鱼腥臭非常敏感，但日本人对动物腐败型臭气敏感而对鱼腥臭并不敏感；我国汉族人对牛羊肉膻味敏感而对猪肉气味不敏感，有些少数民族则反之。另外，嗅觉灵敏度与年龄、性别等有关。例如处于青春期的男女的嗅觉都很灵敏，随着年龄的增长，嗅觉灵敏度将逐渐降低，特别是 60 岁以上的老年人嗅觉降低更加明显。

（3）嗅觉顺应性和疲劳性

通常人们接触到某种异味物质时，会很快嗅到该气味，这种现象称为嗅觉顺应性。而人们长时间接触某种物质时，会使嗅觉细胞对该物质适应，从而减弱对该物质的嗅觉感受，这种现象称为嗅觉疲劳性。嗅觉疲劳具有 3 个特征：a. 从施加刺激到嗅觉疲劳式嗅感消失有一定的时间间隔（疲劳时间）；b. 在产生嗅觉疲劳的过程中，嗅觉阈值逐渐增加；c. 嗅觉对一种刺激疲劳后，嗅感灵敏度再恢复需要一定的时间。生活中，经常会有"入芝兰之室久而不闻其香，入鲍鱼之肆久而不闻其臭"的感觉，这也是嗅觉疲劳的表现。

（4）嗅觉阈值的变动性

嗅觉的灵敏性与人的心情、健康情况有很大关系。心情不好时，对周围的气味全然没有察觉；健康状况不佳，例如感冒时就嗅不到气味；饱食后嗅觉灵敏性降低，空腹时嗅觉灵敏性最强。多数女性嗅觉灵敏性的变动比男性大。女性在月经期，由于体内激素的强烈影响，嗅觉明显敏感或钝感的约占 80%；妊娠期和更年期多出现嗅觉灵敏性的变动。此外，人的嗅觉阈值与天气、温度、湿度等也有很大关系。

1.3 异味污染的来源、特点和危害

1.3.1 异味污染的来源

（1）自然发生源

动植物蛋白质的分解会产生腐败型臭气；停滞的污水和沼泽水，容易发生鱼臭和青草臭；火山喷发会产生浓重的硫黄气味；一些有机物质在厌氧条件下发生反应，气体自然散发出来，会形成沼气等难闻的气体。世界上每年自然产生的硫化氢量，在陆地上达 $(6\sim8)\times10^7$ t，海面上达 3×10^7 t；氨主要是含氮有机物分解时产生，其产生量每年约为 3.9×10^9 t，生产过程产生的氨量不超过 4.2×10^6 t/a。

（2）人工发生源

人工发生源主要有以下 3 种。

① 农牧业污染源 主要为农牧业的畜牧场、家禽饲养场、屠宰厂、水产加工厂等产生的异味，如粪臭、鱼臭、烂果臭、野菜臭等都是农、牧、渔业生产和加工中产生的。

② 工业污染源 主要为橡胶和塑料制品业，化学原料和化学制品制造业，金属制品业，家具制造业，医药制造业，石油、煤炭及其他燃料加工业，有色金属冶炼和压延加工业等产生的异味。人口集中，工业区与生活区混杂是造成工业型污染的主要因素。

③ 城市公共设施污染源 主要为垃圾填埋场、污水处理厂、垃圾焚烧厂、医院、公厕等产生的异味，如污水臭、垃圾腐败臭、粪尿臭等。

典型污染源的主要异味物质见表 1-4。

表 1-4 典型污染源的主要异味物质

污染源	典型异味物质	污染源	典型异味物质
化工	甲硫醇、丁醛、硫化氢、丙醛、乙醛、二甲基二硫醚、苯乙烯、氨、乙苯	食品加工	丙醛、氨、二甲基二硫醚、甲硫醇、乙醛、戊醛、异戊醛、甲硫醚、硫化氢
石油化工	二甲基二硫醚、间二甲苯、乙苯、辛烷、硫化氢、甲硫醇、乙硫醇	污水处理	硫化氢、甲硫醇、异戊醛、乙醛、甲硫醚、苯乙烯、氨
涂料制造	丙醛、甲基异丁酮、甲硫醇、乙苯、氨、丁醛、间二甲苯、乙醇、对二甲苯、邻二甲苯、乙酸乙酯	排水泵站	硫化氢、甲硫醇、乙醛、甲硫醚、丙醛、乙苯、二甲基二硫醚、乙硫醇、甲苯、间二甲苯
生物制药	乙酸丁酯、正丙醇、正丁醇、丙酮	合成制药	乙醛、丁醛、甲苯、乙苯、二甲苯
汽车制造	苯、甲苯、二甲苯、乙苯、苯乙烯、甲醛、乙醛、丙烯醛	轮胎制造	氨、丙醛、丁醛、异丁醛、异戊醛、二甲基二硫醚、二硫化碳、甲硫醇
包装印刷	氨、乙醛、乙酸乙酯、丙醛	畜禽养殖	氨、乙醇、甲硫醇、二甲基二硫醚、苯乙烯、乙醛、丙醛

1.3.2　异味污染的特点

作为大气污染的一种形式，异味污染具有不同于其他大气污染的一些特性，如以空气作为传播介质、通过呼吸系统对人体产生影响等。同时，异味又具有以人的嗅觉感知为判断标准的特殊性，主要体现在以下几个方面。

① 异味物质的嗅阈值往往很低，大多数异味物质在浓度非常低（10^{-9}级甚至10^{-12}级，体积分数）时即可发出很强的气味，有些物质的嗅阈值低于分析仪器的最低检出限，给分析测试带来一定困难。

② 异味带给人的嗅觉影响与异味气体浓度并不成线性关系，可用 Weber-Fecher 法则（$I = K \lg C$）描述，即嗅觉强度在一定范围内与臭气浓度的对数成正比。可以看出，即使大部分异味成分被去除，在人的嗅觉中并不会感到相应程度的减轻。所以，异味的消除比起物质浓度控制更为困难。

③ 异味通常是多种成分组成的复合臭气。例如，咖啡的香气中检测出 300 多种成分，香烟烟气中能测出上千种成分。这种复合气味并不是各种单一物质气味的简单叠加，而是各种气味之间抑制、促进、协同等多重作用的结果。

④ 异味污染具有时段性和区域性，产生异味的物质多为中间产物，不稳定，同时受大气扩散等的影响，衰减较快。因此，人们只是在一段时间和一定区域内感觉到异味的影响，具有局部性。

⑤ 异味污染与气象条件密切相关。异味物质在扩散迁移过程中，受风向、风速等气象条件影响，处于下风向的人会对异味产生时有时无的感觉。因此，在进行异味影响评价时，要掌握气象条件情况及地形地貌等信息资料。

⑥ 有些异味物质的气味性质与其物质浓度有关。例如：吲哚在高浓度下有粪便的臭味，在低浓度时却有花香味。因而对异味进行评价时，必须把异味物质浓度与气味的性质同时加以考虑。

⑦ 异味以心理影响为主要特征，主要表现为令人厌恶或不愉快。人对异味的厌恶感与臭气成分、气味强度、感知频率以及个人的精神状况、身体条件等有关。

1.3.3　异味污染的危害

（1）异味对人体健康的影响

异味对人体健康的影响主要分为三个阶段。

第一阶段为感官影响，即人可以感知到异味气体的存在，并产生轻微的不愉快感觉。

第二阶段为心理影响，即由于异味气体的存在产生的厌恶感、烦躁感、情绪不稳定、思维不集中等，甚至在异味气体消失之后仍有不适的感觉存在。

第三阶段引起人体重要的生理功能发生障碍和病变，主要体现在：

① 对呼吸系统的影响　异味气体使人反射性地抑制吸气，妨碍正常的呼吸功能。

② 对循环系统的影响　随着呼吸的变化，产生脉搏和血压的变化。

③ 对消化系统的影响　经常接触异味物质，使人食欲不振、恶心、呕吐，进而发展成为消化功能减退。

④ 对神经系统的影响　长期受低浓度异味物质刺激，会引起嗅觉缺失、嗅觉疲劳等障碍，进而导致大脑皮质兴奋和抑制过程的调节功能失调。

⑤ 对内分泌系统的影响　长期处于异味环境中，会使内分泌系统的分泌功能紊乱，影响机体的代谢活动。

异味引发的生理影响多是可逆的，会随着异味气体的消失而得到缓解。一般情况下，异味对人体健康的影响不涉及高浓度有害气体对人体产生的器质性病变。

异味物质的嗅阈值与健康影响阈值是不同的，有些物质的嗅阈值浓度低于卫生标准，有些物质的嗅阈值浓度高于卫生标准。例如，硫化氢的嗅阈值是 0.0012×10^{-6}，而健康影响阈值为 0.007×10^{-6}，也就是说当闻到硫化氢的气味时，对人体健康并没有危害；甲醛则不同，甲醛的嗅阈值是 $0.67mg/m^3$，而当甲醛浓度为 $0.06 \sim 0.07mg/m^3$ 时，就会使儿童发生轻微哮喘，即闻到甲醛气味时，对人体已经产生健康影响。

甲醛和硫化氢对人体的影响分别见表 1-5 和表 1-6。

表 1-5　甲醛对人体的影响

浓度/(mg/m³)	对人体的影响	浓度/(mg/m³)	对人体的影响
0.06～0.07	儿童发生轻微哮喘	0.5	刺激人的眼睛并能引起流泪
0.1	人能嗅到甲醛异味并感到不适	0.6	人的喉咙感到不适并伴有疼痛感

表 1-6　硫化氢对人体的影响

浓度/10⁻⁶	对人体的影响
0.007	影响眼对光的反射作用
10	刺激眼的最小浓度
20	美国政府规定的 8h 劳动的最大容许浓度
20～40	刺激肺的最小浓度
100	接触 8～15min 呼吸感到困难，接触 1h 对眼和呼吸道产生刺激作用，接触 8h 以上造成死亡

（2）异味对社会经济的影响

异味污染会造成居住环境恶化，引发居民对排污单位的不满情绪。在异味污染较严重时，频繁的投诉和上访事件导致社会的不安定。异味污染导致排污企业周边防护距离增加，土地利用率下降，造成土地资源的浪费。对于一些异味污染严重的行业，恶劣的工作环境会使从业人员减少，工作效率降低，这些行业不得不增加除臭设施，用以改善工作环境。对于异味污染严重的工业区，企业向该地区投资将减少，使地域性经济发展受到抑制。在商业区，异味的存在会影响人流量和购买力，导致销售额降低。异味还会给旅游区的经济收益带来重大的影响，如果旅游环境受到各种异味的污染，旅游区的地域形象就会受到损害，最终导致旅游人数下降，经济收益受到影响。

1.4 异味污染测定方法

异味测定就是用数量化的方式描述臭气的感觉量。目前采用的异味测定方法主要有以下三种：

第一种是以测定臭气的化学组分、物质浓度为主要目的的仪器分析法；

第二种是用嗅觉来对臭气进行量化分析的嗅觉测定法；

第三种是仪器和嗅觉相结合的方法。

许多异味物质在环境中痕量级别下即可被人感知，如果该浓度低于仪器检出限就无法被仪器检出，且各组分之间存在气味的相乘或相消作用，因此通过仪器分析法测定的物质组分及浓度并不能反映异味气体对人体的感官影响。而嗅觉测定法、仪器和嗅觉结合法正好可以补充仪器分析法的不足之处。

异味测定方法见表1-7，仪器分析方法见表1-8。

表 1-7　异味测定方法

测定方法			优点
嗅觉测定法	臭气强度表示法		适用范围广，有助于分析环境污染，反映人的感受程度
	愉悦度表示法		
	臭气浓度表示法	静态稀释法	
		动态稀释法	
仪器分析法	恶臭成分测定法		测定物质种类及其浓度，测定精度高，可连续或自动监测，适于指导异味治理
仪器和嗅觉结合法	电子鼻法		利用人工嗅辨结果建立预测模型，适用于污染源的臭气浓度在线监测
	气相色谱-嗅觉仪法(GC-O)		结合色谱分离技术，应用嗅觉检测器查找关键致臭物质，为污染成因分析和污染治理提供依据

表 1-8　仪器分析方法

仪器名称	适用范围	方法名称或标准号
气相色谱-质谱联用仪	硫化氢、甲硫醇、甲硫醚、二甲基二硫醚、乙硫醇	HJ 759
	甲苯、乙苯、二甲苯、苯乙烯	HJ 644；HJ 734；HJ 759
	乙酸乙酯、乙酸丁酯	HJ 734；HJ 759
	甲基乙基酮、甲基异丁基酮	HJ 759
	二硫化碳、辛烷	USA EPA TO-15

仪器名称	适用范围	方法名称或标准号
气相色谱仪	三甲胺	GB/T 14676
	硫化氢、甲硫醇、甲硫醚、二甲基二硫醚、乙硫醇	GB/T 14678
	苯乙烯、乙苯、二甲苯	HJ 583；HJ 584
	乙酸、丙酸、丁酸、戊酸、异戊酸	动态固相微萃取/气相色谱法
高效液相色谱仪	醛、酮	HJ 683
分光光度计	氨、甲醛	HJ 533；HJ 534；GB/T1 8204.26

1.5　我国异味污染现状分析

2018 年 1～12 月，全国环保举报管理平台"12369"共接到举报 65 万余件，涉及六大类环境问题。

图 1-1 为各类环境污染投诉比例统计，根据投诉比例排名，依此为大气污染 54.2%、噪声污染 37.7%、水污染 13.3%、固废污染 6.6%、生态破坏 3.4% 和辐射污染 1.1%（一件举报中可能同时涉及多种问题，因此各污染类型占比之和 ≥ 100%）。大气污染举报中，反映异味污染的举报最多，占涉气举报的 41.8%。总体来看，噪声和异味是当前公众投诉最强烈的环境问题，分别占全部环境投诉的 37.7% 和 22.9%。

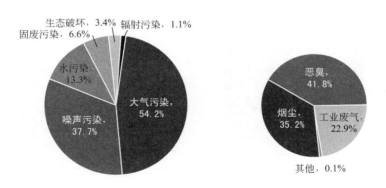

图 1-1　各类环境污染投诉比例统计

2018 年，环境异味投诉共计 15 万余件，各月份的投诉件数及其占环境投诉的比例见图 1-2。由图 1-2 可以看出，2 月的投诉件数最少，夏、秋季投诉量比较大，6～11 月的投诉件数均超过 1.5 万件，其中 11 月的投诉比例达到 31.8%。污染受气象条件的影响较大，一方面气温高，有利于异味物质的形成与挥发；另一方面居民敞窗通风也提高了其感知气味的概率。

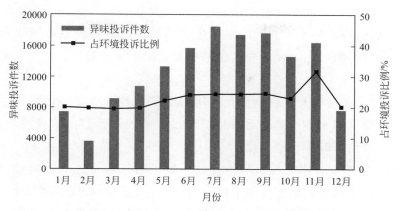

图 1-2   2018 年各月份异味投诉件数及其占环境投诉比例

不同行业的异味投诉情况如图 1-3 所示，居前十位的依次是垃圾处理、畜牧业、化学原料和化学制品制造业、橡胶和塑料制品业、餐饮业、非金属矿物制品业、金属制品业、农副食品加工业、修理业、家具制造业。垃圾处理投诉主要为垃圾填埋场、生活垃圾堆放散发的异味。畜牧业的异味问题基本都来自畜禽养殖场。化学原料和化学制品制造业包含的行业类别众多，此类投诉对象多描述为化工厂，但大多无法准确说出化工厂的类别。橡胶和塑料制品业中，对橡胶制品的投诉占该大类的 44%，对塑料制品的投诉占 56%。餐饮业投诉对象主要是小吃店、烧烤店的油烟污染问题。非金属矿物制造业中投诉较多的是水泥厂、沥青厂和混凝土厂。金属制品业、修理业、家具制造业等的投诉主要源自喷漆作业散发的油漆味。农副食品加工业投诉较多的是饲料厂和屠宰场。

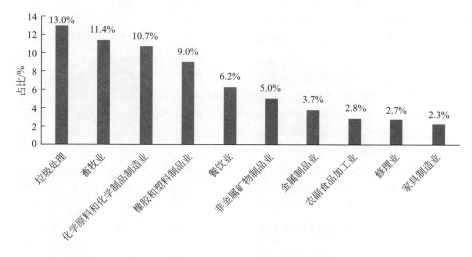

图 1-3   不同行业的异味投诉情况

我国异味污染成因分析如下。

① 来源广泛，情况复杂   异味排放源众多，既有化工、橡胶、制药、喷涂、食品加工等工业源，又有畜禽养殖、垃圾与污水处理等农业及生活设施源。此外，餐饮、修

理等服务业的异味扰民问题也日益突出。

② 城市规划布局不合理 由于城市化进程的加快，原有的城市规划和工业布局不合理，功能区划分不明显，工业区和居住区相互交错，异味对居民的影响更为直接，容易引发投诉。

③ 企业生产及管理水平落后 企业使用的原辅材料本身存在污染，生产工艺和装备比较落后，综合管理水平低，缺乏对生产全过程的控制管理，治理设施运行不到位，跑、冒、滴、漏及偷排漏排现象突出。

④ 缺乏有效的治理技术 现有的治理技术缺乏对行业企业的针对性，对异味污染物的去除效果普遍不理想，治理市场混乱，缺乏行业适用的最优控制技术。

⑤ 管理体系不健全，监管能力薄弱 既缺乏国家层面的异味污染防治政策，也缺乏具体、实用的技术指南或行业整治方案，标准体系不完善，信息化管理程度不高、缺乏有效的监管技术和手段。

参考文献

[1] 王锡巨，赵玉玲. 气味分子的结构理论 [J]. 化学教育，1995，16（8）：1-3.

[2] 沈培明，陈正夫，张东平，等. 恶臭的评价与分析 [M]. 北京：化学工业出版社，2005.

[3] 王飞生，叶荣飞. 分子结构对香味影响的研究 [J]. 中国调味品，2009，34（4）：39-42.

[4] Wright R H. Odor and molecular vibration：neural coding of olfcatory information [J]. Theor Biol，1997，64（3）：473-502.

[5] 张艳，雷昌贵. 食品感官评定 [M]. 北京：中国质检出版社，2012：34-35.

[6] 范文来，徐岩. 酒类风味化学 [M]. 北京：中国轻工业出版社，2014：77-78.

[7] 包景岭，邹克华，王连生，等. 异味环境管理与污染控制 [M]. 北京：中国环境科学出版社，2009.

[8] GB/T 14675—1993.

[9] 王立，汪正范，牟世芬，等. 色谱分析样品处理 [M]. 北京：化学工业出版社，2001.

[10] 孟伟. 石化企业异味污染影响评估与标准 [D]. 北京：中国石油大学，2007.

[11] 邹梓，林剑，陈娟，等. 垃圾填埋场臭气评价方法研究 [J]. 地球与环境，2010，38（1）：75-78.

[12] 黄金杰，杨桂花，马骏驰. 基于高斯的大气污染评价模型 [J]. 计算机仿真，2011，28（2）：101-105.

[13] 白志鹏，王珺，游燕. 环境风险评价 [M]. 北京：高等教育出版社，2009.

[14] 张欢，包景岭，王元刚. 异味污染评估分级方法 [J]. 城市环境与城市生态，2011，24（3）：37-38.

[15] 刘舒乐，王伯光，何洁，等. 城市污水处理厂异味挥发性有机物的感官定量评估研究 [J]. 环境科学，2011，32（12）：3582-3587.

[16] 薛文博，易爱华，张增强，等. 基于韦伯-费希纳定律的一种新型环境质量评估法 [J]. 中国环境监测，2006，22（6）：57-59.

[17] Ranzatoa L，Baraussea A，Mantovanib A，et al. A comparison of methods for the assessment of odor impacts on air quality：Field inspection（VDI 3940）and the air dispersion model CALPUFF [J]. Atmospheric Environment，2012，61（1）：570-579.

[18] Quabach E S，Piringer M，Petz E，et al. Comparability of separation distances between odour sources and residential areas determined by various national odour impact criteria [J]. Atmospheric Environment，2014，95：20-28.

[19] Marlon B，K David G，David F，et al. A review of odour impact criteria in selected countries around the world ［J］. Chemosphere，2017，168：1531-1570.

[20] Piringer M，Knauder W，Petz E，et al. A comparison of separation distances against odour annoyance calculated with two models ［J］. Atmospheric Environment，2015，116：22-35.

[21] 黄丽丽，刘博，翟友存. AUSTAL2000 在异味污染环境影响评估中的应用研究 ［J］. 环境科学与管理，2017，42（1）：186-189.

第2章

嗅 阈 值

阈值表示视觉、听觉、味觉、嗅觉、皮肤感觉等的最小刺激量。嗅阈值为人能够嗅到某种气味时的最小刺激量。嗅阈值分为两种：一种是检知阈值或者感知阈值，表示人能够感觉到某种气味存在的临界值，这种情况下气味非常微弱，只能通过与清洁空气比较等方式确定气味的存在，无法明确气味的特征；另一种是确认阈值，表示人可以确切地感知到气味的存在，虽然气味依然很微弱，但可以明确气味的特征。

嗅阈值是将气味物质浓度与人体感觉有机结合起来的一个量化指标。一般说来，人的嗅觉比仪器灵敏得多，很多异味物质在很低的浓度下（10^{-9} 级甚至是 10^{-12} 级）即可被感知。根据物质的嗅阈值，通过嗅觉就可以大体判断污染或危害的程度，对那些气味明显的有毒有害气体来说，利用嗅觉还可以起到警示的作用。对于组成复杂的复合臭气，根据各组分的浓度与嗅阈值的比例关系，可以评估不同物质的相对贡献，并识别关键致臭因子。化学物质的气味与其分子结构、官能团组成密切相关，通过对气味物质嗅阈值与其分子结构之间量效关系的研究，可以深入掌握异味产生机理。嗅阈值作为表征气味物质特性的重要指标，在水质评估、空气品质评估、食品风味研究、职业劳动保护等领域都有着广泛的应用。

2.1 国外嗅阈值测定方法

欧洲最早出现有关异味物质嗅阈值的报道。1969 年，Leonardos 测定了 53 种化学物质的嗅阈值。实验采用了 $13m^2$ 的不锈钢无臭室，实验员为 4 名嗅辨经验丰富的嗅辨员，化学物质的浓度稀释率为 1、2.1、4.6、10、21、46、100 等约 2 倍系列稀释率递增法。Leonardos 把 4 名嗅辨员都能够确认的最小浓度作为该物质的嗅阈值，这种方法得出的嗅阈值比其他方法的测试结果要高。作为早期的嗅阈值研究报道，Leonardos 的嗅阈值测试技术较为简单，嗅辨员选用和测试条件都缺乏具体的规范性要求。

日本于 20 世纪 70 年代开始关注异味物质的嗅阈值测定，目前已有多家研究机构发布了异味物质嗅阈值测定数据。1976～1988 年，日本环境卫生中心的永田好男等采用三点比较式臭袋法，在 4m² 无臭室中，由 6 名嗅辨员进行异味物质的嗅阈值测定，嗅觉实验的稀释梯度为 3 倍，采用浓度测试序列采样递减法，共测定了 223 种异味物质的嗅觉阈值。该数据涵盖物质种类多、研究时间长，是日本最具权威性的嗅阈值数据，在大量环境研究中得到使用。1987 年，东京都环境科学研究所的辰市祐久等针对车辆尾气中的烃类物质进行了嗅阈值测定，并公布了 103 种异味物质的嗅阈值数据。

美国工业卫生协会于 1989 年在职业健康标准制定中参考了多种嗅阈值数据。美国 EPA 在 1990 年颁布的《清洁空气修订法案》中列出了 189 种有害气体污染物的嗅阈值。美国嗅阈值测定采用的是嗅觉仪法，由 6 名嗅辨员进行测定，为保证测试数据的可靠性，建立了嗅辨员嗅觉能力筛选、嗅觉仪校准分析等质控措施。当时，嗅觉仪的测定方法尚不完善，气体的稀释存在 2 倍递增、3 倍递增等多种稀释梯度，嗅杯流量设置也存在较大差异。美国 EPA 采用了 3 倍递增的测试方法和 3L/min 的流量设置。2003 年 4 月，欧洲颁布标准 EN 13725《空气质量 动态嗅觉测定法测定气味浓度》，对动态嗅觉仪的测定方法和质量控制体系进行了统一规范，将嗅觉仪的标准稀释梯度规定为 2 倍递增法，流量设置统一为 20L/min。随着嗅觉测试方法的不断进步和发展，有必要对原来的测定数据做出验证和修订。近年来，瑞典、荷兰、法国和美国等国家正在设计新的方法，对嗅阈值重新加以研究和测定。

异味物质的嗅阈值是制定异味环境基准值和排放标准限值的基础。而且，嗅阈值还可以为职业暴露风险评估提供参考，当知道某种物质的嗅阈值时，在所处的工作环境中闻到该物质的气味时就可以半定量地判断出空气污染物的浓度水平，起到警示指标的作用。我国以往主要参考国外文献报道的嗅阈值，但由于嗅阈值的测试方法、测试人员、计算方法等不同，不同研究机构的嗅阈值数据存在较大差异。例如，美国《1990 年〈清洁空气修订法案〉有毒气体污染物参考指南》中参考的各文献关于甲苯的检知阈值范围为 0.6～140mg/m³，相差 200 倍以上，给环境管理者和科研工作者选择嗅阈值带来很大的困惑，因此有必要建立我国嗅阈值测定方法和异味物质嗅阈值数据库。

2.2　国内嗅阈值测定

2.2.1　典型异味物质的选择

异味物质种类众多，依据以下几方面选择了 40 种典型异味物质进行嗅阈值测定。

① 国内外主要的异味受控物质;

② 参考李伟芳提出的《我国现阶段优先控制异味污染物推荐名单》中的物质;

③ 根据平时对各类排放源异味样品分析测试的结果,选择检出率较高的物质。

2.2.2　材料与方法

（1）试验材料与主要设备

40 种典型异味物质标准气体、动态稀释仪、注射器、10L 聚酯无臭采样袋、3L 聚酯无臭试验袋、无油空气压缩机以及气体过滤分配器。

（2）试验环境

进行阈值测定的嗅辨室应满足《恶臭嗅觉实验室建设技术规范》（HJ 865—2017）的要求,实验环境清洁安静,温度为 17～25℃,相对湿度为 40%～70%,实验室内无异味。

（3）测试人员

共有 30 名试验人员参与嗅阈值测定,所有试验人员均满足 GB/T 14675—1993 中对嗅辨员的要求,即"嗅辨员应为 18～45 岁、不吸烟、嗅觉器官无疾病的男性或女性,经嗅觉检测合格者",并在试验周期内定期利用 5 种标准嗅液对试验人员的嗅觉能力进行核查。试验人员主要由 20～29 岁和 30～39 岁两个年龄段人员组成,其中男性 13 人,女性 17 人。

（4）试验过程

① 使用动态稀释仪配制一定浓度的标准气体;

② 按照 GB/T 14675—1993 中排放源臭气样品进行逐级稀释,由嗅辨员进行嗅辨,找到每个嗅辨员辨别错误的最大浓度与辨别正确的最小浓度;

③ 每种标准气体的嗅阈值试验测试 5 次。

2.2.3　计算方法

根据美国工业卫生协会（American Industrial Hygiene Association）的结论,对数据进行几何平均求值是评估物质嗅阈值比较合理的方法。三点比较式臭袋法测定的结果为检知阈值,计算每个嗅辨员辨别错误的最大浓度与辨别正确的最小浓度的几何平均值,得到该嗅辨员对于该物质的嗅阈值,计算所有嗅辨员的检知阈值的几何平均值得到该物质的嗅阈值。

2.2.4　嗅阈值测定结果

40 种典型异味物质中包括含氮化合物 2 种（氨和三甲胺）、含硫化合物 6 种（硫化氢、甲硫醇、甲硫醚、二甲基二硫醚、二硫化碳和羰基硫）、苯系物 7 种（甲苯、乙苯、苯乙烯、邻二甲苯、间二甲苯、对二甲苯和 1,2,4-三甲苯）、烯烃 4 种（异戊二烯、柠檬烯、α-蒎烯、β-蒎烯）、含氧有机物 21 种（醇类 4 种、醛类 6 种、酸类 5 种、酯类 3 种、酮类 3 种）。这些物质的嗅阈值测定结果及与日本测定值的比较见表 2-1。

表 2-1　典型异味物质嗅阈值测定结果及与日本测定值的比较

单位：10^{-6}（体积分数）

物质名称	嗅阈值	日本测定值	气味品质
硫化氢	0.0012	0.00041	臭鸡蛋味
甲硫醇	0.000067	0.00007	有烂菜心气味
甲硫醚	0.002	0.003	海鲜腥味
二甲基二硫醚	0.011	0.0022	洋葱味
二硫化碳	0.17	0.21	有类似氯仿的芳香甜味
羰基硫	0.46	0.055	有臭鸡蛋气味
氨	0.3	1.5	强烈刺激性气味
三甲胺	0.0009	0.000032	鱼腥味
苯乙烯	0.034	0.035	塑料味
甲苯	0.098	0.33	芳香气味
乙苯	0.018	0.17	芳香气味
邻二甲苯	0.28	0.38	芳香气味,甜味
间二甲苯	0.091	0.041	芳香气味
对二甲苯	0.12	0.058	芳香气味,水果香
1,2,4-三甲苯	0.30	0.12	芳香气味
丙酸	0.0087	0.0057	刺激性气味
正丁酸	0.0013	0.00019	汗臭,酸臭味
异丁酸	0.0031	0.0015	酸臭味
正戊酸	0.0025	0.000037	汗臭,酸臭味
异戊酸	0.00016	0.000087	汗臭气味
乙醛	0.018	0.0015	刺激性气味
丙醛	0.016	0.001	水果香
正丁醛	0.00085	0.00067	花香,水果香
异丁醛	0.00045	0.00035	焦烟味
正戊醛	0.0016	0.00041	脂肪臭,油哈喇臭,油腻感
异戊醛	0.0003	0.0001	油炸食品味
异戊二烯	0.025	0.048	草香味
柠檬烯	0.016	0.038	类似柠檬的香味
α-蒎烯	0.001	0.018	有松木、针叶及树脂样的气息
β-蒎烯	0.50	0.033	具有特有的松节油香气、干燥木材和松脂气味
乙醇	0.10	0.52	酒精味
异丙醇	3.9	26	酒精味
正丁醇	0.066	0.038	酒精味
异丁醇	0.014	0.011	酒精味
丙酮	7.2	42	辛辣甜味
2-丁酮	0.17	0.44	类似丙酮气味
甲基异丁基酮	0.11	0.17	令人愉快的酮样香味
乙酸乙酯	0.84	0.87	水果香味,凤梨味
乙酸正丁酯	0.0079	0.016	水果香味
乙酸异丁酯	0.29	0.008	指甲油味

我国与日本的异味感官测定方法相同，都采用"三点比较式臭袋法"，因此，将我国的测定结果与日本嗅阈值数据进行比较。有些物质嗅阈值结果差距较大，如硫化氢、三甲胺等异味物质，造成结果差别较大的原因可能有以下几方面：

① 日本的嗅阈值是在 1976~1988 年测试的，测试时间较为久远，且受当时的技术限制，采用的是人工配制标准气体的方法；

② 测试人员数量不同，日本选择了 6 名嗅辨员进行测试，而我国在进行嗅阈值测试时，考虑了性别、年龄等因素的影响，选择了 30 名嗅辨员进行测试；

③ 嗅阈值也会随测试环境条件（如通风换气频率、空气清洁度、试验室面积等）的不同而变化；此外，日本人的生活习惯、生活环境与我国有较大的不同。

2.3　基于分子结构的嗅阈值预测方法

气味物质种类繁多，仅凭人的嗅觉即可感知到的化学物质有 4000 多种，还无法通过实验测定每种物质的嗅阈值。通过建立异味物质的嗅阈值与其分子结构之间的定量关系，不仅可以对同一类物质的嗅阈值进行预测，而且有助于揭示异味物质的致臭机理。

近年来，国内外有科研人员尝试采用定量构效关系方法（QSAR）研究化学物质性质与分子结构的定量关系。QSAR 是指依靠数学模型和统计学手段定量地研究化合物活性（物质的毒性、致癌、致突变、致畸及降解、生物积累等）与分子结构参数（分子的官能团、分子碎片、化学组成、量子化学等参数）之间的关系。用函数表示为：

$$P = f(S) \tag{2-1}$$

式中　P——分子可预测的物理、化学、药理或毒理学等性质；

　　　f——函数表达式（模型）；

　　　S——分子描述符，常用的分子描述符有理化参数、量子化学参数、拓扑学参数等。

可靠的 QSAR 模型一旦建立，经过预测能力的检验，就可以通过分子的微观结构来预测其宏观活性。

2.3.1　建模方法

在描述 QSAR 理论的公式 $P = f(S)$ 中，f 的选择即建立模型的有效算法是 QSAR 研究中的核心步骤，现对几种最为常见且应用最广泛的方法进行介绍。

（1）多元线性回归法（MLR）

多元线性回归法（MLR）指的是研究多个自变量与因变量之间关系的一种方法。根据定量构效关系理论，自变量即为能够反映分子结构信息的描述符，因变量即为物质的活性参数。通过多个分子描述符的最优组合建立分子结构与物质活性之间的线性关系模型，能够对化合物性质进行预测。朱腾义等基于定量构效关系对污染物扩散系数与其分子结构进行了关联，应用 MLR 建立了多环芳香烃和多氯联苯在低密度聚乙烯膜上的扩散系数预测模型。Buchbauer 等采用 MLR 成功建立了柿子椒的 46 种吡嗪类化合物在水中的嗅阈值与其相应的分子结构之间的数学模型，结果显示，预测值和实际值较为吻合。然而，采用 MLR 法虽然能获得因果关系最为明确的模型，但通常要求样本数至少是描述符量的 3 倍，最好是 10 倍以上。

（2）主成分分析法（PCA）

多元统计分析中，各描述指标之间彼此有一定的相关性，因而所得的统计数据反映的信息在一定程度上有重叠。主成分分析法（PCA）是一种多变量降维的方法，也称主量分析，即把多指标转化为少数几个综合指标（即主成分），排除或合并重复信息。该法能够使分析过程化繁为简，并能很好地解决多重共线性问题。Tulp 等通过 PCA 法将1 个大的数据矩阵进行降维，由 2 个得分为 98.6％的主成分代表原始数据的信息，建立了定量构效关系模型，研究 Ostwald 溶解系数与其结构之间的关系。闫玉莲等为辅助开发高活性 EP1 受体拮抗剂，选取 103 个 EP1 受体拮抗剂分子作为数据集，采用 MLR 法和 PCA 法分析每个分子的 254 个参数进行模拟建模，得到了具有良好预测能力的定量构效关系模型，但是该法仍存在不足之处，例如，主成分的实际含义不明确，主成分与因变量之间的关系不直接。

（3）偏最小二乘法（PLS）

偏最小二乘法（PLS）是一种新型的多元统计数据分析方法。它与 PCA 法都试图提取出反映数据变异的最大信息，但 PCA 法只考虑一个自变量矩阵，而 PLS 还有一个响应矩阵，因此具有预测功能。特别是当各变量内部高度线性相关时，用 PLS 法更有效。另外，PLS 回归较好地解决了样本个数少于变量个数等问题。李晓等使用定量构效关系方法研究二萜类生物碱结构参数与毒性之间的关系，以 30 种该类化合物的三维结构理化参数作为自变量，以毒性数据值作为因变量，利用 PLS 判别分析方法建立模型，经检验该模型具有良好的预测能力。PLS 法集 MLR 与 PCA 法的优点于一体，且对样本数量没有过多的要求。目前，SPSS、simca-p、SAS 以及 Minitab 等软件均可以实现 PLS 模型的建立。

（4）人工神经网络法（ANN）

人工神经网络法（ANN）是通过模拟大脑神经网络行为，以数学网络拓扑结构为理论基础，通过网络的变换和动力学行为进行分布式的信息处理。人工神经网络法具有以下 4 个基本特征。

① 非线性　非线性关系是自然界的普遍特性，人工神经元处于激活或抑制两种不同的状态，在数学上则表现为非线性关系。

② 非局限性　如大脑的发散思维，一个系统的行为不仅取决于单个神经元的特征，可能主要由单元之间的相互作用、相互连接所决定。

③ 非定向　人工神经网络具有自适应、自组织、自学习能力。

④ 非凸性　系统具有多个较稳定的平衡态，在一定条件下将取决于某个特定的状态函数的基本特征。

陈艳等为研究脂肪酸酰胺水解酶抑制剂抑制活性的定量构效关系，利用最佳变量子集回归的方法，建立了 7 个量子结构参数，并以此 7 个参数为人工神经网络的输入层，设定 7∶5∶1 的网络结构，所建 BP 模型的相关系数为 0.994，呈现良好的非线性关系。虽然神经网络能较为准确地处理高度非线性体系，然而该法神经网络需要大量的参数，如网络拓扑结构、权值和阈值的初始值，不能直观地反映学习过程，输出结果难以解释，会影响到结果的可信度和可接受程度。

（5）比较分子力场分析法（CoMFA）

1988 年，Cramer 等首先提出比较分子力场分析法（CoMFA），他们认为化合物的活性与其周围的分子场的分布有关。CoMFA 目前是 3D-QSAR 中应用最广泛且最成功的一种建模方法。比较分子力场分析法主要由以下 5 个步骤组成：

① 寻找被研究化合物最低能量构象；

② 确定构象式彼此重叠原则；

③ 设计 1 个三维网络，使其空间能容纳所有构象式；

④ 确定化合物分子周围各种作用力场的空间分布；

⑤ 通过偏最小二乘法建立化合物活性和分子场特征之间的关系。

唐自强等应用 CoMFA 分析了 34 种硝基芳烃类炸药分子的结构与撞击钝度（DH）的三维定量构效关系，结果显示影响撞击钝度 DH 的主要因素是取代基的电荷分布，其次是取代基的空间位阻，所建立的模型为硝基芳烃类炸药的设计提供了理论依据。

（6）比较分子相似性指数分析法（CoMSIA）

1994 年，Klebe 提出比较分子相似性指数分析法（CoMSIA），该法是 CoMFA 的扩展，其基本原理相似，最大的不同是 CoMSIA 的分子场能量函数采用了与距离相关的高斯函数，而不是传统的库伦势能和 Lemard-Jones 势能函数。Gupte 等分别采用 CoMFA 和 CoMSIA 方法对 hENT1 抑制剂进行了研究，两种方法均表明氢键对 hENT1 抑制剂的键合力起到关键作用。曹洪玉等采用 CoMFA 和 CoMSIA 方法分别建立 35 个已知活性抑制剂的 3D-QSAR 模型，两种方法互相补充和互相印证，为设计更高活性的新分子提供了新思路。

2.3.2　分子描述符

分子描述符指的是能够反映分子结构的数值指标，是分子结构的拓扑表达。分子描述符的选择与确定是 QSAR 研究中非常重要的环节，它往往决定了模型的稳定性与预测性的优劣。目前各种软件提供的分子描述符已经超过 4000 种，分子描述符可分为经验描述符和理论计算描述符，前者包括疏水性参数、电性参数及立体参数等，后者包括组成描述符、拓扑描述符、几何描述符、电荷相关描述符以及量子化学描述符等。在具体的研究过程中，可以根据研究对象、研究目的和研究方法的不同，运用并筛选不同的描述符。

目前，确定与选择分子描述符的方法有启发式方法（HM）、逐步回归法（SR）、线性判别分析（LDA）、遗传算法（GA）、模拟退火算法（SAA）等。

筛选描述符时应遵循以下 4 个基本原则：

① 每个化合物的描述符都必须存在；

② 去除对所有化合物描述符变化幅度小的值；

③ 去除 F 检验值小于 1.0 的描述符；

④ 去除 t 检验值小于某一定义值的描述符。

分子描述符计算依靠的是分子图与分子的距离矩阵。根据分子拓扑学，分子结构可看作原子间相互联系的分子图。以原子作为分子图中的顶点，以化学键作为分子图中的边，分子图中的连接方式反映了原子之间的相互作用，因此每个分子都有独特的分子图与其对应。

图 2-1 为二丁硫醇的分子图。

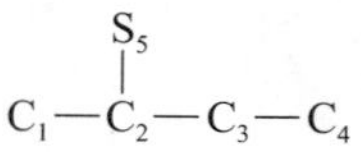

$$
\begin{array}{c}
S_5 \\
| \\
C_1 — C_2 — C_3 — C_4
\end{array}
$$

图 2-1　二丁硫醇的分子图

距离矩阵是连接分子图与分子描述符之间的桥梁，也是将分子结构转换为分子描述符的关键所在。它是以分子图为基础，建立 $n \times n$ 阶距离矩阵 $D = (d_{ij})$ 描述分子结构，矩阵元 d_{ij} 为：

$$
d_{ij} = \begin{cases} d（d \text{ 为连接顶点 } i \text{ 和 } j \text{ 的最小边数}）\\ \infty（\text{当顶点 } i \text{ 和 } j \text{ 不连通时}） \end{cases} \tag{2-2}
$$

式中　i、j——原子的编号。

根据式（2-2），由图 2-1 可得到二丁硫醇的距离矩阵，见图 2-2。

$$
D = \begin{array}{c} & \begin{array}{ccccc} 1 & 2 & 3 & 4 & 5 \end{array} \\ \begin{array}{c} 1 \\ 2 \\ 3 \\ 4 \\ 5 \end{array} & \left[\begin{array}{ccccc} 0 & 1 & 2 & 3 & 2 \\ 1 & 0 & 1 & 2 & 1 \\ 2 & 1 & 0 & 1 & 2 \\ 3 & 2 & 1 & 0 & 3 \\ 2 & 1 & 2 & 3 & 0 \end{array}\right] \end{array}
$$

图 2-2　二丁硫醇的距离矩阵

根据距离矩阵即可以计算分子描述符。如能表征分子"支链性"的描述符 Wiener 指数，只需加和距离矩阵的上三角矩阵元即可得到。利用图 2-2，可以计算出二丁硫醇的 Wiener 指数为 $W = 0+1+2+3+2+0+1+2+1+0+1+2+0+3+0 = 18$。

2.3.3 硫醇嗅阈值预测模型

我国借助定量构效理论，在化学、药物及环境等诸多学科开展了大量的研究，然而在气味物质嗅阈值方面的应用尚不多见。本节以硫醇为研究对象，基于 QSAR 模型，对分子结构与嗅阈值之间的定量构效关系进行探索性研究。根据分子图的距离矩阵选取两组分子描述符，分别与 10 种硫醇嗅阈值进行偏最小二乘拟合，建立两种定量构效关系模型。将 10 个样本的描述符分别代回这两个模型中，验证其模型稳健性。用 3 组未参与建模的硫醇作为预测集，验证其预测性。

2.3.3.1 QSAR 模型一

建立模型一所用的描述符包括分子的大小 W_k、官能团在分子中的位置 S 与官能团在分子中所处的环境 S_k。

（1）分子描述符的选择

① 分子大小 化合物的性能不仅与原子的种类有关，也与分子的大小有关。将分子大小定义为：

$$W_k = \sum_i \sum_j \frac{d_{ij}}{(n+1)^2} \tag{2-3}$$

式中 W_k——分子大小；

      n——分子图中的原子数；

   i，j——分子图中不同的原子；

    d_{ij}——i、j 两原子间的化合键数。

② 巯基在分子中的位置 嗅阈值的大小与分子之间作用力的强弱有关，硫醇作为极性分子，它的分子之间的作用力是由氢键、色散力、取向力、诱导力等共同组成的。取向力与诱导力主要取决于分子的极性，极性越大，作用力越强。巯基的存在使分子的极性增大（相对于烷烃），使分子间的相互作用增强。另外，巯基在分子中的位置和所处的环境不同，分子的极性就不同。巯基对分子距离矩阵的贡献随着巯基在分子中位置的不同而改变，本节用巯基对矩阵元贡献的相对量 S 描述巯基在分子中的位置。

$$S = \sum_i \frac{d_{mi}}{\sum_i \sum_j d_{ij}} \tag{2-4}$$

式中 m——巯基在分子图中的编号。

以二丁硫醇为例：

$$S = (2+1+2+3)/(1+2+3+2+1+1+2+1+2+1+1+2+3+2+$$
$$1+3+2+1+2+3) = 0.2222$$

③ 巯基在分子中所处的环境 巯基在分子中所处的环境取决于巯基与周围原子的连接性，用巯基对 $d_{ij}=k$ 矩阵元贡献的绝对量 S_k 来描述这一事实，由于距离矩阵 D 中

的矩阵元与分子图中的原子之间存在着对应关系，即第 m 行矩阵元对应第 m 个原子，因此 S_k 等于分子距离矩阵中第 m 行 $d_{ij}=k$ 的矩阵元数目，可以看作是巯基与其他原子之间化学键数为 k 的矩阵元个数，其数学表达式为：

$$S_k = \frac{1}{2} \sum_{mi=k} \frac{d_{mi}}{k} \qquad (2\text{-}5)$$

式中　k——连接两原子间的最小边数。

这里只研究距离在 4 条边以内的两个原子的影响，$k=1$ 时即为巯基在分子中的位置，因此 $k=2$、3、4。S_2、S_3、S_4 分别表示与巯基相距 2、3、4 个化学键的原子对于硫醇嗅阈值的影响。以二丁硫醇为例，$S_2=(1+1)/(2\times2)=0.5000$、$S_3=(2+2)/(2\times3)=0.6667$、$S_4=(3+3)/(2\times4)=0.7500$。

（2）模型的建立

根据 GB/T 14675—1993 对嗅阈值进行测定，测定时按照年龄和性别选择嗅辨小组，嗅辨员尽可能地包含满足嗅辨要求的各个年龄层，男女比例为 1∶1。以乙酸乙酯为标准样品对嗅辨员的嗅觉能力进行质量控制，每次做物质阈值实验前用 9.285mg/m^3 的乙酸乙酯对嗅辨员进行筛选，嗅阈值在 $0.00167\sim0.00413\text{mg/m}^3$ 范围内的嗅辨员可以参与实验，不符合要求的嗅辨员不参与本次实验。按照该方法测得的硫醇化合物的嗅阈值与其各自的描述符列于表 2-2。

表 2-2　模型一的描述符与硫醇的嗅阈值之间的关系

物质	分子大小 W_k	官能团在分子中的环境 S_2	官能团在分子中的环境 S_3	官能团在分子中的环境 S_4	官能团在分子中所处的位置 S	实验阈值 POL_{Exp} /(mg/m³)	计算阈值 POL_{Cal} /(mg/m³)	相对误差 E_r /%
甲硫醇	0.222	0.000	0.000	0.000	0.500	0.00057	0.00053	4.515
乙硫醇	0.500	0.500	0.000	0.000	0.375	0.05625	0.05955	5.510
正丙基硫醇	0.800	0.500	0.250	0.000	0.300	0.62400	0.59550	4.350
异丙基硫醇	0.720	1.000	0.000	0.000	0.278	0.01578	0.01476	7.020
正丁基硫醇	1.111	0.500	0.250	0.004	0.250	0.01813	0.01906	4.910
异丁基硫醇	1.000	0.500	0.500	0.000	0.250	0.15310	0.14370	6.520
2-丁基硫醇	1.000	1.000	0.250	0.000	0.222	0.02375	0.02250	5.560
叔丁基硫醇	0.889	1.500	0.000	0.000	0.219	0.00163	0.00188	5.450
正戊基硫醇	1.429	0.500	0.250	0.004	0.214	0.00586	0.00622	5.880
正己基硫醇	1.750	0.500	0.250	0.004	0.188	0.78800	0.83930	6.150

注：POL_{Exp} 为嗅阈值的实验值；POL_{Cal} 为嗅阈值的计算值。

通过 Minitab 软件的 PLS 模块拟合这些数据得到：

$$POL = -19.46 + 4.089W_k + 4.795S_2 + 6.033S_3 + 237.2S_4 + 41.05S \quad (P=0.000)$$
$$(2\text{-}6)$$

从模型一可以看出：各个描述符都与嗅阈值呈正相关，其中环境指数 S_4 的系数最大，说明该原子对硫醇的嗅阈值影响最大；S_3、S_2 的系数依次减小，即相距 3 个化学键数与 2 个化学键数的原子对于硫醇嗅阈值的影响依次降低；S 的系数虽然小于 S_4 但是大于其他描述符的系数，表明与巯基相邻的原子对于嗅阈值的影响仅次于 S_4 的影响；从 W_k 系数的大小可以看出分子的大小对于嗅阈值的影响相对于此模型中其他影响因素并没有那么大。

2.3.3.2 QSAR 模型二

建立模型二采用的分子描述符为距离连接性指数 E、取代基指数 F、取代基位置指数 Q、路径数 P。

（1）分子描述符的选择

① 距离连接性指数 在众多的拓扑指数中，应用范围最广的是连接性指数 ${}^mX^v$：

$$^mX^v = \sum (\delta_i^v \delta_j^v \cdots\cdots)^{-0.5} \tag{2-7}$$

$$\delta_i^v = \frac{Z_i^v - h_i}{Z_i - Z_i^v - 1} \tag{2-8}$$

式中 δ_i^v, δ_j^v——原子点价；

Z_i^v——原子 i 的价电子数；

Z_i——总电子数；

h_i——与原子 i 直接键合的氢原子数。

定义一种原子点价 q_i，它是分子图中第 i 个原子到其他原子的距离之和；并用 q_i 来取代 Kier 指数里的 δ_i，构成新的拓扑指数为距离连接性指数 E，用以反映分子中所含的碳原子：

$$E = \left[\sum (q_i q_j)^{-0.5}\right]^3 \tag{2-9}$$

式中 i、j——相邻的两个原子。

② 取代基指数 实验发现，当碳链长度相同时，取代基也会影响物质的嗅阈值，如 1-丁基硫醇的嗅阈值为 0.000093mg/m^3，3-甲基-1-丁基硫醇的嗅阈值为 0.000003025mg/m^3。因此，用取代基中非氢原子的个数 N_i 与取代基中与主链直接相连的碳原子的支化度 ξ_i 构建了取代基指数 F，可以用来反映取代基对于硫醇的嗅阈值影响：

$$F = \left[\sum (\xi_i \sqrt{N_i})\right]^5 \tag{2-10}$$

式中 ξ_i——原子点价；

N_i——取代基中的非氢原子数。

取代基指数与取代基的大小及取代基中直接与主链键合的碳原子的支化度正相关。

③ 取代基位置指数 硫醇的极性强弱主要来源于巯基与取代基之间的距离，距离越大，极性越大，其嗅阈值越小。对于同分异构体来说，取代基处于主链上的位置不同，其嗅阈值就不同。如异丁基硫醇的嗅阈值为 $3.218 \times 10^{-5}\text{mg/m}^3$，而仲丁基硫醇的嗅阈值为 $1.419 \times 10^{-5}\text{mg/m}^3$。因此，定义一种参数 Q 能够反映不同位置的取代基对于嗅阈值的影响：

$$Q = \left[(N' - K_z)^{0.5}\right]^6 \tag{2-11}$$

式中 N'——硫醇中主链上的 C 原子数加 1；

K_z——第 z 个取代基离链端的最近距离。

④ 路径数 路径数 P 能够反映分子异构体结构与性质的关系，路径数 P_4 表示分子中由 C—C 单键构成的一条路径中所含 C—C 单键的数目有 4 条。这里并不区分 C—C 单键与 C—S 单键的区别。

（2）模型的建立

按照模型二计算出的各描述符与硫醇嗅阈值之间的关系列于表 2-3。

表 2-3　模型二的描述符与硫醇嗅阈值之间的关系

物质	距离连接性指数 E	取代基指数 F	取代基位置指数 Q	路径数 P	实验阈值 POL_{Exp} /(mg/m³)	计算阈值 POL_{Cal} /(mg/m³)	相对误差 $E_r/\%$
甲硫醇	1.000	0.000	8.000	0.000	0.00057	0.00051	9.74
乙硫醇	0.544	0.000	27.000	0.000	0.05625	0.05971	10.11
正丙基硫醇	0.285	0.000	64.000	0.000	0.62400	0.59340	9.540
异丙基硫醇	0.465	1.000	8.000	0.000	0.01578	0.01466	8.770
正丁基硫醇	0.164	0.000	125.000	1.000	0.01813	0.01922	11.34
异丁基硫醇	0.256	1.000	27.000	0.000	0.15310	0.16770	10.29
2-丁基硫醇	0.256	1.000	27.000	0.000	0.02375	0.019500	9.720
叔丁基硫醇	0.432	32.000	512.000	0.000	0.00163	0.00181	13.10
正戊基硫醇	0.102	0.000	216.000	8.000	0.00586	0.00632	11.25
正己基硫醇	0.068	0.000	343.000	27.000	0.78770	0.77930	8.790

将数据输入 Minitab 软件中，进行偏最小二乘回归，拟合得到的结果为：

$$POL = -0.1141 + 0.5033E + 0.001491F - 0.0004140Q + 0.01401P \quad (P=0.002)$$

$$(2\text{-}12)$$

在模型二中：Q 的系数为负，说明取代基位置指数与硫醇的嗅阈值呈负相关，即巯基与取代基之间的距离越小，嗅阈值越大；其余描述符均呈正相关，其中距离连接性指数 E 的影响最大，即分子中所含碳原子数越多，E 值就越小，其嗅阈值越小；路径数 P 与取代基位置指数 Q 对嗅阈值的影响依次减小。

2.3.3.3　模型的检验

（1）稳健性

对两个数学模型进行检验，考察样本中是否存在异常值，将进入模型的 10 个样本分别代入两个方程中，进行估算。得出的计算值与实验值进行比较发现，模型一的平均相对误差为 5.71%，模型二的平均相对误差为 10.32%，模型一的稳健性要好些。

（2）预测性

为了检验所建立模型是否具有预测意义，取 3 个未参与建模的硫醇物分别带入两个模型中得出理论计算值，并与实际实验值做比较，所得结果如表 2-4、表 2-5 所列。由模型一预测的结果，其估算值与实验值的相对误差平均值为 5.98%，模型二的相对误差平均值为 8.73%，两个模型的相对误差均小于 10%，二者预测能力均较好。

表 2-4　模型一对硫醇嗅阈值的预测

物质	分子大小 W_k	官能团在分子中的环境 S_2	官能团在分子中的环境 S_3	官能团在分子中的环境 S_4	官能团在分子中所处的位置 S	实验阈值 POL_{Exp} /(mg/m³)	计算阈值 POL_{Cal} /(mg/m³)	相对误差 E_r/%
正庚基硫醇	2.074	0.500	0.250	0.004	0.167	0.265	0.247	6.77
4-辛基硫醇	2.160	1.000	0.500	0.008	0.111	17.040	16.330	4.16
正辛基硫醇	2.400	0.500	0.250	0.004	0.150	8.429	7.823	7.02

表 2-5　模型二对硫醇嗅阈值的预测

物质	距离连接性指数 E	取代基指数 F	取代基位置指数 Q	路径数 P	实验阈值 POL_{Exp} /(mg/m³)	计算阈值 POL_{Cal} /(mg/m³)	相对误差 E_r/%
正庚基硫醇	0.027	0.000	512.0	64.00	0.2650	0.2470	11.19
4-辛基硫醇	0.043	498.800	125.0	216.0	17.04	16.33	7.750
正辛基硫醇	0.034	0.000	729.0	125.0	8.429	7.823	7.260

参考文献

[1]　Ruth J H. Odor thresholds and irritation levels of several chemical substances：A review [J]. American Industrial Hygiene Association Journal，1996，47：142-151.

[2]　刚葆琪，甘卉芳. 工业化学物嗅阈值用作警示指标的探讨 [J]. 工业卫生与职业病，2002，28（3）：167-170.

[3]　Helene H，Nina H，Wolfgang S，et al. Combining different analytical approaches to identify odor formation mechanisms in polyethylene and polypropylene [J]. Anal Bioanal Chem，2012，402：903-919.

[4]　曾小磊，蔡云龙，陈国光，等. 臭味感官分析法在饮用水测定中的应用 [J]. 给水排水，2011，37（3）：14-18.

[5]　王锡巨，赵玉玲. 气味分子的结构理论 [J]. 化学教育，1995，16（8）：1-3.

[6]　Czerny M，Brueckner R，Kirchhoff E. The Influence of molecular structure on odor qualities and odor detection thresholds of volatile alkylated phenols [J]. Chemical Senses，2011，36（6）：539-553.

[7]　Tan Y，Siebert K J. Quantitative structure-activity relationship modeling of alcohol，ester，aldehyde and ketone flavor thresholds in beer from molecular features [J]. Journal of Agricultural and Food Chemistry，2004，52（10）：3057-3064.

[8]　王克强，李勤. 脂肪醇的味阈值与分子结构之间的定量关系 [J]. 有机化学，2000，20（3）：382-387.

[9]　伊芹，刘杰民，王晶，等. 碳数和官能团对直链易挥发化合物异味阈值的影响规律 [J]. 环境化学，2013，32（5）：847-853.

[10]　Katritzky A R，Gordeeva E V. Traditional topological indices vs electronic，geometrical and combined molecular descriptors in QSAR/QSPR research [J]. J Chem Inf Comput Sci，1993，33（6）：835-857.

[11]　Katritzky A R，Fara D C，Petrukhin R O，et al. The present utility and future potential for medicinal chemisty of QSAR/QSPR with whole molecule deseriptors [J]. Curr Top Med Chem，2002，2（12）：1333-1356.

[12]　Karelson M，Lobanov V S，Katritzky A R. Quantum-chemical deseriptor sin QSAR-QSPR Studies [J]. Chem Rev，1996，96（3）：1027-1043.

[13]　Stanton D T. On the importance of topological descriptors in understandingstrueture-property relationships [J]. Comput Aided Mol Des，2008，22（6-7）：441-460.

[14] Pozzan A. Molecular deseriptors and methods for ligand based virtual high throughput screening in drug discovery [J]. Curr Pharm Des，2006，12（17）：2099-2110.

[15] Xue L，Bajorath J. Molecular deseriptors in chemoinformatics，computational combinatorial chemistry and virtual screening [J]. Comb Chem High Throughput Screen，2000，3（5）：363-372.

[16] 王桂莲，白乃彬. 环境污染物定量构效关系模型研究进展 [J]. 环境科学进展，1995，3（4）：39-45.

[17] 任伟，孔德信. 定量构效关系研究中分子描述符的相关性 [J]. 计算机与应用化学，2009，26（11）：1455-1458.

[18] 杨锋，罗明道，屈松生. 分子拓扑指数的理论和应用 [J]. 自然杂志，1997，19（1）：50-53.

[19] 堵锡华，陈艳. 脂肪醇味阈值的构效关系研究 [J]. 石油化工高等学校学报，2009，24（3）：28-32.

第3章

异味污染的感官表征方法

异味物质的种类繁多，且大多数物质的嗅阈值水平极低，现有分析测试技术和仪器水平达不到人类的嗅觉灵敏度。在许多异味扰民的事件中，往往发现虽然气味强烈，但检测不到与气味相匹配的异味物质。另外，由于异味物质之间具有叠加或者消减的作用，复杂的异味成分之间相互影响，难以进行精准的模拟。因此，仪器测定的结果不能反映异味样品对人体的感官影响，在异味污染的分析测试与评估中，嗅觉感官表征方法是必不可少的。异味气体的嗅觉感官表征指标有臭气浓度、臭气强度、异味活度值、气味品质、愉悦度、干扰潜力、气味轮图等。

3.1 臭气浓度

臭气浓度表示法是目前国际上应用最广泛的异味表示方法，许多国家的异味排放标准直接或者间接采用臭气浓度指标。臭气浓度是指用无臭的清洁空气将异味样品连续稀释至嗅辨员嗅阈值时的稀释倍数。臭气浓度将人们对气味的嗅觉感觉用标准化、数量化的数值表达。

中国、日本、韩国的臭气浓度测试结果是用样品的稀释倍数或稀释倍数的指数进行表示的，无量纲。欧洲臭气浓度的单位为 OU，EN 13725 标准规定 $123\mu g$ 的正丁醇蒸发到 $1m^3$ 标准状态下中性气体中所产生的浓度为 $0.04\mu mol/mol$，此浓度可以被 50% 的嗅辨员闻到，定义为 $1OU_E/m^3$。有的将臭气浓度单位表示为 D/T，即 dilution to threshold。

臭气浓度测试方法分为静态稀释法和动态稀释法，分别以"三点比较式臭袋法"和

"嗅觉仪测试法"为代表。中国与日本、韩国采用三点比较式臭袋法；欧洲、北美洲、大洋洲等的国家都采用嗅觉仪测试法。

3.1.1　三点比较式臭袋法

三点比较式臭袋法是静态的人工配气方法，判定师采用注射器和实验袋进行样品稀释。嗅辨员从三个实验袋（两个无臭，一个样品）中嗅辨出有异味的一个。当嗅辨员正确识别臭气袋后，再逐级进行稀释、嗅辨，直至稀释样品的浓度低于嗅辨员的嗅觉阈值时停止实验。

日本最早提出并使用"三点比较式臭袋法"，并对该方法进行了完善和发展，成为日本臭气浓度测试的标准方法。韩国政府规定了三种异味测试方法，即场界直接嗅辨法、臭气袋静态配气嗅辨法以及仪器分析法，其中臭气袋静态配气嗅辨法即三点比较式臭袋法。我国引入日本的臭气浓度测试方法，颁布了《空气质量 恶臭的测定 三点比较式臭袋法》（GB/T 14675—1993）。标准规定了嗅辨员的筛选方法、采样及测试的器材、测试流程、计算方法和质量控制措施。

3.1.1.1　嗅辨员的筛选方法

三点比较式臭袋法采用五种标准嗅液进行嗅辨员的筛选，五种标准嗅液的物质名称、浓度及气味类型见表3-1。

表 3-1　五种标准嗅液的物质名称、浓度及气味类型

物质名称		浓度①	气味类型
A	β-苯乙醇	$10^{-4.0}$	花香、玫瑰花瓣香
B	甲基环戊酮	$10^{-5.0}$	甜焦味、布丁香
C	异戊酸	$10^{-4.5}$	汗臭气味
D	γ-十一烷酸内酯	$10^{-4.5}$	成熟水果香
E	β-甲基吲哚	$10^{-5.0}$	粪臭气味

① 标准物质与液体石蜡的质量比。

根据我国《空气质量 恶臭的测定 三点比较式臭袋法》（GB/T 14675—1993），实验中嗅辨小组人数应为 6 人，并应满足以下条件：嗅辨员应为 18～45 岁、不吸烟、嗅觉器官无疾病的男性或者女性，经嗅觉检测合格者，如无特殊情况，可连续三年承担嗅辨员工作。

日本环境厅为了规范臭气嗅觉测定法和进行嗅觉测试人员的管理，委托日本社团法人臭气香气环境协会开展臭气判定师的国家资格认证。首先筛选 18 岁以上嗅觉合格者，完成臭气感官测试的相关课程培训或者经由环境署官方推荐具有三年以上实际测试经验者可以获得判定师的考试资格。理论考试及实际操作考试合格者可以注册成为"臭气判定技师"。此后仍需定期检测嗅觉能力（40 岁以下 5 年检测 1 次；40 岁以上 3 年检测 1

次）以获得持续的认证。嗅辨员则通过 5 种标准嗅液进行嗅觉能力的考核，能够准确嗅辨出 5 种嗅液的人员方可获得嗅辨员的资格。嗅辨员也需要定期进行嗅觉能力检测，测试周期与判定师一致。韩国要求嗅辨小组的人数至少为 5 人，选拔嗅辨员所用的标准嗅液只有 3 种物质，如表 3-2 所列。

表 3-2　韩国标准嗅液的物质名称及浓度

物质名称	浓度[①]/%
乙酸	1.0
三甲胺	1.0
苯酚	0.1

① 标准物质与液体石蜡的质量分数。

3.1.1.2　样品的测试方法

三点比较式臭袋法的测试方法分为两种，即污染源样品测试法和环境样品测试法。对于以采样袋和采样瓶采集的有组织和无组织排放的高浓度臭气样品，按照污染源样品测试方法稀释及测定；对于以采样瓶采集的环境臭气样品按环境样品测试法稀释及测定。

（1）污染源样品

污染源样品一般浓度较高，测试时采用 3 倍或 3.3 倍稀释法进行测试。稀释倍数与注入量之间的关系见表 3-3。

表 3-3　稀释倍数与注入量之间的关系

稀释倍数/倍	30	100	300	1000	3000	1 万	3 万	10 万	30 万
注入量	10mL	30mL	10mL	3mL	1mL	300μL	100μL	30μL	10μL

判定师先对样品进行嗅辨，选择适当的稀释倍数，此稀释倍数以便于嗅辨员做出正确判断同时又不会引起嗅觉疲劳为准。然后从采样袋中抽取对应的样品气量，进行样品稀释。

嗅辨员拿到嗅辨袋后进行嗅辨，报出嗅辨结果。如嗅辨员回答正确，稀释倍数按照 3 倍或 3.3 倍递增的顺序（如 30 倍→100 倍，100 倍→300 倍，以此类推）进行下一稀释倍数的嗅辨操作，直到嗅辨员回答错误或无法辨别时结束实验。

当某嗅辨员在相邻的稀释倍数出现一次正确回答和一次错误回答后，该嗅辨员个人实验结束，可计算其个人嗅阈值 X_i：

$$X_i = \frac{\lg\alpha_1 + \lg\alpha_2}{2} \tag{3-1}$$

式中　α_1——个人正解最大稀释倍数；

　　　α_2——个人误解稀释倍数。

当 6 名嗅辨员的个人实验全部结束时，该样品的嗅辨测试实验结束。分别计算 6 名嗅辨员的个人嗅阈值，然后去掉其中的最大值和最小值，其余 4 个人的嗅阈值取平均值，计算小组平均嗅阈值 $\overline{X}$（即6人中嗅觉最灵敏者和最迟钝者不参与小组平均值的计算）。通过计算嗅辨员的个人嗅阈值、嗅辨小组的平均嗅阈值，最终得到臭气浓度数值Y：

$$\overline{X}=\frac{3.74+3.24+2.74+3.24}{4}=3.24$$

$$Y=10^{3.24}=1737$$

污染源样品的测试结果只有"正确""错误"两种形式，当嗅辨员回答"无法判定"的时候，记录为"错误"。

（2）环境样品

环境样品的浓度比较低，一般采用10倍稀释操作，具体操作步骤如下。

① 实验操作员确定起始稀释倍数。根据实验原理，环境样品测试的起始稀释倍数应为10。但在实际操作中，操作员可以根据自身对采样袋嗅辨后的感觉以及样品采集现场的浓度和以往测试经验，适当提高起始稀释倍数。

② 操作员根据起始稀释倍数为嗅辨员准备嗅辨袋进行嗅辨判断。该操作步骤注意每名嗅辨员需嗅辨3次，因此测试结束后可以得到18个判断结果（6人次，每人测试3次）。

③ 环境样品一般使用真空采样瓶采样，样品采集后应在实验室内放置，直至样品气温度与室温相同。抽取样品前应在瓶中放入平衡袋，保证瓶内为常压状态（图3-1）。

图3-1　真空瓶中放入平衡袋

④ 嗅辨员接到嗅辨袋后，拔掉硅胶塞，进行嗅辨，判断出注射有样品气体的嗅辨袋，并将该嗅辨袋序号告知判定师。图3-2为正规嗅辨方法示例。嗅辨员通过挤压嗅辨袋使样品气体缓缓流出，通过自身呼吸对袋中气味进行嗅辨。嗅辨员应避免将呼出的气体吹入嗅辨袋，且实验过程中，嗅辨员在未经允许的情况下不得随意离开自己的座位。

图 3-2　正规嗅辨方法

⑤ 根据每名嗅辨员的测试结果，给出对应的数值

a. 正确（正确判断出注射有样品气体的嗅辨袋）→1.00；

b. 错误（错误判断出注射有样品气体的嗅辨袋）→0.00；

c. 无法确定（无法判断注射有样品气体的嗅辨袋）→0.33。

⑥ 根据式(3-2)计算小组正解率　如测试结果的平均正解率小于 0.58 时，被测样品的嗅辨实验结束；如测试结果的平均正解率大于 0.58 时，实验继续，操作员准备下一稀释倍数的嗅辨袋（假如起始稀释倍数为 10，则开始准备 100 倍稀释倍数的嗅辨袋），然后重复上述测试步骤②和③，直到平均正解率小于 0.58，结束实验。

正解率公式为：

$$M = \frac{1.00a + 0.33b + 0.00c}{n} \tag{3-2}$$

式中　M——小组平均正解率；

　　　a——答案正确的人次数；

　　　b——答案为无法确定的人次数；

　　　c——答案为错误的人次数；

　　　n——解答总数（18 人次）。

根据式(3-2)测试求得的 M_1 和 M_2 值计算环境臭气样品的臭气浓度。

$$Y = t_1 \times 10^{\alpha\beta} \tag{3-3}$$

$$\alpha = \frac{M_1 - 0.58}{M_1 - M_2} \tag{3-4}$$

$$\beta = \lg \frac{t_2}{t_1} \tag{3-5}$$

式中　Y——臭气浓度；

　　　t_1——小组平均正解率 M_1 时的稀释倍数；

　　　t_2——小组平均正解率 M_2 时的稀释倍数。

以表 3-4 为例进行计算。

表 3-4　厂界环境测定结果登记表

稀释倍数		10			100		
实验次序		1	2	3	1	2	3
嗅辨员判定结果	A	○	○	○	○	×	○
	B	○	△	×	×	○	×
	C	○	○	△	×	△	×
	D	×	△	○	○	×	×
	E	△	○	○	○	×	△
	F	×	○	△	○	△	○
小组平均正解率 (M)		$a=10;b=5;c=3$ $M=(1.00\times10+0.33\times5+0.00\times3)/18=0.65$			$a=6;b=3;c=9$ $M=(1.00\times6+0.33\times3+0.00\times9)/18=0.39$		

注：○为正确；×为错误；△为不明。

所以：

$$\alpha=\frac{M_1-0.58}{M_1-M_2}=\frac{0.65-0.58}{0.65-0.39}=0.27$$

$$\beta=\lg\frac{t_2}{t_1}=\lg\frac{100}{10}=1$$

$$Y=t_1\times10^{\alpha\beta}=10\times10^{0.27\times1}=18$$

我国与日本的测试方法非常接近，但也存在一些细节上的差异。例如：日本在环境样品测试中使用了 300mL 的注射器，我国则倾向于用 100mL 注射器进行 3 次注射；日本明确规定了注射位置应在中间贴标签处，我国并没有这方面的要求；日本要求一组 3 个袋子每个袋子都要扎一个针眼，然后贴胶带封住，我国则选择忽视袋子上的针眼；日本嗅觉实验室多使用鼻罩进行嗅辨，我国没有推荐使用鼻罩；日本用臭气指数表示最终的测试结果，我国则用臭气浓度表示。2016 年，日本对环境样品测试中正解率的计算方法进行了修改，修改前我国与日本对环境样品测试中回答"不明"的情况下赋值为 0.33，修改后回答"不明"的情况下赋值为 0。

此外，1995 年日本修订的《恶臭防止法》将臭气浓度的测定结果进行指数化表示。这是因为根据韦伯-费希纳公式，人的嗅觉感觉与气味物质的刺激量的对数成正比。与臭气浓度相比，臭气指数更能够反映人类的嗅觉感觉。臭气浓度与臭气指数的关系如表3-5 所列，两者的换算公式如下：

$$I=10\lg C \tag{3-6}$$

式中　I——臭气指数；

　　　C——臭气浓度。

表 3-5　臭气浓度与臭气指数的关系

臭气浓度	0.1	1	3	10	30	100	300
臭气指数	−10	0	5	10	15	20	25

臭气浓度	1000	3000	10000	30000	100000	300000	1000000
臭气指数	30	35	40	45	50	55	60

采用臭气指数表示虽然并不直观，但是可以从表观上减少嗅觉测试带来的误差。比如在某个工厂进行两次测试，得出的测试结果分别为3000和4000，两个数值相差30%，误差非常大。分析误差的原因：首先将样品不断稀释，稀释倍数采用2倍或3倍递增，因此测得的嗅觉阈值从方法上本身存在较大误差，但是如果减小递增的稀释倍数，又会给实验带来巨大的工作量，实验的成本较高，实验时间将会很长；其次，嗅辨员的嗅觉并不像仪器那样稳定、易于分辨，这种误差是难以克服的。而臭气浓度的尺度跨度非常大，最小的数值为10，最大的可能超过10000000，与此相比3000和4000是相当接近的臭气浓度数值。但是在人的嗅觉感觉中往往体验不到这样大的跨度，因此会感觉臭气浓度的数值与实际感觉不对应。采用臭气指数表示就比较合适，将臭气浓度数值为3000和4000转化为臭气指数后分别为35和36，数值相当接近，便于理解。

韩国的计算方法与我国和日本不同。韩国个人嗅阈值的计算方法为嗅辨正确的最大稀释倍数，我国与日本的计算方法则为嗅辨正确的最大稀释倍数与嗅辨错误的最小稀释倍数的对数值的算数平均值。此外，韩国计算方法中，小组成员的嗅阈最大值和最小值需要全部舍弃。最后，韩国的臭气浓度计算方式为小组成员个人嗅阈值的几何平均值，我国和日本则计算小组成员个人嗅阈值的算数平均值，因此同样的嗅辨记录会有不同的计算结果，如表3-6所列。

表3-6 中、日、韩污染源臭气测定结果计算差别示例

稀释倍数(a)		100	300	1000	3000	10000	30000	个人嗅阈值		最大值和最小值取舍	
对数值(lga)		2.00	2.48	3.00	3.48	4.00	4.48	韩国	中国、日本	韩国	中国、日本
嗅辨结果	A	√	×					100	2.24	舍去	舍去
	B	√	√					300	2.74		
	C	√	√	√	√	√	×	10000	4.24	舍去	舍去
	D	√	√	×				300	2.24		
	E	√	×					100	2.74	舍去	
	F	√	√	×				1000	3.24		

韩国的测试结果计算：$\sqrt[3]{300 \times 300 \times 1000} = 448$

日本的测试结果计算：$10^{2.74} = 550$

中国的测试结果计算：$10^{2.74} = 549$（小数点后只舍不进）

3.1.1.3 嗅觉测试的质量控制

嗅觉测试依据人的主观判定，实验结果会受个人主观因素的影响，且方法对于实验

环境以及所用的器材、设备要求较高，导致不同的实验室对于同样的样品常常会给出偏差较大的结果，因此开展嗅觉测试法的质量控制非常必要。三点比较式臭袋法的质量控制包括嗅觉测试人员的管理、标准化的采样与测试流程、采用标准样品进行实验室测试质量检查等。

（1）测试人员的管理

五种标准嗅液筛选法只给出了嗅辨员个人嗅阈值的下限，而没有上限，也就是说，对嗅觉灵敏度高于平均线的人群没有选拔效果，因此，嗅觉测试合格者之间仍表现出较大的个体差异性。此外，嗅觉测试人员在实际工作中，可能会因为生理或心理因素出现暂时的嗅觉异常，不适合参与测试。为保证参加嗅觉测试的所有嗅辨员保持稳定的嗅觉水平，需要在测试当天对嗅辨员重新进行嗅觉鉴定。

本书参考欧洲 EN 13725 方法，采用 60×10^{-6} 的正丁醇，对 74 名嗅觉测试合格者进行个人嗅阈值的测试。由于臭气测试方法不同以及人群嗅觉上的差异，我国与欧洲对正丁醇的嗅阈值测试结果不同，EN 13725 给出的正丁醇嗅阈值合格区间为 $(20 \sim 80) \times 10^{-9}$，我国正丁醇嗅阈值筛选区间建议为 $(11 \sim 110) \times 10^{-9}$。

个人嗅阈值的差异还体现在不同测试人员的嗅觉敏感物质也存在一定差异。由于测试样品中致臭物质种类繁多，气味类型千变万化。因此，无论是五种标准嗅液还是正丁醇标准气体，都不能完全反映出嗅辨员的嗅觉能力水平。在日常实验过程中，判定师应长期记录嗅辨员的个人表现，掌握嗅辨员的嗅觉能力水平，一旦发现异常数据，需要及时调查原因，排除异常数据，并酌情调整嗅辨员的人员结构，以保证嗅辨小组测试数据的准确性。

除了嗅觉器官生理上的影响外，测试人员必须熟悉实验的操作流程，了解嗅觉测试法的基本原理，了解嗅觉的特征和变化规律。同时，测试人员应遵守测试纪律，保持嗅辨过程的独立性和公正性。

（2）标准化的采样与测试流程

样品采集是嗅觉测试的重要环节，样品采集过程是否规范关系到嗅觉测试结果的准确性。样品采集过程的质量控制包括采样前的准备工作、仪器设备的清洗和性能检查、有组织源及无组织源的样品采集过程、建立并储存采样记录文件。

采样前应提前检查仪器设备的性能和清洁程度。对采样器材，应严格保证采样瓶（采样袋）清洁无异味，并对其气密性进行检查，保证满足《恶臭污染环境监测技术规范》的要求。根据有组织源和无组织源的排放特点，选择相应的采样器材。采样时应用样品对气袋进行润洗，气袋为一次性产品，不能重复使用，避免样品污染。对于无组织源的样品，应重点调研气味的排放规律，找准气味最大的点位和时间段，再进行样品采集。

（3）采用标准样品进行实验室测试质量检查

质量控制采用的标准气体为在实验室内部重复测试且已知阈值的气体。选择标准气体时应考虑以下条件：

① 成分简单，性质稳定，容易得到；

② 气味容易被辨别；

③ 安全性能高，对测试人员的健康风险值低；

④ 标准气体的浓度选择一般为臭气强度 3 级左右，容易识别，但是不会对嗅觉造成强烈刺激。

在质量控制方面，日本较早地开始了全国的质控比测活动。目前，日本拥有 300 多家实验机构，2000 多名判定师，每年测试样品量约 1 万个。在 2000~2001 年间，日本社团法人臭气香气环境协会组织了 7 家具有足够测试技能和测试经验的嗅觉实验室进行了实验室间比对测试。标准样品选用 2000×10^{-6} 乙酸乙酯（气袋装），按照污染源方法进行测试；选用 50×10^{-6} 乙酸乙酯（气袋装），按照环境方法进行测定。测试结果根据 JISZ 8402-6（日本版 ISO 5725-6）进行评估（包括准确度和精度）。在此基础上，2002 年，日本社团法人臭气香气环境协会修订了《嗅觉测定法手册》，补充了三点比较式臭袋法的精度管理方法。

自 2002 年起，日本臭气香气环境协会每年组织全国 100 余家实验室进行实验室间测试，对嗅觉实验室进行注册管理，并按照接受考核的情况划分合格嗅觉实验室、优秀嗅觉实验室。通过以上管理制度和技术指导，日本国内的异味污染测试、管理基本实现了标准化，保证了嗅觉测定法的测试质量。2016 年，协会对 128 家嗅觉测试机构进行了实验室间的比对测试，采用 50×10^{-6} 的乙酸异戊酯作为标准样品。日本社团法人臭气香气环境协会通过 11 个优秀实验室的测试结果确定气味指标的参考值、重复性和重复性标准差，并分别对 127 家嗅觉测试机构和 68 家合格嗅觉测试机构的测试结果达标情况进行评估，评估结果见图 3-3 及图 3-4。在 127 家嗅觉测试机构中：准确性和精确度都达标的占 68%；准确性达标，精确度不达标的占 10%；准确性不达标，精确度达标的占 13%；准确性和精确度都不达标的占 9%。在 68 家合格嗅觉测试机构中：准确性和精确度都达标的占 78%；准确性达标，精确度不达标的占 6%；准确性不达标，精确度达标的占 10%；准确性和精确度都不达标的占 6%。

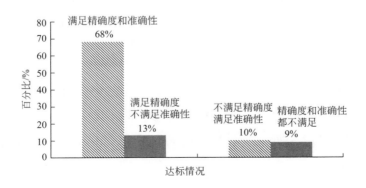

图 3-3　127 家嗅觉测试机构准确性和精确度达标情况

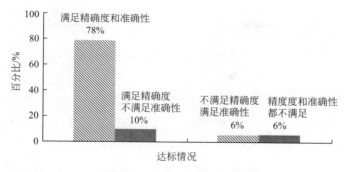

图 3-4 68 家合格嗅觉测试机构准确性和精确度达标情况

为了检验测试质量，建议嗅觉实验室采用标准样品进行质量控制实验。实验频率应该根据嗅觉实验的频率，嗅辨员构成的变化，操作人员的经验，时间、人员及经济成本等综合判断。推荐采用以下频率（表 3-7），积累数据，并为以后实施频率的确定奠定基础。

表 3-7　标准样品使用频率

测试类型	测试频率	执行方法	目的
实验室重复性测试	4 次/年	春、夏、秋、冬四个季节各测试一次，每次测试时间在连续的 5 个自然日内，每天测试2~3 个样品	评估实验室内部测试质量，改进测试条件
日常加标测试	不限次数	每次测试前	随时检查测试条件的变化情况以及对测试结果的影响

3.1.2　嗅觉仪测试法

与三点比较式臭袋法的静态稀释方法不同，嗅觉仪测试法是采用动态稀释方法，利用转子流量计、质量流量计等流量控制单元将臭气与洁净空气以一定的比例进行自动混合稀释的方法。嗅觉仪测试方法有多种，根据测定模式分为是/否法（1 个嗅杯）、两点强制选择法（2 个嗅杯）和三点比较法（3 个嗅杯）；根据稀释的方法可分为串联稀释、并联稀释和混联稀释。

各国都在进行嗅觉仪的开放研究，为了统一嗅觉测试方法，2003 年 4 月，欧洲标准学会颁布了《空气质量-动态嗅觉测定法测定气味浓度》（EN 13725），要求欧洲标准协会的 22 个成员国必须遵守该标准。测试标准主要包括以下几个内容：a. 嗅觉仪的校正方法和指标；b. 嗅辨员的筛选方法和管理方法；c. 嗅觉仪的主要技术性能和指标；d. 无臭检测环境和无臭空气的制备；e. 测试结果的计算。

嗅觉仪测试具体如下所述。

（1）嗅觉仪的校正

嗅觉仪必须使用示踪气体来检验它的稀释倍数的稳定性和准确性，在每一个系数倍数上，每个稀释量的稳定性必须在 5% 以内，这保证了所有的嗅辨员闻到相同倍数的异味浓度。其次，嗅觉仪在每一个稀释水平上达到 20% 的准确性。也就是说，嗅觉仪在大于 95% 的概率中任何两次稀释倍数的误差不能大于 20%。

（2）嗅辨员的选拔和管理

EN 13725 规定了嗅辨员的筛选方式，合格嗅辨员的数据应满足两个标准：

① 个人阈值评估的对数值（lgX）的标准偏差 SITE 的指数，用标准气体的质量浓度单元表示，需小于 2.3；

② 个人阈值评估（ITE substance），用标准气体的质量浓度单元表示，在标准材料可接受参考值的 0.5～2 倍之间（正丁醇为 62～246μg/m³ 或 0.020～0.080μmol/mol）。为了保证实验室的测试质量，每年应实施两次以上的质量检查，选取 59.8μmol/mol 的正丁醇进行连续十次重复性测试，质量合格的标准为：测试结果的重现性 $r \leqslant 0.1477$ 且准确度 $A \leqslant 0.217$。

（3）嗅觉仪的主要技术性能和指标

EN 13725 介绍了嗅辨员使用动态嗅觉法测试气样中的臭气浓度的方法，以及确定点源排放速率、有外界气流的面源以及无外界气流的面源的异味排放速率的测试方法。主要设计参数包括稀释因子、稀释倍数、仪器材料、嗅杯的个数、嗅杯的流量、释放异味的顺序等。

（4）测试环境

《空气质量 动态嗅觉测定法测定气味浓度》（EN 13725）标准中对嗅觉仪测试法的测试环境提出要求。根据欧洲标准，嗅辨员的工作环境必须令人身心愉快且没有气味。避免任何从仪器、家具或装修材料（油漆、墙壁和地板的覆盖物、家具等）散发出的异味，并避免被测试的异味物质的挥发。房间必须通风良好。当嗅辨员佩戴上面罩时，需不断地吹入中性气体，对环境空气的需求尤为重要。测试过程中室内温度波动不应超过 ±3℃，室内最高气温为 25℃。避免嗅辨员直接照射阳光。房间应避免任何噪声或光污染，以免为测试流程带来负面影响。需要注意的是：在测试前，必须经嗅辨员确认中性气体是否为无味。如果嗅辨员察觉到中性气体中有臭味，必须进行系统测试，追查并消除异味污染源。在嗅觉实验室的空气调节方面，要求嗅觉实验室必须通风良好，保持无臭的环境，为嗅辨员提供新鲜的空气。为了保持舒适的工作环境，嗅觉实验室二氧化碳的体积分数不应超过 0.15%。在室内空气保持流通的状态下，空气进入室内时需经过活性炭过滤装置。嗅辨员必须在有中性气体供应的条件下进行测试，需适当地安装空气净化装置（活性炭过滤器、特殊过滤器等），保证空气无臭。

（5）测试结果的计算

EN 13725 标准利用动态嗅觉测试法和嗅辨员的感觉测试纯物质、已知成分的混合物和未知成分的混合物在空气或氮气中的臭气浓度。测试单位为每立方米的欧洲异味单元数：OU_E/m^3。通过确定达到检测阈值时的稀释倍数测试出臭气浓度。检测阈值时的臭气浓度定义为 $1OU_E/m^3$（在标准状况下，即 293K 和 101.325kPa，1m³ 纯净空气中

含有 $123\mu g$ 正丁醇气体）。臭气浓度则定义为检测阈值的倍数。测试范围通常为 $10\sim$ $10^7 OU_E/m^3$（包括预稀释）。在检测过程中，嗅辨员比较每个嗅觉杯中的气体，报告气味是否存在，在判断的过程中嗅辨员的自信度水平为猜测、模糊、确信。在澳大利亚和欧洲的标准中，嗅辨员的正确和确信的选择将会用在计算中。计算异味浓度时需要对所有的嗅辨员的测试结果进行筛选，剔除大于平均值 5 倍的数据。

3.1.3 嗅觉仪测试法与三点比较式臭袋法的比对

嗅觉仪测试法与三点比较式臭袋法在嗅辨员的筛选、稀释和嗅辨过程以及质量控制等方面存在较大差异，表 3-8～表 3-10 分别从以上 3 个方面对两种方法进行了比较。

表 3-8　关于嗅辨员筛选的比对

方法	基本要求	选拔条件	选拔周期
EN 13725 嗅觉仪测试法	可靠的嗅辨员：嗅觉灵敏度在一定的范围内，该范围比一般人群的灵敏度变化范围要窄	正定醇的嗅阈值为 $62\sim246\mu g/m^3$，标准偏差小于 2.3	每 12 个常规样品进行一次测试
GB/T 14675—1993 三点比较式臭袋法	18～45 周岁、不吸烟、嗅觉器官无疾病的男性或女性，经嗅觉检测合格者	五种标准嗅液，淘汰嗅觉迟钝者	如无特殊情况，可连续三年承担嗅辨员

表 3-9　关于稀释和嗅辨过程的比对

方法	配气方式	稀释梯度	稀释顺序
EN 13725 嗅觉仪测试法	流量计动态配气，定期对流量计进行校准	2	初始稀释倍数：低于嗅辨员的嗅觉阈值；从低浓度到高浓度
GB/T 14675—1993 三点比较式臭袋法	人工静态配气，对判定师进行训练	污染源样品：30,100,300,1000,…；环境样品：10,100,1000,…	初始稀释倍数：既能明显嗅出气味又不强烈刺激的样品；从高浓度到低浓度

表 3-10　关于质量控制的比对

方法	质控目标	操作指导	实施情况
EN 13725 嗅觉仪测试法	使用 $59.8\mu mol/mol$ 正丁醇，在重复性条件下进行 10 次气味测量，测试时间为连续的两天内。重复性 $r<0.477$。准确度 $A_{od}=\mid d_w\mid+rA_w\leqslant 0.217$，其中 d_w 为真值，A_w 为统计因子	有详细的介绍案例分析	可操作性强，有外部机构组织实施
GB/T 14675—1993 三点比较式臭袋法	经五个实验室测定臭气指数为 43.0 的 H_2S 统一样品，重复性标准偏差为 2.4，重复性相对标准偏差为 5.6%	只有少数实验中的注意事项	由于气选择不当以及没有明确的物质浓度，没有真正实施起来

3.2　臭气强度

臭气强度指异味气体对人体嗅觉器官的刺激程度，一般用数字代表嗅辨员通过选择对应的数字表征异味污染程度。臭气强度数值的大小也可以直观地表示出异味的强烈程度，因此在部分国家或地区，臭气强度具有与臭气浓度相同的法律效应，可替代臭气浓度使用。

3.2.1 臭气强度的划分

不同国家和地区臭气强度的划分方式不尽相同。我国和日本广泛采用的是 6 级强度表示法（表 3-11），中国香港地区采用了 5 级强度表示法（表 3-12），美国采用了更为简洁的 4 级强度表示法（表 3-13），德国采用了 7 级强度表示法（表 3-14）。臭气强度划分的等级越多，对嗅辨员的要求越高，但更便于区分异味的刺激程度；臭气强度划分的等级少，则适合经验较少的嗅辨员，但是不容易区分刺激程度接近的异味污染。

表 3-11 我国的 6 级强度表示法

级别	嗅觉感受
0	无臭
1	刚刚好能感知到臭气（检知阈值）
2	微弱的臭气，但是能确定是什么样的臭气（确认阈值）
3	能够明显感知到臭气
4	比较强烈的臭气
5	非常强烈，具有刺激性的臭气

表 3-12 中国香港地区的 5 级强度表示法

级别	嗅觉感受
0	无臭或极其微弱的臭气，无法描述其特征
1	微弱的臭气，但是能确定是什么样的臭气（确认阈值）
2	能够明显感知到臭气
3	强烈的臭气
4	非常强烈，严重的臭气

表 3-13 美国的 4 级强度表示法

级别	嗅觉感受
0	无臭
1	微弱的臭气
2	明显的臭气
3	强烈的臭气

表 3-14 德国的 7 级强度表示法

级别	嗅觉感受
0	无气味
1	勉强感觉到有气味（检知阈值）
2	感觉到有气味，但不能确定是什么样的臭气
3	微弱的臭气，但能确定是什么样的臭气（确定阈值）
4	很容易闻到已知的气味
5	较强烈的臭气
6	很强烈的臭气

各国或地区对于实施强度测试法的人数要求不同，结果判定形式也有所区别。例如日本要求 6 人以上的嗅辨小组，按照 6 级强度表示法区分强度，但嗅辨员根据自己的感觉按照 0.5 的梯度报出强度数值，测试结果去掉最大值和最小值后取其余嗅辨员的平均值，最终数字修约为整数或者 0.5。韩国的臭气强度测试方法相对简单，要求 5 人以上的嗅辨小组在场界处直接进行嗅辨，如果有 1/2 以上的嗅辨员认为臭气强度等价超过 2 级，则认为该场界异味超标。

臭气强度测试法的人员要求与三点比较式臭袋法的人员要求类似，要求测试人员具有正常的嗅觉能力并能够客观地对异味进行评价。在日常的管理中，判定师可以通过配制不同强度级别的标准样品对嗅辨员的嗅觉能力进行统一化训练。

3.2.2 臭气强度的应用

（1）现场气味调查

臭气强度测试法操作简便，广泛应用于现场气味调查。现场气味调查是一种简单的异味污染评价方法，由合格的嗅辨员现场巡逻并评估调查区域内的臭味强度。在我国香港地区，现场气味调查是异味污染调查管理的重要方法。参与现场气味调查的嗅辨员需事先通过欧盟标准方法 EN 13725 的筛选且不可居住在调查区域附近。嗅辨员需要在不同的时间进行重复调查以评估不同情况下区域内的臭味强度情况。一般现场气味调查需要事先确定调查点，调查点需较均匀地分布在调查区域内，或靠近可能的异味排放源。经过调查点时，嗅辨员需要通过嗅辨评估当时的臭味强度，并记录下当时的天气状况及气味特征。

现场气味调查在日本也有广泛的应用。操作方法有以下 3 种：

① 多名嗅辨员同时在异味发生源的周边巡查，在感觉到异味的地点停留 2～3min，然后报出自己感受的臭气强度级别，并记录。

② 嗅辨员在臭气发生的企业内部巡查，在感到有臭气的地点记录臭气强度、臭气发生设施和场所，为制定管理对策提供参考。

③ 嗅辨员在臭气发生企业周边的固定点位停留 10～30min，感受臭气发生的频率和臭气强度随时间的改变。

（2）制定异味物质控制标准

大量研究证明，气味给予人的感觉量与气味物质对人的嗅觉刺激量的对数成正比，可用韦伯-费希纳公式（Weber-Fecher 公式）和史蒂文斯公式（Stevens 公式）表征。如果人对臭气的感觉量为 I，臭气浓度为 C，而且 k 和 α 为常数（$\alpha = 0.5$），则韦伯-费希纳公式为：

$$I = k \lg C \tag{3-7}$$

史蒂文斯公式为：

$$I = kC^{\alpha} \tag{3-8}$$

臭气强度直接对应人的感觉，是异味排放标准制定的重要依据。通过研究异味物质浓度与臭气强度间的对应关系，可确定该物质对应的排放限值。《日本恶臭防止法》中规定了 22 种异味物质的排放限值，对应臭气强度的 2.5～3.5 级。日本的臭气强度和浓度关系表见表 3-15。

表 3-15　日本 22 种异味物质的臭气强度和浓度关系表

物质	臭气强度						
	1	2	2.5	3	3.5	4	5
	物质浓度/10^{-6}						
氨	0.1	0.6	1	2	5	10	40
甲硫醇	0.0001	0.0007	0.002	0.002	0.01	0.03	0.2
硫化氢	0.0005	0.006	0.02	0.06	0.2	0.7	8
甲硫醚	0.0001	0.002	0.01	0.05	0.2	0.8	2
二甲基二硫醚	0.0003	0.003	0.009	0.03	0.1	0.3	3
三甲胺	0.0001	0.001	0.005	0.02	0.07	0.2	3
乙醛	0.002	0.01	0.05	0.1	0.5	1	10
丙醛	0.002	0.02	0.05	0.1	0.5	1	10
正丁醛	0.0003	0.003	0.009	0.03	0.08	0.3	2
异丁醛	0.0009	0.008	0.02	0.07	0.2	0.6	5
正戊醛	0.0007	0.004	0.009	0.02	0.05	0.1	0.6
异戊醛	0.0002	0.001	0.003	0.006	0.01	0.03	0.2
异丁醇	0.01	0.2	0.9	4	20	70	1000
乙酸乙酯	0.3	1	3	7	20	40	200
甲基异丁基酮	0.2	0.7	1	3	6	10	50
甲苯	0.9	5	10	30	60	100	700
苯乙烯	0.03	0.2	0.4	0.8	2	4	2×10
二甲苯	0.1	0.5	1	2	5	1×10	5×10
丙酸	0.002	0.01	0.03	0.07	0.2	0.4	2
正丁酸	0.00007	0.0004	0.001	0.002	0.006	0.02	0.09
正戊酸	0.0001	0.0005	0.0009	0.002	0.004	0.008	0.04
异戊酸	0.00005	0.0004	0.001	0.004	0.01	0.03	0.3

我国在开展异味污染物排放标准研究时，将标准中的 8 种受控物质配制成不同浓度，选择年龄在 25～45 岁、依照《空气质量　恶臭的测定　三点比较式臭袋法》(GB/T 14675—1993) 中嗅觉检测合格的嗅辨员进行臭气强度测试，获得了每种物质的浓度与臭气强度的对应关系式。另外，测定了 1159 个异味污染样品的臭气浓度和臭气强度，样品来自化工、石油炼制、制药、喷漆涂料、食品加工、香精香料、畜禽养殖、污水处理、垃圾处理等行业，建立臭气浓度的对数与臭气强度的对应关系式，如表 3-16 所列。

表 3-16　我国 8 种受控物质浓度及臭气浓度对数与臭气强度的对应关系式

物质名称	关系式	物质名称	关系式
氨	$Y=1.13X+1.681,R^2=0.980$	二甲基二硫醚	$Y=1.089X+3.108,R^2=0.990$
三甲胺	$Y=0.91X+2.7,R^2=0.94$	二硫化碳	$Y=0.85X+1.697,R^2=0.989$
硫化氢	$Y=1.462X+3.659,R^2=0.983$	苯乙烯	$Y=1.77X+1.778,R^2=0.999$
甲硫醇	$Y=0.955X+4.15,R^2=0.991$	臭气浓度	$Y=1.341X-0.740,R^2=0.997$
甲硫醚	$Y=1.3X-3.79,R^2=0.96$		

注：Y 为臭气强度；X 为 $\lg C$；C 为物质浓度（10^{-6} 级）或臭气浓度。

（3）在行业气味评价中的应用

① 汽车零部件及内饰材料气味评价　臭气强度测试在一些特殊行业，例如汽车零部件环保测试中有广泛的应用。臭气强度测试基于人嗅觉感官和舒适度的主观评价，能够直观地反映汽车内饰件的优劣，是评价车内环境的重要手段。ISO 12219《道路车辆内空气质量标准》、德国汽车工业联合会（VDA）制定的德国汽车工业质量标准 VDA 270《机动车内饰材料恶臭特征的测定》、北美汽车协会 SAEJ 1351《汽车绝缘材料气味测试》等标准中都规定了以臭气强度的形式对汽车零部件的气味进行评价。

德国标准 VDA 270 规定了机动车内饰材料恶臭特征的测定。测试应该在恒温室进行，室内温度变化不超过 $\pm 2℃$。实验容器用 1L 的玻璃器皿，但是涉及仲裁的情况下需用 3L 的玻璃器皿。将样本按照表 3-17 中的比例进行剪切。然后按照表 3-18 中的方式进行前处理。

表 3-17　各零部件的剪切比例

变量	应用	1L 容器用量	3L 容器用量
A	夹子、塞子、刷子等小件物品	$(10\pm1)g$	$(30\pm3)g$
B	扶手、烟灰缸、皮带、变速杆波纹管、遮阳板等中型部件	$(20\pm2)g$	$(60\pm6)g$
C	覆盖和绝缘材料,涂层、皮革、发泡材料,地毯和其他大件材料	$(50\pm5)g$	$(150\pm15)g$

表 3-18　样本前处理方式

方式	温度	是否加水	加热时间	冷却
1	$(23\pm2)℃$	50mL 去离子水	$(24\pm1)h$	否
2	$(40\pm2)℃$	50mL 去离子水	$(24\pm1)h$	否
3	$(80\pm2)℃$	不加	2h±10min	冷却至 60℃

评价人员为 3～5 人，一般情况下选 3 人，涉及仲裁事件时需要 5 人。评价人员按照表 3-19 进行强度等级评价，评价结果可以用半级表示。如果评价人员之间报出的强度等级差大于 2，则需要增加评价人员至 5 人重新进行测定。测试结果应指明测试方法

表 3-19　德国标准 VDA 270 气味强度评价等级

评价等级	气味感觉描述	评价等级	气味感觉描述
1	不能察觉	4	造成干扰
2	可察觉,不造成干扰	5	强烈的干扰
3	明显察觉,但不造成干扰	6	不能接受

和变量，当评价等级≤3级时，即为合格。

② 建筑材料气味评价　气味强度评价在建筑材料评价领域有重要的应用。根据《中小学合成材料面层运动场地》（GB 36246—2018）的规定，采用气味评定的方法，检测合成材料面层是否合格。合成材料面层气味评价等级见表3-20，气味等级≤3为达标产品。

表 3-20　合成材料面层气味评价等级

评价等级	气味感觉描述	评价等级	气味感觉描述
1	无气味	4	强烈的不适气味
2	气味轻微，但可感觉到	5	有刺激性不适气味
3	有气味，但无强烈的不适性		

具体测试方法如下：

气味评定小组人员应不少于5人，年龄在18～45岁，不吸烟，嗅觉器官无疾病，并经嗅觉检测，具有气味评定资质。

对于合成材料面层成品，从距样品边缘至少20mm处截取规格为20mm×50mm×实际厚度的试样，用铝箔包覆试样的侧面及底面；对于人造草面层填充颗粒，直接取样20g。

将取好的样品放入1L的测试瓶（测试瓶带有可密闭的盖子，在室温或者60℃下应是无气味的）内，测试瓶在60℃恒温箱中保持2h，待冷却到室温后进行气味评定。测试瓶从恒温箱中取出到评定应在0.5h内完成。

评定时，气味评定人员应把鼻子靠近测试瓶口，然后移去盖子，立即吸入瓶内气体。如果需要重复测试，应在容器被再次打开前关闭2min。每个测试瓶内的气体样品最多可供3名气味评定人员进行测试；每个气味评定人员只能对一组气味评定试验进行一次气味评定。为了避免适应性效应，气味评定人员应在2次测定间暂停不少于2min。为了避免嗅觉疲劳，1h内连续测定次数不应超过5次。

气味评定等级尽量用整数表示，必要时也可使用半数表示。某个评定结果与所有评定结果中位数相差1.5或更多，则为无效评定结果；如果存在两个或两个以上无效评定结果，或者有效评定结果少于5个，则应重新进行评定。取所有有效评定结果的中位数作为气味评定等级值，结果保留至小数点后一位。

3.3　异味活度值

3.3.1　异味活度值的定义

异味活度值（odour active value，OAV）也经常被用来表示异味气体的污染程度。

异味活度值是通过式(3-9) 得到的:

$$OAV = C/C_{thr} \tag{3-9}$$

式中　C——异味物质的化学浓度；

　　　C_{thr}——该物质的嗅阈值浓度。

OAV 是针对样品中每个组分的单独表示。理论上，对于单一异味物质，其异味活度值等同于异味浓度，都是指该物质被洁净空气稀释至异味消失时的稀释倍数；对于混合异味物质，混合物中某一组分的异味活度值越大，其异味贡献也就越大。因此，有研究者根据混合物中各组分异味活度值的大小来判断不同组分对混合物的异味贡献，进而分析混合体系中的主要致臭物质。此外，异味活度值也可用于臭气浓度的预测。

3.3.2　异味活度值的应用

（1）关键致臭物质筛选

理论上，物质的异味活度值大于 1 时才会产生异味。对于混合异味物质，混合物中某一组分的异味活度值越大，其异味贡献也就越大。因此，有研究者根据混合物中各组分异味活度值的大小来判断不同组分对混合物的异味贡献（P_i），进而分析混合体系中的主要致臭物质，见式(3-10)：

$$P_i = OAV_i / \sum OAV \tag{3-10}$$

式中　OAV_i——混合物中各组分的异味活度值，无量纲。

异味活度值被广泛用于致臭物质的筛选，它同时考虑了物质浓度和嗅阈值的影响。以某异味样品为例（表 3-21），该样品共检出 34 种物质，其中物质浓度排名前 5 名的物质分别为氨、丙酮、乙醛、甲硫醇和甲硫醚，但丙酮和氨的嗅阈值在这 5 种物质中是最高的。通过计算每种物质的异味活度值发现，甲硫醇的异味活度值最大，几乎与实测臭气浓度相当，说明甲硫醇对复合臭气浓度的贡献值最大，其次是甲硫醚，而丙酮的气味活度值小于 1，对复合臭气的贡献可以忽略。因此，在异味废气治理时，需要重点考虑对甲硫醇、甲硫醚的去除。

表 3-21　某样品主要异味物质

序号	物质名称	物质体积分数/10^{-6}	嗅阈值/10^{-6}	异味活度值
1	氨	10.45	0.3	35
2	丙酮	1.06	7.2	0.15
3	乙醛	0.87	0.018	48
4	甲硫醇	0.69	0.000067	10298
5	甲硫醚	0.54	0.002	270
6	臭气浓度	9772		

（2）各组分之间相互作用的研究

目前，国内外为探索异味污染各组分之间的相互作用关系开展了众多研究，最被大家所认可的包括融合、协同、拮抗及遮蔽关系，可描述如下：

① 融合作用，该法认为复合异味浓度等于各成分的异味活度的总和，即：

$$臭气浓度 = \sum (各成分的异味活度) \qquad (3-11)$$

其中，异味活度为某种异味物质的质量浓度与该物质嗅阈值浓度的比值。

② 协同作用，该法认为复合异味浓度大于各成分的异味活度的总和，即：

$$臭气浓度 > \sum (各成分的异味活度) \qquad (3-12)$$

③ 拮抗作用，该法认为复合异味浓度小于各成分的异味活度的总和，即：

$$臭气浓度 < \sum (各成分的异味活度) \qquad (3-13)$$

④ 遮蔽作用，该法认为异味气体的异味浓度等于各成分的异味活度的最大值，即：

$$臭气浓度 = Max(某成分的异味活度) \qquad (3-14)$$

Saison 等通过测定二元和三元气味物质在混合后与混合前气味阈值的比值（TH of mixture），分析混合物中的气味相互作用类型。TH of mixture > 100% 表明混合物中的二元或三元组分间发生了拮抗作用；TH of mixture = 100% 表明相互作用类型是独立作用，即混合物中各组分互不影响；TH of mixture < 50% 表明混合物的组分间发生了协同作用。结果表明，乙酰基呋喃和 5-甲基糠醛混合时产生了强烈的拮抗作用，而异戊醛与 3-乙基丁酸甲酯混合时发生了较强的协同作用。采用类似的方法研究香草醛和醛酮化合物混合时的气味相互作用，结果表明香草醛与香草乙酮混合后发生拮抗作用，而与水杨醛混合后则表现出强烈的协同作用。

Herrmann 等将 (E)-2-(Z)-6-壬二烯醛和 (E)-2-壬烯醛以 10∶1 的比例混合，发现二者的气味阈值分别为原来的 5.1% 和 5.7%，又将 2-甲基丁醛和 3-甲基丁醛以 2.2∶1 的比例混合后，二者的气味阈值分别从 156μg/L、56μg/L 下降到 30μg/L 和 14μg/L，表明这四种物质间存在一定程度的累加作用或协同作用，导致其在混合物中气味阈值降低，更易被嗅觉识别。

（3）臭气浓度值预测

由于臭气浓度是嗅觉方法判定的物理指标，受测试人员等不确定因素影响较大，但能够更直接地反映嗅觉感受；而异味活度值是通过数学计算的物理指标，科学性和准确性更高，但可能与嗅觉感受不完全一致。然而臭气浓度需实际采样并测定，难以直接应用于相关预测、模拟或评估。基于异味活度值，异味活度值加和模型是目前常用的臭气浓度预测方法。

异味活度值加和模型最早由 Guadagin 等提出，是目前气味污染评价研究中使用最为广泛的模型之一。理论上，混合物中各组分的异味活度值加和应该等于混合物的气味浓度，因此，异味活度值加和一直被称为理论气味浓度，用于预测气味浓度。

$$SOAV = \sum \frac{C_i}{C_{thr,i}} \qquad (3-15)$$

式中　SOAV——异味活度值加和；

　　　C_i——混合物中各组分的化学浓度；

　　　$C_{thr,i}$——各组分的异味阈值。

由于异味活度值既包含了组分的化学浓度因素，还考虑了混合物中各组分不同的气味阈值造成的气味贡献差，因此异味活度加和模型比总化学浓度模型更能够准确揭示混合物气味浓度的变化特征。但是研究表明，异味活度值加和模型预测的气味浓度比实际嗅觉测定值偏低，甚至低 1～2 个数量级，分析这种差异的原因，主要是模型所使用的嗅阈值数据可能存在较大的不确定性。当前有关气味的研究中涉及的嗅阈值都是从不同的文献中引用，然而嗅觉测试方法和嗅辨员小组的差异会导致同一物质嗅阈值相差几个数量级。Laura Capelli 等使用异味活度值加和模型对垃圾填埋场、工业园区等复杂异味污染源释放的混合异味污染物的异味浓度进行预测，结果显示预测值比实际嗅觉测定的异味浓度小 1～2 个数量级。Parker 等也报道了异味活度值加和与实际嗅觉测定的异味浓度值之间存在 2～3 倍差异。

事实上，实际环境散发的混合气味污染物中，组分间存在复杂的协同、累加、拮抗等气味相互作用，对混合物中组分的实际气味活度值有重要影响，是影响气味浓度预测模型准确度的重要原因，因此越来越多的研究者开始关注混合物中气味相互作用的影响，并提出新的预测模型，见式(3-16)：

$$C_{ab} = K_1 C_a + K_2 C_b + K_3 \tag{3-16}$$

式中　K_1，K_2——异味物质 a 与 b 的活度值系数；

　　　　K_3——常数项；

　　C_a，C_b——异味物质 a 与 b 的气味浓度。

通过比较活度值系数，能清晰地了解各组分对复合异味浓度的影响及相互作用关系：如果 K 值均为正，则表明各组成成分之间有相互协同的作用，且 K 值越大，代表该组分所占的异味贡献率越高；如果 K 值为一正一负，则表明各组分之间具有拮抗作用，混合在一起后，异味浓度不增反降；不存在 K 值均为负的情况，因为臭气浓度恒大于 0。

吴传东等定量分析二元混合物中组分间的气味相互作用类型和程度。将组分在混合前、混合后达到相同气味强度值时所需异味活度值的比值定义为异味活度值系数，测定结果表明，苯酚的异味活度值系数随混合物的气味强度增大而从 0.56 降低至 0.15，表明在混合物中需要 1.78～6.70 倍的苯酚才能产生与其单独存在时相同的嗅觉刺激程度，也即混合物对苯酚存在 1.78～6.70 倍的拮抗作用。三甲胺的异味活度值系数从 5.57 增加至 17.64，表明混合物中三甲胺与硫化氢之间表现出强烈的协同作用，且程度随气味强度增大而从 5.57 倍上升至 17.6 倍。针对垃圾场实际样品，将异味活度值系数应用于臭气浓度预测，经验证预测准确度达 (80.0±5.7)%，相比异味活度值加和模型提高了 10 倍。

3.3.3　应用实例

以养猪场及污水处理厂为例，通过计算异味活度值筛选关键致臭物质，分析异味物质之间的相互作用关系，建立异味预测模型。

3.3.3.1 养猪场

（1）关键致臭物质的筛选

养猪场各采样单元检出的不同类型致臭物质浓度比例如图 3-5 所示。

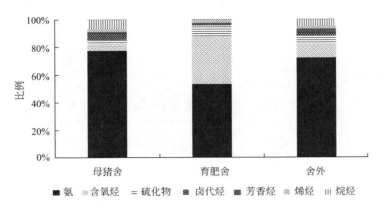

图 3-5　养猪场各采样单元检出的不同类型致臭物质浓度比例

该养猪场空气中共定量检出异味污染组成成分 48 种，包括：烷烃、烯烃、芳香烃、卤代烃、硫化物、含氧烃及氨。其中氨含量在各个单元所占比例最高，母猪舍、育肥舍及舍外氨的物质含量比例分别为 77.7%、53.5% 及 72.4%；其次为含氧烃，共检出 14种含氧烃，在各单元中所占比例分别为 4.7%、34.1% 及 10.0%；检测到的烷烃约为 11种，占各单元总物质含量的比例分别为 6.4%、0.6% 及 5.1%；检测到卤代烃 9 种，占各单元总物质含量的比例分别为 4.6%、0.30% 及 2.20%；烯烃物质 3 种，占各单元总物质含量的比例分别为 2.4%、1.9% 及 1.6%；芳香烃 8 种，占各单元总物质含量的比例分别为 1.2%、1.6% 及 3.2%；硫化物 2 种，占各单元总物质含量的比例分别为 3.0%、8.0% 及 5.5%。

根据活度系数法，当物质浓度大于该物质的嗅阈值时才会对人产生影响。因此，结合物质含量及嗅阈值的大小，筛选出异味活度值 OAV>1 的物质，见表 3-22。

表 3-22　养猪场致臭物质的异味活度值

单元	物质	物质含量 C/(mg/m³)	异味活度值 OAV
母猪舍	氨	786.800	3421
	乙醇	634.700	577
	甲硫醇	0.006	39
	丙醛	0.180	11
	甲醛	0.880	1
育肥舍	氨	645.610	2807
	乙醇	347.623	316
	乙醛	2.555	73
	丙醛	1.025	25
	苯乙烯	0.231	1

单元	物质	物质含量 C/(mg/m³)	异味活度值 OAV
舍外	氨	443.214	1929
	乙醇	437.40	398
	硫化氢	0.045	25
	甲硫醇	0.002	13
	丙醛	0.052	1

由表 3-22 可知，各单元异味活度值最大的物质为氨，其次为乙醇。其余三种物质的异味活度值虽然大于 1，但同氨及乙醇相比相差了至少一个数量级，它们的异味贡献率可忽略不计。因此该养猪场的关键致臭物质可确定为氨与乙醇。这是因为养猪场粪便堆积发酵过程中，在微生物的脱羧和脱氨作用下会产生大量氨气。

（2）模型的建立

实验室配制不同浓度的氨与乙醇的气体样品各 10 组，作为建模集。分别测出每一组样品的异味活度值，以及这两种气体混合后的复合臭气浓度，结果见表 3-23。

表 3-23 乙醇与氨的异味活度值和复合臭气浓度

项目	1	2	3	4	5	6	7	8	9	10
OAV乙醇	37	50	121	267	430	515	622	870	1322	2459
OAV氨	29	89	255	468	675	600	793	1012	1577	2515
OC复合	170	560	1313	2649	3911	4120	4799	2917	13587	38791

从表 3-23 中可以看出复合臭气浓度跨度比较大，10 组复合臭气浓度值的范围在 170～38791 之间，相差几个数量级。过大的数量级不仅计算不方便，误差比较大，而且也不能真实地反映臭气浓度带给人的感觉上的差别，本研究对臭气浓度进行对数化，得到的结果不仅数量级较小，计算方便，而且更适合反映人类对异味污染的嗅觉感觉。

根据式（3-6），对表 3-23 中乙醇与氨的异味活度指数及复合臭气指数进行对数化，见表 3-24。

表 3-24 乙醇与氨的异味活度指数与复合臭气指数

项目	1	2	3	4	5	6	7	8	9	10
I乙醇	15.682	16.990	20.828	24.625	26.335	27.118	27.938	29.395	31.212	33.908
I氨	14.624	19.494	24.065	26.702	28.293	27.782	28.993	30.052	31.978	34.005
I复合	22.304	27.482	31.183	34.231	35.923	36.149	36.812	34.649	41.331	45.887

以乙醇与氨的异味活度指数为自变量、臭气指数为因变量，应用 SPSS22.0 进行多元线性回归拟合，拟合的结果为：

$$I_{复合} = 0.76I_1 + 0.02I_2 + 8.98 \quad (R^2 = 0.94, P < 0.05) \tag{3-17}$$

式中 $I_{复合}$——复合臭气浓度指数；

I_1，I_2——乙醇和氨的臭气指数。

另外，$R^2 = 0.94$ 表示 $I_{复合}$ 与 I_1、I_2 相关性达到 94%，$P < 0.05$ 说明建立模型具有

很好的统计学意义。模型中，乙醇的相关性系数比较大，说明乙醇对复合臭气浓度的影响比较大。

（3）模型的检验

为了验证式(3-17)的准确性，用各采样点每天实际测得的臭气浓度（共计 10 组）进行模型检验，将采集样品中氨异味活度的对数值 I_1 和乙醇异味活度的对数值 I_2 代入式(3-17)，计算其臭气浓度指数预测值 I_{pre}，然后与实测的臭气浓度指数 I_{mea} 相比较，检验结果见表 3-25。复合臭气浓度的理论计算值与实际值的相对误差范围为 3.130%～7.236%，相对误差均小于 10%，且平均相对误差为 5.196%，说明实际现场的监测值与模型计算出的理论值比较相符。对 I_{pre} 与 I_{mea} 进行拟合，结果如图 3-6 所示，可以看出，得到的预测结果比较接近实测值，说明式(3-17) 是有效的，两者的拟合度良好，R^2 达到 0.81，验证了本研究建立的回归方程可较好地用于养猪场异味浓度的预测评估。

表 3-25　养猪场异味感官模型的检验结果

I_1	I_2	I_{mea}	I_{pre}	相对误差/%
1.122	−18.271	33.700	30.159	6.174
0.731	−11.133	44.900	42.115	7.236
1.574	−19.323	38.700	37.854	4.186
0.939	−12.763	41.200	40.004	3.224
1.079	−6.341	34.900	32.189	6.890
4.106	−11.885	33.700	35.982	7.114
2.843	−23.944	43.700	40.955	3.960
5.048	−11.228	36.200	38.125	6.235
3.024	−11.525	36.200	38.125	4.671
1.095	−12.300	38.700	40.669	6.993
7.789	−0.507	31.200	32.300	3.130

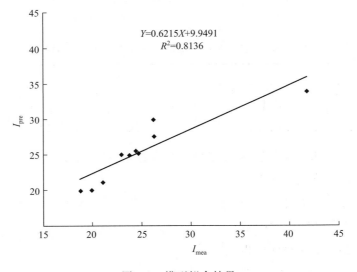

图 3-6　模型拟合结果

3.3.3.2 污水处理厂

（1）关键致臭物质的筛选

各采样单元检出的异味污染物种类及浓度比例如图3-7所示。该污水处理厂空气中共定量检出异味污染物组分59种，包括：烷烃10种，占物质总质量分数的21.7%，各处理单元中，污泥车间和沉砂池空气中烷烃的含量最高，烷烃中以戊烷的浓度最高；烯烃4种，占物质总质量分数的1.4%；芳香烃11种，占物质总质量分数的0.5%；卤代烃16种，占物质总质量分数的0.1%；含氧烃13种，占物质总质量分数的10.7%；硫化物5种，包含硫化氢、甲硫醇、乙硫醇、甲硫醚、二甲基二硫醚，占物质总质量分数的65.6%，其中硫化氢的浓度最高，其浓度比重范围为79.01%～98.02%，最大检出浓度出现在污泥中，为123.92mg/m³，硫化氢浓度较高主要是由污水中硫酸盐有机物在厌氧条件下被微生物（硫酸盐还原菌）还原生成大量硫化氢导致的。

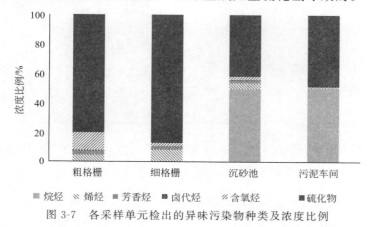

图3-7　各采样单元检出的异味污染物种类及浓度比例

各单元主要异味物质的含量及其异味活度值（OAV＞1），见表3-26。可以看出各采样单元具有最大异味活度值的物质均为硫化氢，其次由于甲硫醇的嗅阈值比较低，计算得出其异味活度值较大，仅次于硫化氢，其他含氧烃或烯烃化合物也存在少量影响，

表3-26　各单元主要异味物质的含量及其异味活度值

单元	物质	物质含量 C /(mg/m³)	异味活度值 OAV	单元	物质	物质含量 C /(mg/m³)	异味活度值 OAV
粗格栅	硫化氢	6.996	11216	细格栅	硫化氢	20.257	33478
	甲硫醇	0.059	393.99		甲硫醇	0.337	2238
	异戊醛	0.022	57.82		乙醛	0.117	57.21
	乙醛	0.146	49.48		丙醛	0.050	19.21
	丙酮	0.244	27.03		丙酮	0.049	5.45
	苯乙烯	0.231	1.42				
沉砂池	硫化氢	13.341	21389	污泥间	硫化氢	46.110	73921
	甲硫醇	0.493	3282		甲硫醇	0.047	318.65
	乙醛	0.249	85.52		丙酮	0.596	66.32
	丙酮	0.290	31.81		乙醛	0.133	45.34
	苯乙烯	1.314	8.02		苯乙烯	1.250	7.66
	甲硫醚	0.048	5.77				

但异味活度值比硫化氢和甲硫醇的低几个数量级。因此，硫化氢和甲硫醇可以视为污水处理厂各环节主要的致臭物质，在污水处理厂异味控制工程中，选择这两种异味物质进行有效的去除，效果会比较显著。

（2）模型的建立

根据污水处理厂实地监测结果，硫化氢和甲硫醇为该厂关键的致臭污染物。为了研究单物质的异味活度值与混合物臭气浓度之间的关系，本研究在实验室配制不同浓度的硫化氢和甲硫醇的气体样品各 10 组，分别测出每一组样品的异味活度值，以及同一浓度下这两种气体混合后的复合臭气浓度，并将所测的异味活度值和臭气浓度都转化成异味指数，实验室配制硫化氢与甲硫醇的异味活度值及混合臭气浓度见表 3-27。

表 3-27   实验室配制硫化氢与甲硫醇的异味活度值及混合臭气浓度

项目	1	2	3	4	5	6	7	8	9	10
$OAV_{硫化氢}$	50	122	185	233	541	42	71	98	176	207
$I_{硫化氢}$	16.990	20.864	22.672	23.674	27.332	16.232	18.513	19.912	22.455	23.160
$OAV_{甲硫醇}$	104	324	1313	577	1925	68	155	208	746	404
$I_{甲硫醇}$	20.170	25.105	31.183	27.612	32.844	18.325	21.903	23.181	28.727	26.064
$OC_{复合}$	741	3090	13193	2344	7413	1318	1738	977	17378	3090
$I_{复合}$	28.698	34.900	41.203	33.700	38.700	31.199	32.400	29.899	42.400	34.900

以硫化氢与甲硫醇的异味活度值指数为自变量，复合臭气的臭气指数为因变量，用 SPSS22.0 软件进行多元线性回归拟合，拟合的结果为：

$$I_{复合} = 1.68I_1 - 0.89I_2 \quad (R^2 = 0.80, P < 0.05) \tag{3-18}$$

式中 $I_{复合}$——臭气浓度的指数；

I_1，I_2——硫化氢和甲硫醇的气味活度值的对数值。

另外，$R^2 = 0.80$ 意味着方程可以解释 80% 的变量的信息，$P < 0.05$ 说明建立模型具有很好的统计学意义。

（3）模型的检验

为了验证式（3-18）的准确性，用实际测得的臭气浓度（共计 10 组）进行模型检验，将采集样品中硫化氢异味活度的指数值 I_1 和甲硫醇异味活度的指数值 I_2 代入式（3-18），计算其臭气浓度指数预测值 I_{pre}，然后与实测的臭气浓度指数 I_{mea} 相比较，检验结果见表 3-28。复合臭气浓度的理论计算值与实际值的相对误差范围为 1.220%～3.106%，相对误差均小于 5%，且平均相对误差为 1.532%，说明实际现场的监测值与模型计算出的理论值比较相符。对 I_{pre} 与 I_{mea} 进行拟合，结果如图 3-8 所示，可以看出，得到的预测结果比较接近实测值，说明式（3-18）是有效的，两者的拟合度良好，R^2 达到 0.76，验证了本研究建立的回归方程可较好地用于污水处理厂感官异味浓度的预测评估。

表 3-28　污水处理厂异味感官模型的检验结果

I_1	I_2	I_{mea}	I_{pre}	相对误差/%
2.528	2.688	2.871	2.252	1.220
2.870	3.370	3.494	3.090	1.642
2.875	4.138	4.123	4.374	2.210
2.990	3.240	3.372	2.765	1.365
3.370	3.620	3.871	3.064	2.113
2.802	2.801	3.120	2.197	3.106
2.441	3.245	3.244	3.262	2.987
3.011	2.886	2.981	2.154	2.155

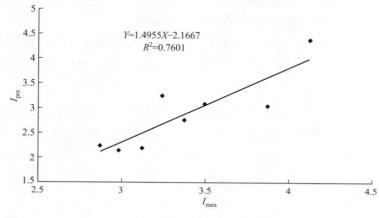

图 3-8　模型拟合结果

3.4　愉　悦　度

愉悦度是一个独立的气味特征，它表示某种气味令人愉快或不愉快的程度。研究表明，愉悦度比臭气浓度更能反映异味对人的心理影响及干扰程度。德国在 1999～2001 年间开展了一项大规模调查研究，选择了 6 个气味愉悦度完全不同的工业源，研究结果表明，只有令人不愉快和中性的气味才会引发居民烦恼或抱怨，而令人愉悦的气味几乎不会诱发烦恼反应。依据此项研究，德国于 2008 年重新修订了环境空气异味指南（GOAA），将愉悦度列入评价因子中。常见的愉悦度测量方法有两种：愉悦度等级测试法以及极性轮廓法。

3.4.1　愉悦度等级测试法

德国 VDI 3882 技术指南规定了愉悦度的嗅觉测量方法，提出了愉悦度的 9 级度量表示法，即用 −4、−3、−2、−1、0、1、2、3、4 这 9 个数值表示从极不愉快到非常愉快的一系列气味感受特征。不同愉悦度等级对应的心理感受见表 3-29。

表 3-29　不同愉悦度等级对应的心理感受

−4	−3	−2	−1	0	1	2	3	4
极度厌恶	厌恶	中度厌恶	稍感厌恶	既不愉悦也不厌恶	稍感愉悦	中度愉悦	愉悦	非常愉悦

（1）愉悦度测试人员筛选方法

根据德国标准 VDI 3882，参加愉悦度等级测试的人员应按照如下方法进行筛选。

实验需要的标准异味物质为香草醛（5g/L，稀释剂为二丙二醇）和愈创木酚（5μL/L，稀释剂为蒸馏水）。样品应当天制备，制备好的样品应放置在 500mL 的 45mm 磨口宽颈瓶中，每个瓶子中盛放 200mL 的溶液。

小组成员应至少包含 15 人，向每人提供配制好的瓶装标准异味溶液，并根据 9 级度量法对其进行愉悦度评价。小组成员按照先香草醛后愈创木酚的顺序进行嗅辨。测试过程中需要注意以下几点：

① 实验开始前，必须告知成员本实验没有对错之分，只是代表个人感受。

② 实验时，每名成员拿到瓶子后，应立即打开瓶塞，将瓶口直接对准鼻子下方闻 2~3 次，然后迅速盖上瓶塞，嗅辨时间不要超过 15s。

③ 实验结束后，每名成员根据 9 级度量法报出愉悦度等级。评价时应尽快做出决定，思考时间不超过 5s。

④ 评价过程只能进行一次。

愉悦度测试人员的筛选标准不是参考个人嗅觉灵敏度的大小，而是考虑整个小组的平均值是否在给定的范围内。德国的小组愉悦度筛选标准为：香草醛 1.9~2.9，愈创木酚 −2.0~−0.8。

考虑到东、西方人在生活、饮食等多方面的差别，李伟芳等研究了我国人群对标准气味物质的愉悦度测评特征。通过组织 73 名嗅辨员（男性 36 名，女性 37 名），采用愉悦度 9 级度量法，测量香草醛（5g/L）和愈创木酚（5μL/L）的愉悦度，分析我国人群愉悦度分布特征，提出愉悦度嗅辨小组筛选条件。研究结果如下。

① 80% 的嗅辨员认为香草醛的气味是令人愉悦的，香草醛的愉悦度总体平均值为 1.26，低于德国的参考范围 1.9~2.9；77% 的嗅辨员认为愈创木酚的气味是令人不愉快的，其愉悦度总体均值为 −1.18，符合德国的参考范围 −2.0~−0.8。

② 人们对同一种气味的愉悦度评价受个体生活习惯、经历、职业等因素影响，为了尽可能抵消个体之间的这种主观差异，进行愉悦度测试的嗅辨小组人员数量应该在 15 人以上。

③ 男性嗅辨员对香草醛的愉悦度均值为 1.42，女性嗅辨员为 1.05，男性嗅辨员对愈创木酚的愉悦度均值为 −1.53，女性为 −0.86。男性和女性嗅辨员的愉悦度测试结果存在明显差异，故愉悦度测试小组的男女成员比例应该相当。

④ 提出我国愉悦度测试小组的筛选标准：香草醛的愉悦度为 1.1~2.4，愈创木酚

的愉悦度为 $-1.6 \sim -0.4$。嗅辨小组的筛选不是参考个人嗅觉灵敏度的大小，而是整个小组的愉悦度平均值要在给定范围内。

（2）实际气味样品的愉悦度等级评价方法

在实际的愉悦度等级测试中，嗅辨员的人数要不少于 15 人。测试样品的浓度范围应根据样品的嗅阈值浓度确定，稀释倍数以 2 倍递减的方式，共稀释 6 个梯度，最低浓度应接近嗅辨员的嗅阈值，最高浓度则要注意样品是否对人体造成毒害或者其他健康风险。如果样品浓度较低，可以选择较小的稀释梯度。可能的情况下，最好用未经稀释的样品对测试进行验证。

开始嗅辨时，样品呈送给嗅辨员的顺序是打乱的，嗅辨员有可能闻到任意一个既定的稀释倍数的样品。为了消除嗅觉顺应性，每次嗅辨时间不超过 15s，嗅辨后可以考虑 5s。两次嗅辨之间的最小时间间隔为 1min。使用嗅觉仪测试时，为了检测实验中是否出现管道污染，或者嗅辨员的回答是否存在猜测的成分，测试中会穿插空白样品。但是第一嗅辨的样品不能是空白样品，也不能是一个稀释序列中的最高浓度。由于存在空白样品，而且部分样品稀释后的浓度可能低于某些嗅辨员的嗅觉阈值，因此，测试中应先询问嗅辨员是否闻到了气味，再询问愉悦度的等级。愉悦度的评价情况登记表见表 3-30。

表 3-30　愉悦度评价情况登记表

样品名称：　　　　日期：　　　登记人：

小组成员		空白样品	臭气浓度	Z_1	Z_2	Z_3	Z_4	Z_5	Z_6
			$\lg Z_k$						
编号	姓名		强度						
1									
2									
3			愉						
...			悦						
15			度						
j 等级的累积频率 $H_{j,k}(-4 \leqslant j \leqslant +4)$			+4						
			+3						
			+2						
			+1						
			0						
			-1						
			-2						
			-3						
			-4						
每个稀释浓度柱形图的中心坐标			离散度 H_s						
			加权平均值 H_c						

（3）愉悦度等级法的应用

愉悦度评价能够反映不同异味气体带给人的干扰影响，越是令人厌恶的气味对人的影响越大，而令人愉快的气味不会对人造成干扰。表 3-31 为根据愉悦度等级评价结果，对不同异味源进行的排序。

表 3-31　基于愉悦度等级的异味源排序

异味源	愉悦度
屠宰场	不愉悦 ↓ 愉悦
油脂加工	
石油炼化	
化工厂	
垃圾填埋场	
污水处理厂	
养猪场	
线缆涂料	
冷冻芯片生产	
饲草干燥	
烟草加工	
制糖厂	
啤酒厂	
咖啡烘焙	
可可加工	
糕点厂	

荷兰的异味管理方法，要求根据气味对人感官影响的不同，不同类型的行业制定不同的标准。英国《H4-异味管理导则》对行业异味污染控制的规定也比较灵活，根据不同的气味类型和人体可接受水平，提出不同的控制要求。例如，对于气味强烈难闻的排放源（如屠宰场等），全年 98% 的时间内恶臭小时平均浓度值 $C_{98,0.1h} < 1.5OU_E/m^3$；对于气味中等的排放源（如食品加工厂等）$C_{98,0.1h} < 3.0OU_E/m^3$；对于气味不太难闻的排放源（如面包房等）$C_{98,0.1h} < 6.0OU_E/m^3$。

3.4.2　极性轮廓法

德国标准 VDI 3940 规定了使用极性轮廓法测试愉悦度的方法。该方法一般由嗅辨员在现场进行评估。极性轮廓法也称为语义微分技术，由通常用于描述气味的 29 个相反意义的形容词组成，例如强/弱、重/轻、冷/暖、被动/主动、新鲜/陈旧等。每一对形容词之间，划分 −3～+3 的比例，用数值的大小表示与该对形容词的接近程度。例如，在第一对形容词"强/弱"中，数值 −3 表示"非常强"的气味，而数值 0 表示既不"强"也不"弱"的气味，数值 3 则表示"非常微弱"的气味。

（1）极性轮廓测试方法

测试人员使用 29 对反义词描述嗅到的物质。使用极性轮廓法调查表，在每行中勾选最接近主观印象的数字，勾选时尽可能考虑形容词的比喻义而不是字面意思。右边的特征越多，就尽可能选择靠右边的标记；左边的特征越多，就尽可能选择靠左边的标记。不要频繁地选择中间的"0"。勾选以主观印象为主，需要直观、迅速地做出选择，不要过多地思考。极性轮廓法调查表如表 3-32 所列。

表 3-32　极性轮廓法调查表

序号	特征	等级							特征
1	强	3	2	1	0	1	2	3	弱
2	粗略	3	2	1	0	1	2	3	精致
3	消沉	3	2	1	0	1	2	3	振奋
4	强劲	3	2	1	0	1	2	3	纤弱
5	重	3	2	1	0	1	2	3	轻
6	老	3	2	1	0	1	2	3	幼
7	野蛮	3	2	1	0	1	2	3	文雅
8	兴奋	3	2	1	0	1	2	3	平静
9	粗暴	3	2	1	0	1	2	3	平稳
10	黑暗	3	2	1	0	1	2	3	光明
11	咸	3	2	1	0	1	2	3	甜
12	有趣	3	2	1	0	1	2	3	无聊
13	冷	3	2	1	0	1	2	3	热
14	清醒	3	2	1	0	1	2	3	困倦
15	浅	3	2	1	0	1	2	3	深
16	安静	3	2	1	0	1	2	3	响亮
17	软	3	2	1	0	1	2	3	硬
18	辛辣	3	2	1	0	1	2	3	温和
19	钝	3	2	1	0	1	2	3	锐
20	活泼	3	2	1	0	1	2	3	严肃
21	空	3	2	1	0	1	2	3	满
22	消极	3	2	1	0	1	2	3	积极
23	新鲜	3	2	1	0	1	2	3	陈腐
24	满意	3	2	1	0	1	2	3	不满
25	和谐	3	2	1	0	1	2	3	不和谐
26	温和	3	2	1	0	1	2	3	刺激
27	和平	3	2	1	0	1	2	3	侵略
28	美	3	2	1	0	1	2	3	丑
29	愉悦	3	2	1	0	1	2	3	不愉悦

作为极性轮廓法测试愉悦度的第一步，需要建立愉悦度基本轮廓曲线。嗅辨员需要想象"恶臭"和"芳香"两个词汇给人的感觉，用 29 对形容词进行描述和赋值。如果嗅辨员不能合理地用 29 对词汇对"恶臭"和"芳香"进行关联，其个人测试将被排除，不参与计算。例如，"芳香"应对应"新鲜""振奋"等词汇；而"恶臭"则对应"陈腐""消沉"等词汇。本书选用 43 名嗅辨员的测试数据进行了基本轮廓曲线的建立。

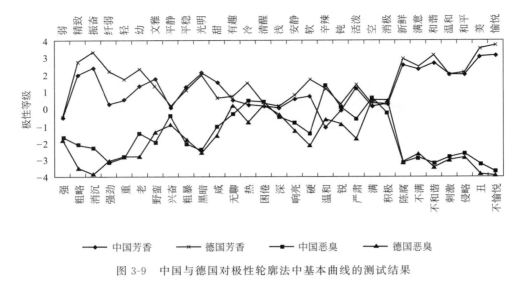

图 3-9　中国与德国对极性轮廓法中基本曲线的测试结果

图 3-9 为中国与德国对极性轮廓法中基本曲线的测试结果。"恶臭"和"芳香"两条曲线具有各自的特点。对比中德两国的"恶臭"和"芳香"基本曲线，"恶臭"基本曲线的相关性为 0.88，"芳香"基本曲线的相关性为 0.83，两国测试结果整体非常接近。通过分析我国测试人员的年龄、性别、职业，进行数据分组对比，结果发现，测试结果不受以上条件的影响。因此，愉悦度极性轮廓测试法是一种相对稳定可靠的方法。

在后续的测试中，嗅辨员通过对实际样品的嗅辨和感觉填写极性轮廓调查表，通过对基准轮廓"恶臭"和"芳香"的相关系数的比较来划分样品愉悦度的等级。根据德国标准，与"恶臭"的相关系数大于 0.5，与"芳香"的相关系数小于 −0.5，判定为"绝对恶臭"；与"芳香"的相关系数大于 0.5，与"恶臭"的相关系数小于 −0.5，判定为"绝对芳香"；其余判定为"中性"。

图 3-10 为养猪场臭气及苯乙醇标液的极性轮廓图。图 3-10 中可以看到"恶臭"和"芳香"两条基准曲线，以及养猪场臭气及苯乙醇标液的极性轮廓曲线，其中养猪场臭

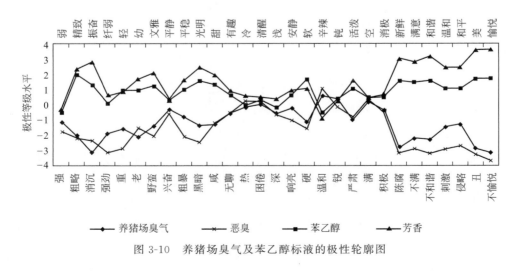

图 3-10　养猪场臭气及苯乙醇标液的极性轮廓图

气的曲线与"恶臭"的曲线非常接近，而苯乙醇标液的曲线与"芳香"的曲线非常接近。根据计算，养猪场臭气的极性轮廓数据与"恶臭"的相关系数为0.88，与"芳香"的相关系数为−0.84，可以判定为"绝对恶臭"；苯乙醇标液的极性轮廓数据与"芳香"的相关系数为0.89，与"恶臭"的相关系数为−0.66，可以判定为"绝对芳香"。

（2）极性轮廓法在异味源分类中的应用

对7种不同来源的气体分别采用极性轮廓法进行愉悦度测评。将测评结果汇总得出该气味与"恶臭"和"芳香"的相关系数，比较该系数，判定其气味愉悦度等级为"绝对恶臭"还是"中性"，或者"绝对芳香"。需要注意的是，该测试在相近的气味强度或者气味浓度条件下，愉悦度次序才有可比性，因此所选7种气味源强度统一为3级左右。同时，对这7种气味源进行9级愉悦度法测试，评价结果与极性轮廓法进行对比，见表3-33。

表3-33 7种气味源的愉悦度评价结果对比

气味来源	极性轮廓法			9级愉悦度法
	与恶臭的相关系数	与芳香的相关系数	评价结果	
养猪场	0.88	−0.84	绝对恶臭	−2
生物发酵车间	0.87	−0.79	绝对恶臭	−1.5
电磁线生产车间	0.87	−0.61	绝对恶臭	−3
半导体材料加工车间	0.85	−0.75	绝对恶臭	−2.14
方便面调料生产车间	0.33	0.12	中性	−0.13
苯乙醇标准嗅液	−0.66	0.89	绝对芳香	0.67
某品牌香水	−0.53	0.88	绝对芳香	1.83

对于养猪场、生物发酵车间、电磁线生产车间、半导体材料加工车间四种来源的气味，从极性轮廓法的评价结果看，四种气味都属于"绝对恶臭"，按照9级愉悦度法，四种气味的愉悦度分布在−3～−1.5之间，即非常不愉快到不愉快之间，两种方法都表明以上四种源属于令人不愉快的恶臭气体。对于方便面调料生产车间，极性轮廓法的评价结果为中性，9级愉悦度法的结果为−0.13，接近于0级，对应的感觉为中性，两种评价方法获得的结果一致。苯乙醇标准嗅液与某品牌香水的极性轮廓法的评价结果为"绝对芳香"，9级愉悦度法的结果为0.67～1.83，对应的感觉为轻度愉悦和愉悦，两种评价方法获得的结果一致。由此可见，两种评价方法都能对不同气味源进行分类，分类结果一致。

但是利用两种方法对气味源的愉悦度进行排序，会得出不同的结果。例如，用极性轮廓法表示，养猪场是7种源中愉悦度等级最低的；用9级愉悦度法表示，电磁线生产车间是7种源中愉悦度等级最低的。与香水相比，苯乙醇标准嗅液与芳香的相关系数更高，与恶臭的相关系数更低，但9级愉悦度等级却低于香水。

造成排序不同的原因是两种方法的评价形式和评价依据不同。9级愉悦度法为单一指标评价，其评价结果的主观性和随机性更高。极性轮廓法为29对指标进行综合评价，其评价结果相对客观，但是评价指标过多，部分指标与气味的关联性不大，也容易造成评价人的敷衍心理。对气味源的愉悦度排序应综合考虑两种评价方法，通过多人次的测试得出评价结果。

（3）极性轮廓法在异味污染评价中的应用

极性轮廓法可以调查污染源周边居民的暴露影响情况。由于气味品质不同，同样的强度下，气味给居民的主观感觉和愉悦程度完全不同。通过在污染源周边小区分发极性轮廓调查表，进行调查统计，可得出周边居民对某一气味的愉悦度评价。

极性轮廓法可应用于对治理设施有效性的评估。对比处理前后气体的极性轮廓图，可以看到治理后愉悦度有没有提升。除了强度和浓度的削减外，愉悦度的改善同样是减小居民投诉比例，提升居民满意度的重要指标。此外，治理措施运行过程中，有可能因为加入了某些含硫含氮的有机物，产生了臭气，可以考虑用一些气味芳香的物质替代这些产品，以改变排放气体整体的愉悦度等级。如果处理措施中涉及气味掩蔽，可以用极性轮廓法评估喷雾剂的芳香类型和掩蔽效果。

通过极性轮廓法还可以对比评估人员与居民对气味的不同感受。由于暴露时间不同，评价人员与现场居民对气味的感受会有所不同。通过极性轮廓调查，可以发现居民在基本的"恶臭"和"芳香"的理解上是否与评价人员有所不同，进一步评估居民和外部评价人员之间的感受差异。

3.5　干扰潜力

干扰潜力是评估异味影响的一个新指标，该指标综合考虑了臭气浓度和愉悦度的影响，弥补了单一指标评价异味污染时存在的局限性，可以更直观地区分不同异味源或排放单元的影响差异。一般用于重点排放源及关键排放单元的识别。

3.5.1　干扰潜力量化方法

干扰潜力的量化方法最早由法国 M. Chaignaud、S. Cariou 等提出，其数学模型为：

$$A = CH \tag{3-19}$$

式中　A——干扰潜力；

　　　C——臭气浓度；

　　　H——愉悦度。

但由于臭气浓度的尺度跨度较大，最小的数值为 10，最大的可能上百万，人的嗅觉感觉中往往体验不到这样大的跨度，导致臭气浓度的数值与实际感觉不对应，因此我们采用臭气浓度的对数与愉悦度相乘来综合评价异味源对人体的干扰，修正后的干扰潜力计算模型为：

$$A = \lg C \times H \tag{3-20}$$

应注意的是，目前国际上对干扰潜力的计算方法尚未有明确的规定，还需进一步研究气味浓度、愉悦度与气味影响之间的关系，准确定义异味引起的干扰影响及其计算方法，进而为异味源的分类和关键源识别提供方法依据。

3.5.2　干扰潜力的应用

根据修正后的干扰潜力计算方法，计算了 9 种异味源的干扰潜力（表 3-34 和图 3-11），进而评价不同异味源的影响差异。所得数值的绝对值越大，表示某种源的异味干扰潜力越高。可以看出，橡胶厂和自行车烤胎工艺的异味干扰潜力最高，其次是污水处理厂，排在第三位的是垃圾填埋场和自行车烤漆工艺，干扰潜力最低的是喷漆厂。养猪场和喷漆厂的臭气浓度对数值相同，但是愉悦度不同，养猪场的气味令人更不愉悦，因此养猪场的异味干扰要高于喷漆厂。橡胶厂和污水处理厂散发气味的愉悦度相同，但橡胶厂的臭气浓度对数值大于污水处理厂，因此橡胶厂产生的干扰潜力更高。

表 3-34　典型异味源的干扰潜力

异味源	臭气浓度对数值	愉悦度	干扰潜力
橡胶厂	4.49	−4	−17.96
自行车烤胎工艺	4.49	−4	−17.96
污水处理厂	3.99	−4	−15.96
垃圾填埋场	3.62	−4	−14.48
自行车烤漆工艺	3.62	−4	−14.48
卷烟厂	3.74	−3.79	−14.17
制药厂	3.74	−3.69	−13.80
养猪场	2.62	−3.79	−9.93
喷漆厂	2.62	−3	−7.86

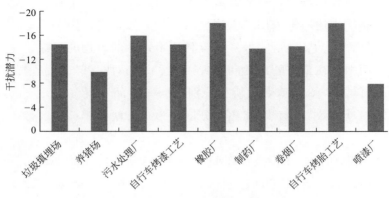

图 3-11　典型异味源干扰潜力比较

同一种源的不同排放单元的异味干扰潜力也是不同的，以卷烟厂为例进行分析

（图 3-12）。卷烟厂 3 个排气单元中，排气筒和混丝参配车间的臭气浓度指数相同（浓度指数为 3.74），均大于烟草烘干单元（浓度指数为 3.12）。3 个排气单元的气味愉悦度不同，其中排气筒的气味最令人厌恶（愉悦度值为 -3.79），其次是烟草烘干（愉悦度值为 -2.45），最后是混丝参配车间（愉悦度值为 -2.33）。因此，排气筒的异味干扰潜力最高，其次是混丝参配车间，最低的是烟草烘干单元。由此可以看出，干扰潜力能更直观地区分不同异味源及不同排放单元的影响，从而准确识别重点排放源及关键排放单元。

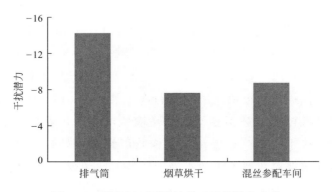

图 3-12　卷烟厂不同排放单元干扰潜力比较

3.6　气味品质与气味轮图

3.6.1　气味品质

气味品质是指用语言描述的形式表征气味的特点。由于嗅觉比视觉或听觉更具有物质性，且缺乏自身的表达符号，只能够借助于发出气味的物质来表达，要依靠其来源确定其特征。气味品质描述通常采用"借物喻物"的方法，例如用生活中熟悉的事物的气味（花香味、水果香味、臭鸡蛋味等）形容其他不熟悉的事物的气味。

气味词在使用中往往带有随意性和主观因素，人们对同一气味品质的描述会千差万别。在以下三组测试中，8～15 名嗅辨员分别对同一样品进行气味品质的语言描述，得到的结果有可能趋近一致，也有可能比较分散。为了方便嗅辨员的区分，三种气体都具有较高的气味等级。

图 3-13 是对某制药厂红霉素发酵车间的气味品质描述。该气味具有较鲜明的特点，嗅辨员对气味的描述词汇非常接近，90% 的描述词集中在"药味、浓重的药味、中药味"等。对于该样品，使用气味词可以准确地把握其气味特征。

图 3-14 是对污水处理厂沉砂池的气味品质描述。该气味虽然具有一定的特点，但

在表征时缺乏特征鲜明的词汇。50％的嗅辨员将气味笼统地描述为刺鼻，其他描述词有"轮胎""腐烂""化学药品"等，但普遍占比较小。在这种情况下，对于气味品质的描述较为笼统，缺乏指向性。

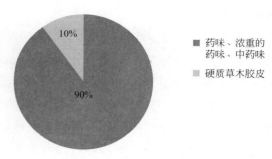

图3-13　某制药厂红霉素发酵车间气味品质描述

图3-15是对污泥干化气体的气味品质描述。该气体的气味特征比较难以分辨，参与测试的嗅辨员几乎都给出了不同的答案，如"烂玉米须""硫化物""烧焦味"等，每种气味描述的占比都较小，气味词汇比较分散，无法使用统一的词汇进行气味品质的特征描述。

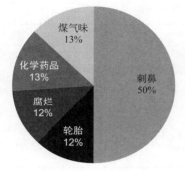

图3-14　污水处理厂沉砂池气味品质描述

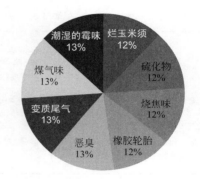

图3-15　污泥干化气体气味品质描述

造成气味品质描述差异的原因比较复杂。一方面，气味描述的差异与气味样品包含的异味物质的数量、比例以及主要异味物质的嗅阈值和气味特征有关。当样品中包含多种异味物质，且每种物质的异味活度值相当时，异味物质的气味特征不明显，气味品质复杂。另一方面，我国目前没有统一的气味描述词，测试人员进行气味品质描述时，往往根据自己的生活经验和用词习惯使用各种各样的词汇，对同一种物质的描述也会多种多样。因此，在气味品质测试中，首先应建立一套适合我国国情的环境气味描述标准词汇，避免使用"臭味""刺鼻"等较笼统的词汇，使气味的描述精准地反映其自身的特点。同时加强对嗅辨员的训练，不夸大、不隐瞒，实事求是地用专业的词汇进行客观描述。

3.6.2　气味词分类

人对气味的认知反映在语言上就是气味词。气味词用来描述气味，是人对气味分类的工具。由于嗅觉比视觉或听觉更具有物质性，而且缺乏自身的表达符号，导致多数的气味难以命名，只能够借助于发出气味的物质来表达，要依靠其来源确定其特征。在现代汉语的气味词中，一般的构词形式是"物词素＋味"，例如"中药味""香水味""汽油味"等。

王娟等考察了大学生对 60 个气味词基于语义相似性和基于知觉相似性的气味词分类，并运用多维标度法和聚类分析法进行了分析，结果见表 3-35 和表 3-36。研究结果显示，大学生基于语义相似性的气味词分类出现了两个维度：与食物有关/与食物无关；人造物/自然物。两个维度都与发出气味的物体性质有关。在基于语义相似性的分类中，被试者并未直接地感知气味，也未提示他们想象气味。而若提示被试者想象气味，即采用知觉感受对异味词汇进行分类，则出现"令人愉悦的/令人讨厌的"两种维度的分类，且浓度的变化对于这两种维度有较大影响。能够引起愉悦情绪体验的香甜味大多都是中等浓度的，浓度大的恶臭味能够引起非常不舒服的情绪体验，某些气味（如烧焦味、烧塑料味、煤气味、汽油味、油漆味、消毒水味、樟脑味）虽然浓度不大，却依然能够引起非常消极的情绪体验。

表 3-35　基于语义相似性的气味词分类

分类		与食物有关		与食物无关
自然物	水果香气	香蕉味、西瓜味、草莓味、苹果味、芒果味、橙味、菠萝味、水蜜桃味和榴莲味	自然物、植物花香	茶味、薄荷味、茉莉花味、玫瑰花味、菊花味、青草味和泥土味
	食物饮品气味	蛋糕味、饼干味、巧克力味、牛奶味、奶茶味、咖啡味、蜂蜜味、玉米味、花生味和菜香味	人体及排泄物气味	臭屁味、臭脚味、口臭味、狐臭味、汗味、粪便味和臭水沟味
人造物	饭菜和调味品气味	鱼腥味、臭豆腐味、酱油味、醋味、姜味、大蒜味、酸菜味和烧烤味	人造非食物气味	烧塑料味、烧焦味、油漆味、汽油味、煤气味、皮革味、香烟味、樟脑丸味、消毒水味、蚊香味、风油精味、酒精味

表 3-36　基于知觉相似性的气味词分类

令人愉悦的气味	香味	花生味、菜香味、茶味、薄荷味、青草味、茉莉花味、玫瑰花味、菊花味和香水味
	甜味	香蕉味、芒果味、苹果味、草莓味、橙味、水蜜桃味、菠萝味、西瓜味、玉米味、蜂蜜味、牛奶味、奶茶味、巧克力味、蛋糕味、饼干味和咖啡味
中性气味Ⅰ		酱油味、姜味、泥土味、肥皂味、酸菜味、烧烤味和榴莲味
中性气味Ⅱ		大蒜味、酸味、新书味、木材味、墨汁味、酒精味、风油精味、中药味、蚊香味和空调味
令人厌恶的气味		烧塑料味、烧焦味、油漆味、汽油味、煤气味、樟脑丸味、消毒水味、香烟味和皮革味
恶臭气味		臭水沟味、臭脚味、粪便味、臭屁味、口臭味、狐臭味、汗味、臭豆腐味和鱼腥味

本书借鉴上述方法对我国恶臭污染中应用的异味词汇进行分析，研究方法如下：

① 实验 1 考察语义水平上的异味词分类情况：设置 64 个常见有气味含义的感官词语，由被试人员根据自身语义理解，对词语进行详细分类。此实验参与人员共 174 人，异味词汇分类结果见表 3-37。

表 3-37　异味词汇分类结果

排名	愉悦词	中性词	厌恶词
1	水果（苹果、梨、柑橘、香蕉、菠萝等）味	白水、纯净水味	汗臭味
2	食物（糕点、饼干、巧克力等）味	酱油味	污水、下水道味

排名	愉悦词	中性词	厌恶词
3	饮品(牛奶、奶茶、咖啡)味	泥土味	养猪场味
4	菜香味	醋味	养鸡场味
5	各种花香(玫瑰、茉莉、百合等)味	食用油味	氨气味
6	雨后空气(清新空气)味	肥皂味	公厕的气味
7	饭(米饭、面食等)味	姜味	垃圾腐败味
8	森林的气味	书本气味	食物腐败味
9	香水(淡)味	大蒜味	农药味
10	茶味		塑料、橡胶焚烧的气味

从分类结果来看，愉悦的词类包括水果味、食物味、花香味、草木味，中性的词类包括土味、酚类的气味（药品），厌恶的词类包括污水味、垃圾腐败味、养殖场味、塑料燃烧的气味、有机试剂味、腥味等。食物（水果、饭菜）中散发的气味最能使人愉悦，其次是花香；家庭用品（日化类、调味料等）中挥发的气味对人刺激不明显，属于中性类较多；垃圾、污水、养殖、屠宰、喷漆、橡胶等市政、工业企业排放的气味最令人厌恶。

② 实验2考察表象水平上的异味词汇分类情况：设置愉悦、中性及厌恶三种气味类别，由被试人员根据自身经验，自行编写气味词语。此实验总计参与50人次，获得异味词汇70个，并由此得到被试人员不同文化背景下异味词汇的概念组成及其概念结构。实验结果见表3-38。

由结果可知，人对愉悦气味的词汇确认范围主要集中在花香味、水果香味、饭菜香味等，中性气味词汇主要集中在泥土味及木头味，厌恶气味词汇主要集中在垃圾腐败味、油漆味及粪便味等。

表3-38 不同类型气味词汇统计

排名	愉悦	人数占比	中性	人数占比	厌恶	人数占比
1	花香味	62%	泥土味	30%	垃圾腐败味	34%
2	水果香味	36%	木头味	22%	油漆味	30%
3	饭、菜香(米香)味	32%	书本油墨味	10%	粪便味	28%
4	烘焙食物味	10%	醋味	6%	鱼腥味	22%
5	香水(淡)味	10%	白开水味	6%	汽油味	16%
6	森林的气味	8%	松香味	4%	汗臭味	14%
7	咖啡(奶茶)味	6%	炒菜油烟味	4%	油烟味	12%
8	雨后空气味	6%	油漆味	4%	烟味	12%
9	奶香味	6%	中药味	4%	香水(浓)味	10%
10	茶香味	4%	青草味	4%	污水味	10%

进一步从性别和年龄的角度对异味词汇的分类进行分析。结果表明，愉悦词汇中，男性对饭菜类气味更为敏感，女性对水果类气味更为敏感；厌恶词汇中，排首位的是垃圾腐败味，其中男性对养殖、屠宰等氨类排放源比较敏感，女性对污水、公厕等硫化物类排放源比较敏感；对汗臭味，女性比男性更加反感。在年龄上，青年人与中老年人对饭菜的气味较为敏感，中年人对水果味、花香味、茶香味等较为敏感，年轻人对工业企业类污染的厌恶感更高，中老年人对生活型污染的厌恶度更高。

基于以上研究，总结我国的气味类型，基本异味词汇如表 3-39 所列。气味性质词汇总体上可分为愉悦类、中性类和厌恶类三类。愉悦类为花果香味、甜味、食物味，中性类为草味、土味及部分日常用品味，厌恶类包括腐败味、腥臊味及粪臭味等。

表 3-39　我国气味词分类与典型气味词汇

气味词分类	典型气味词	代表性源	代表物质
令人愉悦的气味	花香味/果香味	苹果	1-十二醛
		柑橘	D-柠檬烯
		坚果	苯甲醛
		玫瑰花	苯乙醇
		茉莉花	乙酸苄酯
	甜味	甜味	甲基乙基酮
		指甲油	丙酮
		水果甜味	乙醛
	食物香味	油脂	壬酸乙酯
		膏香	桂酸苯乙酯
		乳香	丁二酮
		瓜香	西瓜醛
		蔬菜	乙酰基噻唑
中性气味	草木味	木头	顺-3-己烯-1-醇
		青草	女贞醛
		松木	松油烯
		草药	桂醛
	土味	泥土	乔司脒
		焦香	愈创木酚
	工业制品味	皮革味	
		塑料味	
		汽油味	丁烷
			戊烷

气味词分类	典型气味词	代表性源	代表物质
令人厌恶的气味	尿腥臊味	腥味	三甲胺
			二甲胺
			甲胺
		尿	氨水
	腐烂死动物味	腐烂的	吡啶
		死的动物	丁二胺
	陈腐脂肪味	腐臭	庚醛
			丁酸
			苯丙酸
		醋	乙酸
	烂白菜味	腐烂的蔬菜	甲硫醚
		腐烂的垃圾	二甲基二硫醚,甲硫醇
		沼泽	二甲基三硫醚
	粪臭味	排泄物	甲基吲哚
		污泥	吲哚

3.6.3 气味轮图

气味轮图始于香料、咖啡、酒类等的风味轮图。世界各国的调香师和香料工作者发表了许多各具特色的"香味轮""气味轮""食品香气轮""香水香气轮"等,作为调香的理论依据。林翔云等参考捷里聂克香气分类体系、叶心农等的香气环渡理论以及现代芳香疗法的一些概念,结合自身几十年来的调香和评香经验,提出一个较为完整的"自然界气味关系图",最先发表于 1999 年编著的《调香术》中。美国精品咖啡协会(SCAA)设计制定了咖啡风味轮图,它涵盖了大部分咖啡的口味种类和专业术语,帮助辨析咖啡的味道和特色,建立咖啡的质量标准。

环境类气味轮图最早起源于饮用水行业,用于说明饮用水的感官特征及来源。国际水协会气味委员会最早发起了关于饮用水气味轮图的探讨,并于 1993 年对美国自来水公司进行了调研。1995 年,加利福尼亚大学洛杉矶分校的 I. H. Suffet 教授首次完成了饮用水的味道与气味轮图,并于 1999 年进行了升级,如图 3-16 所示。饮用水的味觉有酸、甜、咸、苦四种,而嗅觉能闻到的气味有 8 种,每种气味对应不同的物质和来源。美国弗吉尼亚大学的 Katherine Phetxumphou 博士进行饮用水气味轮图的应用研究时发现,气味轮图可以用来回答公众对于异味问题的投诉。在饮用水气味轮图的帮助下,消费者可以提高对水中异味物质的识别能力,有助于水厂及时发现生产工艺问题,保证产品质量。随着异味研究的不断深入,人们发现当异味控制与特定的化学物质及其气味品质的关系确定后,有助于选择合适的处理技术。

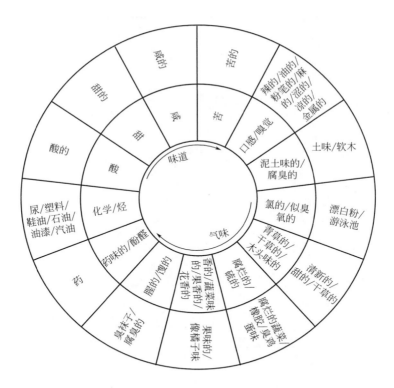

图 3-16　美国饮用水感官轮图

本书在总结环境气味词汇及其分类的基础上，绘制了我国首个环境气味轮图（图 3-17），为后续环境类气味轮图的研究及应用提供参考。

3.6.4　典型异味源的气味轮图

（1）卷烟厂气味轮图

烟草行业在我国的国民经济中占有重要的地位，在烟草产业发展的同时，烟草加工过程产生的异味气体对厂区周围大气环境会产生一定影响。烟草异味气体的主要组成及特征总结如下。

1）有机酸类——酸臭味　主要包含 C_{10} 以下的挥发性酸、半挥发性酸（$C_{10} \sim C_{18}$）和非挥发性酸（柠檬酸、苹果酸等）。烟草总有机酸的含量占烟叶干重的 12%～16%，其中香料烟＞烤烟＞晾晒烟。烟叶等级越高，有机酸的含量越高。在卷烟厂排放的废气中检测低级脂肪酸类污染物（包括丙酸、丁酸、异丁酸、戊酸、异戊酸）发现，此类物质的嗅阈值非常低，在低浓度下就会产生较大异味，是造成企业异味污染的主要物质。

2）醇类物质——青草香、酒香　醇类污染物主要存在于混丝加香车间，用于稀释香精、香料喷洒后的逸散。烟叶中可鉴定出醇类 334 种，烟气中 157 种，包括脂肪醇、

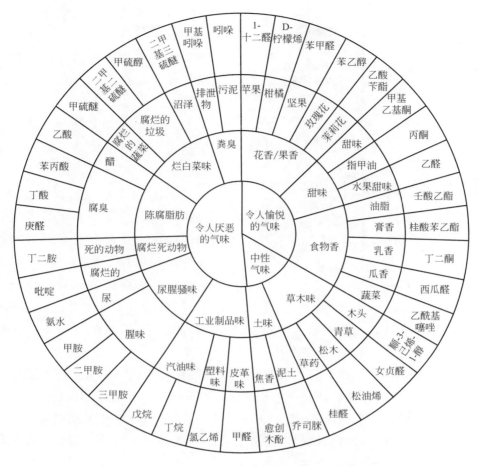

图 3-17　我国环境气味轮图

脂环醇、芳香醇、缁醇、萜醇等，含量占 0.77%～1.25%。其中，由于乙醇常作烟草香精的溶剂，用量较大。

3）酯类物质——果香　酯类在相关烟草厂异味研究中报道较多，是决定烟草香型的主要物质。酯类物质主要影响烟草的香气和口味，包括低级脂肪酯类和高级脂肪酯类。低级脂肪酯类如乙酸乙酯等是果香的主要物质来源；高级脂肪酯类具有脂肪味和蜡味，使烟气醇和。

4）酚类——药香　绿原酸、芸香苷、莨菪亭等是烟草中的主要酚类物质，其中绿原酸的含量在 3% 以上，且随着烟叶等级的提高，含量升高。

5）杂环化合物——药香、粪臭等　烟草中的杂环类物质主要包括吡咯、呋喃、吡啶、喹啉、吲哚等。此类物质的气味各异，会与其他物质产生美拉德反应，不同的物质含量导致烟叶香气不同。杂环化合物含量高的烟草为浓香型，含量低的为清香型。

6）烃类　烟草中脂肪烃类、不饱和脂肪烃类和芳香族烃类含量丰富，样品的检测结果也证明了这一点。但是这类物质对烟气气味的贡献较小，在此不做研究。

综合以上气味类型、特点及物质组成，绘制卷烟厂的气味轮图，如图 3-18 所示。

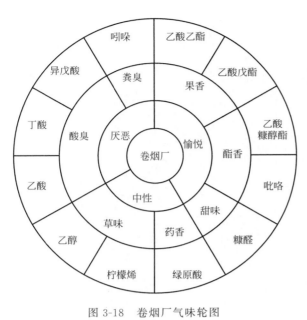

图 3-18 卷烟厂气味轮图

（2）橡胶行业气味轮图

橡胶制品行业排放的异味主要来源于残存有机单体的释放、有机溶剂的挥发以及热反应生成物等，具体如下所述。

1）残存有机单体的释放 生胶如天然橡胶、丁苯橡胶、顺丁橡胶、丁基橡胶、乙丙橡胶、氯丁橡胶等，其单体具有较大毒性，在高温热氧化、高温塑炼、燃烧条件下，这些生胶解离出微量的单体和有害分解物，主要是烷烃和烯烃衍生物。橡胶制品工业生产废气中可能含残存单体，包括丁二烯、戊二烯、氯丁二烯、丙烯腈、苯乙烯、二异氰酸钾苯酯、丙烯酸甲酯、甲基丙烯酸甲酯、丙烯酸、氯乙烯、煤焦沥青等。

2）有机溶剂的挥发 橡胶行业普遍使用汽油等作为有机稀释剂，可能使用的有机溶剂包括甲苯、二甲苯丙酮、环己酮、松节油、四氢呋喃、环己醇、乙二醇醚、乙酸乙酯、乙酸丁酯、乙酸戊酯、二氯乙烷、三氯甲烷、三氯乙烯、二甲基甲酰胺等。

3）热反应生成物 橡胶制品生产过程是在高温条件下进行的，易引起各种化学物质之间的热反应，形成新的化合物。

4）各种添加剂 不同类型的橡胶制品为满足不同需要，在生产过程中往往还要添加各类有机物以保证橡胶产品的强度、韧性等参数。这些添加剂包括促进剂、抗氧化剂、缓凝剂、软化剂、硫化剂等，往往也是重要的异味释放源，在反应的过程中产生如缓凝剂及其分解产物、石油挥发的烃类等物质以及硫化剂等高温分解产物。

笔者通过现场采样和仪器检测，分析了橡胶行业各工艺环节异味物质的排放情况，见表 3-40。总体上看，橡胶制品工艺在炼胶、成型、硫化阶段异味物质的排放量较大。这主要是由较高的反应温度和需要添加促进反应进行的各类添加剂造成的。在炼胶和挤出反应阶段，含氧化合物的占比分别达到 50％以上，其中以 2-丁酮、丙酮、2-己酮和四氢呋喃为主。在成型阶段，芳香烃占总异味物质排放量的比例高达 55.8％，以甲苯、乙苯、间二甲苯和对二甲苯为主，含氧烃含量居第二，为 35.7％。橡胶制作进入硫化工艺阶段，烷烯烃的排放量达到峰值，占总排放量的 64.7％，其中以正己烷、正庚烷为主。修边打磨阶段是所有工艺阶段中排放量最少的环节，其排放的各类污染物占比均衡，含量较小。

新南威尔士大学的 Nor H. Kamarulzaman 等应用顶空-GCMS 分析方法，对 14 种橡胶生产工艺过程中不同工艺节点的 VOCs 进行了观测，并确认其大部分为致臭物质。

检出频率较高的物质主要包括挥发性脂肪酸类如乙酸、丙酸、丁酸、戊酸等，有机胺类如三甲胺、吲哚。其他致臭物质包括苯及其衍生物、酮类、醛类以及脂类。另外，根据检测数据和感官测量结果，绘制了橡胶行业气味轮图（图 3-19），用于企业异味管理，有效降低了企业投诉率。

表 3-40　橡胶行业各工艺环节异味物质排放情况　　　　　　单位：mg/m³

异味物质	炼胶	挤出	压延	成型	硫化	修边打磨
含硫化合物	0.08	0	0.02	0.12	0.02	0.01
含氧化合物	1.52	0.34	0.46	0.76	1.43	0.21
卤代烃	0	0.03	0.01	0	0	0
芳香烃	0.53	0.28	0.72	3.28	0.39	0.18
烷烯烃	0.8	0.04	0.08	0.11	3.38	0.25
TVOC	2.93	0.69	1.29	4.27	5.22	0.65

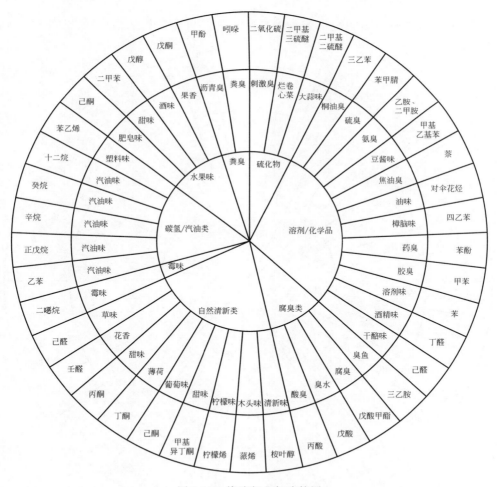

图 3-19　橡胶行业气味轮图

（3）污水处理厂气味轮图

目前，我国污水处理的主要工艺包括预处理工艺、生物处理工艺和深度处理工艺。

预处理设备（构筑物）包括格栅、沉砂池和初沉池，是利用筛网截留、重力分离（包括自然沉淀、自然上浮和气浮等）、离心分离等原理，初步分离污水中漂浮物和悬浮物质。预处理工艺是臭味产生的重要环节，废水在进入格栅、进水泵房、配水井、沉砂池时，水流的剧烈搅动导致污水内有机物的厌氧分解，导致大量硫化物和氨的产生，恶臭污染重。笔者通过实测，对典型污水处理厂的异味物质进行了解析。

1）预处理设施　在粗格栅、细格栅、沉砂池和初沉池部分共检出 22 种异味物质，其中含硫化合物 3 种，芳香族化合物 6 种，卤代烃 4 种，含氧化合物 8 种（其中低级脂肪酸 6 种、酮 2 种）和有机胺 1 种（三甲胺）。

2）生物处理阶段　生物处理阶段主要包括曝气池和二沉池，检出的各类异味物质共 24 种，其中芳香族化合物 3 种，卤代物 7 种，烷烃 2 种，含氧化合物 11 种（其中低级脂肪酸 4 种、醛 1 种、酮 3 种、醇 1 种、酯 1 种、其他 1 种）和有机胺 1 种（三甲胺）。

3）污泥处理过程　污泥脱水过程的异味较为严重，共检到污染物 22 种，其中含硫

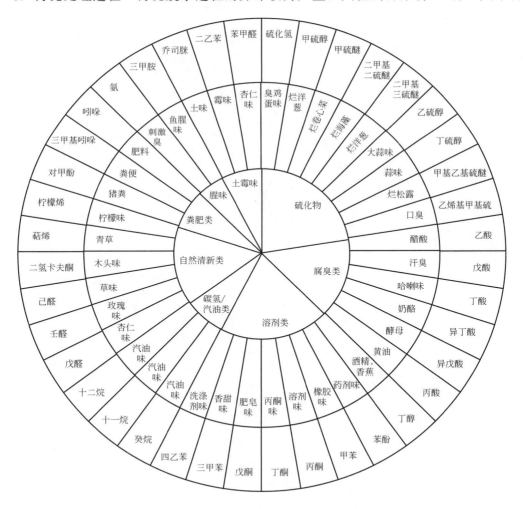

图 3-20　污水处理厂气味轮图

化合物 1 种，芳香烃 6 种，卤代烃 7 种，烷烃 4 种，含氧烃 4 种（其中酮 2 种、醇 1 种、醛 1 种）。

根据异味活度系数法（OAV 法），对稀释倍数大于 1 的异味物质进行筛选，则污水处理厂的主要异味物质包括：硫化物，如硫化氢、甲硫醇、甲硫醚、二硫化碳等；苯系物，如苯、甲苯、二甲苯等；含氧有机物，如乙醛等；卤代烃类，如氯仿等。

由此绘制污水处理厂气味轮图，如图 3-20 所示。

参考文献

[1] Saison D, De Schutter D P, Uyttenhove B, et al. Contribution of staling compounds to the aged flavour of lager beer by studying their flavour thresholds [J]. Food Chem, 2009, 114 (4): 1206.

[2] Herrmann M, Klotzbucher B, Wurzbacher M, et al. A new validation of relevant substances for the evaluation of beer aging depending on the employed boiling system [J]. J Inst Brew, 2010, 116 (1): 41.

[3] Wu C D, Liu J M, Yan L C, et al. Assessment of odor activity value coefficient and odor contribution based on binary interaction effects in waste disposal plant [J]. Atmos Environ, 2015, 103: 231.

[4] 颜鲁春，刘杰民，付慧婷，等. 异味混合物中组分浓度与其强度贡献关系研究 [J]. 环境科学，2013，34 (12): 4743-4746.

[5] 吴传东，刘杰民，刘实华，等. 气味污染评价技术及典型垃圾处理工艺污染特征研究进展 [J]. 工程科学学报，2017，39 (11): 1607-1616.

[6] Dincer F, Muezzinoglu A. Odor determination at wastewater collection systems: olfactometry versus H_2S analyses [J]. CLEAN-Soil, Air, Water, 2007, 35 (6): 565.

[7] Blazy V, Guardia A, Benoist J C, et al. Correlation of chemical composition and odor concentration for emissions from pig slaughterhouse sludge composting and storage [J]. Chem Eng J, 2015, 276: 398.

[8] Frijters J E R, Oude Ophuis P A M. The construction and prediction of psychophysical power functions for the sweetness of equiratio sugar mixtures [J]. Perception, 1983, 12: 753-767.

[9] Schiet F T, Frijters J E R. An investigation of the equiratio-mixture model in olfactorypsychophysics: a case study [J]. Perception & psychophysics, 1988, 44 (4): 304-308.

[10] Laing D G, Eddy A, Best D J. Perceptual characteristics of binary, trinary, and quaternary odor mixtures consisting of unpleasant constituents [J]. Physiology & Behavior, 1994, 56 (1): 81-93.

[11] Olsson M J. An integrated model of intensity and quality of odor mixtures [J]. Annals of the New York Academy of Sciences, 1998, 855 (1): 837-840.

[12] Cain F T, Schiet W S, Olsson M J, et al. Comparison of models of odorinteraction [J]. Chemical Senses, 1995, 2 (6): 625-637.

[13] Patte F, Laffort P. An alternative model of olfactory quantitative interactionin binary mixtures [J]. Chemical Senses, 1979, 4 (4): 267-274.

[14] Laffort P, Dravnieks A. Several models of suprathreshold quantitativeolfactory interaction in humans applied to binary, ternary and quaternarymixtures [J]. Chemical Senses, 1982, 7 (2): 153-174.

[15] O'Neill D H, Phillips V R. A review of the control of odour nuisance from livestock building: Part 3. Properties of the odorous substances which have been indentified in livestock wastes or in the air around them [J]. Journal of Agricultural Engineering Research, 1992, 51: 157-165.

[16]　Agus E，Zhang L F，Sedlak D L. A framework for identifying characteristic odor compounds in municipal wastewater effluent [J]. Water Research，2012，46（18）：5970-5980.

[17]　岩崎好陽，福島悠，中浦久雄，等. 三点比較式臭袋による臭気の測定 [J]. 大気汚染学会誌，1978，6（13）：34-39.

[18]　刚葆琪，甘卉芳. 工业化学物嗅阈值用作警示指标的探讨 [J]. 工业卫生与职业病，2002，28（3）：167-170.

[19]　Helene H，Nina H，Wolfgang S，et al. Combining different analytical approaches to identify odor formation mechanisms in polyethylene and polypropylene [J]. Anal Bioanal Chem，2012，402：903-919.

[20]　曾小磊，蔡云龙，陈国光，等. 臭味感官分析法在饮用水测定中的应用 [J]. 给水排水，2011，37（3）：14-18.

[21]　岩崎好陽. 臭気の嗅覚測定法 [M]. 社団法人におい・かおり環境協会，2004：20-31.

[22]　永田好男，竹内教文. 三点比較式臭袋法測定臭气物质的阈值測定结果 [J]. 第29回大気汚染学会讲演要旨集，1988：528.

[23]　辰市祐久，岩崎好阳，泉川硕熊，等. 机动车尾气中的烃类成分嗅觉阈值测定 [J]. 第28回大気汚染学会讲演要旨集，1987：448.

[24]　范文来，徐岩. 白酒79个风味化合物嗅觉阈值测定 [J]. 酿酒，2011，38（4）：80-84.

[25]　李红蕾，冯涛. 黄酒风味物质的香气强度与结构关系的研究进展 [J]. 上海应用技术学院学报，2011，11（1）：37-41.

[26]　郭翔，胡普信，徐岩，等. 黄酒挥发性风味物质的研究 [J]. 酿酒科技，2004，125（5）：79-81.

[27]　包景岭，邹克华，王连生. 恶臭环境管理与污染控制 [M]. 北京：中国环境科学出版社，2009：141.

[28]　Oscar R，Miguel A T，Alirio E R. Prediction of odour detection thresholds using partition coefficients [J]. Flavour and Fragrance Journal，2011，26：421-428.

[29]　Yongxi T，Karl J S. Quantitative structure-activity relationship modeling of alcohol，ester，aldehyde，and ketone flavor thresholds in beer from molecular features [J]. J Agric Food Chem，2004，52：3057-3064.

[30]　Gerhard B，Christian T K，Bettina W，et al. Threshold-based structure-activity relationships of pyrazines with bell-pepper flavor [J]. J Agric Food Chem，2000，48：4273-4278.

[31]　秦正龙，吴俊明. 食品香味物质结构与性质的定量关系 [J]. 食品工业科技，2005，26（11）：191-192.

[32]　沈培明，陈正夫，张东平. 恶臭的评价与分析 [M]. 北京：化学工业出版社，2005：2.

[33]　包景岭，李伟芳，邹克华. 浅议恶臭污染的健康风险研究 [J]. 城市环境与城市生态，2012，25（4）.

[34]　Dalton P. How people sense，perceive and react to odors [J]. Biocycle，2003，44：26-29.

[35]　Mahin T D. Comparison of different approaches used to regulate odours around the world [J]. Water Sci Technol，2001，44：87-1022.

[36]　王亘，耿静，冯本利，等. 天津市恶臭投诉现状与对策建议 [J]. 环境科学与管理，2008，33（9）：49-52.

[37]　包景岭，邹克华，王连生. 恶臭环境管理与污染控制 [M]. 北京：中国环境科学出版社，2009：10.

[38]　王亘，王宗爽，王元刚，等. 国内外恶臭污染控制标准研究 [J]. 环境科学与技术，2012，35（12）：147-151.

[39]　Both R，Sucker K，Winneke G，et al. Odour intensity and hedonic tone——important parameters to describe odour annoyance of residents [J]. Water Sci Technol，2004，50：83-92.

[40]　Jiang J. Development of Odour Impact Criteria Using Odour Intensity Measurement and Community Survey [J]. 2nd international conference on Air Pollution from Agricultural Operations，Desmoines，IA，October 2000.

[41]　Sucker K，Both R，Winneke G. Adverse effects of environmental odors：reviewing studies on annoyance response and symptom reporting [J]. Water Sci Technol，2001，44：43-51.

[42]　Capelli L，Sironi S，Del Rosso R，et al. Olfactometric approach for the evaluation of citizens' exposure to industrial emissions in the city of Terni，Italy [J]. Sci Total Environ，2011，409（3）：595-603.

[43]　石黑辰吉. 恶臭防止法实行20周年を契机に（Ⅱ）[J]. 臭気の研究，1992，23（4）：23-40.

[44]　Rosenfeld P，Clark J，Hensley A，et al. The use of an odour wheel classification for the evaluation of human health

risk criteria for compost facilities [J]. Water Sci Technol 2007，55 (5)：345-357.

[45] Chaignaud M，Cariou S，Poette J，et al. A new method to evaluate odour annoyance potential [J]. Chemical Engineering Transactions，2014，40：13-18.

[46] Jiang J. Development of Odour Impact Criteria for the Australian Pig Industry [J]. Prepared for Australian Pork limited，The University of New South Wales：Sndney，Australia，2001.

[47] Sucker K，Both R，Bischoff M，et al. Odor frequency and odor annoyance Part 2：dose-response associations and their modifications by hedonic tone [J]. International Archives of Occupational and Environmental Health，2008，81：683-694.

第4章

典型异味物质及异味源的感官特征

4.1 典型异味物质的感官特征

4.1.1 典型异味物质的感官指标测定

愉悦度、臭气强度与臭气浓度是反映气味特征的三个关键指标。本书筛选出 18 种具有不同气味特征的化学物质（表 4-1），评价不同浓度下各物质的愉悦度及臭气强度的变化特征，并解析感官指标之间的相互关系。

表 4-1　18 种典型异味物质

物质名称	分子式	气味类型
柠檬烯	$C_{10}H_{16}$	柑橘类水果香味
甲硫醚	C_2H_6S	类似腐烂卷心菜的气味
丙酮	C_3H_6O	特殊的辛辣气味
吲哚	C_8H_7N	低浓度为花香味,高浓度类似粪臭味
丙醛	C_3H_6O	刺激性气味
乙酸丁酯	$C_6H_{12}O_2$	果香气味
苯乙烯	C_8H_8	刺激性气味
氨	NH_3	强烈的刺激气味
正丁醛	C_4H_8O	刺激性焦煳味
三甲胺	C_3H_9N	鱼腥味
戊酸	$C_5H_{10}O_2$	腐臭气味
戊醛	$C_5H_{10}O$	刺激性臭味
二甲基二硫醚	$C_2H_6S_2$	恶臭气味

物质名称	分子式	气味类型
甲硫醇	CH_4S	类似腐烂洋葱的气味
乙醛	C_2H_4O	刺激性气味
硫化氢	H_2S	类似臭鸡蛋气味
甲基异丁酮	$C_6H_{12}O$	刺激性气味
丁酸	$C_4H_8O_2$	腐臭气味

（1）硫化物

代表物质：二甲基二硫醚、硫化氢、甲硫醇。

二甲基二硫醚具有强烈的恶臭气味。以臭气浓度为 7413 的二甲基二硫醚标准气体为原始样品，分别稀释 3 倍、10 倍、30 倍、100 倍、300 倍和 1000 倍。由 16 名嗅辨员对不同稀释倍数下二甲基二硫醚的愉悦度及臭气强度进行评价，评价结果列于表 4-2。二甲基二硫醚在不同浓度水平下的愉悦度均是负值，说明其气味都是令人厌恶的。样品被稀释至 3 倍时，臭气强度约为 4 级，即"感受到比较强烈的臭味"，平均愉悦度为－3.5，接近"极度厌恶"；稀释 100 倍时，气味减弱，臭气强度约为 1.6，但仍能确认该气味属厌恶类型，平均愉悦度值约为－1.6，接近"中度厌恶"；稀释 300 倍时，部分成员已闻不到任何气味，平均臭气强度约为 1，由于臭气浓度过低，愉悦度的评价出现了"既不愉悦也不厌恶"的结果，小组平均愉悦度等级约为－0.8，属"稍感厌恶"；继续增加稀释倍数至 1000 倍时，此时臭气强度约为 0 级，即已经闻不出任何气味，对应的小组平均愉悦度约为 0。

表 4-2 不同稀释倍数下二甲基二硫醚的愉悦度及臭气强度评价结果

稀释倍数		Z_1	Z_2	Z_3	Z_4	Z_5	Z_6
		3	10	30	100	300	1000
小组累积频率	+4	0.00	0.00	0.00	0.00	0.00	0.00
	+3	0.00	0.00	0.00	0.00	0.00	0.00
	+2	0.00	0.00	0.00	0.00	0.00	0.00
	+1	0.00	0.00	0.00	0.00	0.00	0.00
	0	0.00	0.00	0.00	0.00	0.25	0.63
	−1	0.00	0.06	0.38	0.50	0.69	0.38
	−2	0.06	0.25	0.56	0.44	0.06	0.00
	−3	0.38	0.56	0.06	0.06	0.00	0.00
	−4	0.56	0.13	0.00	0.00	0.00	0.00
离散度		0.23	0.20	0.23	0.22	0.27	0.27
平均愉悦度		−3.50	−2.76	−1.68	−1.56	−0.81	−0.38
平均臭气强度		4.09	3.06	2.31	1.56	1.06	0.38

硫化氢具有臭鸡蛋气味。以臭气浓度值为 3090 的硫化氢标气为原始样品，分别稀释 10 倍、30 倍、100 倍、300 倍、1000 倍、3000 倍、10000 倍。与二甲基二硫醚类似，

硫化氢在不同臭气浓度下的愉悦度评价值均为负值，都是令人厌恶的。稀释 10 倍时，臭气强度比较强烈，约为 4 级，愉悦度等级全部集中在 -3、-4，小组愉悦度平均值为 -3.6；随着稀释倍数的增加，强度逐渐减弱，厌恶度也逐渐减弱；稀释至 1000 倍时，气味微弱，此时约 46% 的成员已感受不到气味的存在，47% 的成员认为轻微厌恶，总体臭气强度约为 1.2，愉悦度平均值为 -0.6；继续增加稀释倍数至 10000 倍，恶臭气味基本消失，仅有一名成员判断臭气强度为 1 级，认为此时该气味既不愉悦也不厌恶，其余成员臭气强度及愉悦度均判断为 0。

甲硫醇具有臭鸡蛋气味，常被用作无臭气体增（臭）味剂。以臭气浓度值为 30903 的甲硫醇标气为原始样品，分别稀释 100 倍、300 倍、1000 倍、3000 倍、10000 倍及 30000 倍。由嗅辨小组对各臭气浓度梯度下的愉悦度进行评价。稀释 100 倍时，臭气强度为 4.1，69% 的成员给出的愉悦度值为 -4，25% 的成员给出的愉悦度值为 -3，此臭气浓度下的愉悦度平均值为 -3.6；稀释 300 倍时，臭气强度为 3.4，愉悦度主要集中在 -2 与 -3，愉悦度平均值为 -2.7；继续增加稀释倍数，直到稀释至 30000 倍时，73% 的成员感受不到气味的存在，此时臭气强度接近为 0，愉悦度平均值为 -0.2。

（2）烯烃

代表物质：柠檬烯。

柠檬烯有类似柠檬的香味，常作为一种新鲜的头香香料用于化妆、皂用及日用化学品中。以臭气浓度值为 7413 的柠檬烯标气为原始样品，分别稀释 10 倍、30 倍、100 倍、300 倍和 1000 倍，嗅辨小组成员对不同浓度下的愉悦度及臭气强度进行评价，结果见表 4-3。

表 4-3　不同稀释倍数下柠檬烯的愉悦度及臭气强度评价结果

稀释倍数		Z_1	Z_2	Z_3	Z_4	Z_5	Z_6
		0	10	30	100	300	1000
小组累积频率	+4	0.00	0.00	0.00	0.00	0.00	0.00
	+3	0.13	0.19	0.00	0.00	0.00	0.00
	+2	0.00	0.31	0.44	0.13	0.00	0.00
	+1	0.00	0.06	0.31	0.75	0.06	0.00
	0	0.00	0.00	0.00	0.06	0.75	1.00
	-1	0.19	0.19	0.13	0.06	0.00	0.00
	-2	0.19	0.25	0.13	0.00	0.00	0.00
	-3	0.38	0.00	0.00	0.00	0.00	0.00
	-4	0.13	0.00	0.00	0.00	0.00	0.00
离散度		0.12	0.12	0.16	0.29	0.28	0.50
平均愉悦度		-1.84	0.56	0.80	0.95	0.06	0.06
平均臭气强度		4.13	3.00	2.31	1.63	0.81	0.50

柠檬烯的气味随浓度的变化表现出如下特点：未经稀释的标气，气味较强烈，臭气

强度为 4.1，愉悦度平均值为 −1.8，在"中度厌恶"及"稍感厌恶"之间；稀释 10 倍时，臭气强度为 3.0，有 56％ 的成员对气味的感受从"厌恶"转变为"愉悦"，但仍有 44％ 的成员认为不愉悦，愉悦度平均值为 0.56，介于"稍感愉悦"和"中性"之间；增加稀释倍数至 30 倍时，臭气强度为 2.3，愉悦范畴的人数增多，厌恶范畴的人数相应减少，平均愉悦度为 0.80，接近"稍感愉悦"；当稀释到 300 倍时，气味已经非常微弱，臭气强度为 0.8，75％ 的嗅辨员认为"既不愉悦也不讨厌"，愉悦度平均值约为 0；直到稀释至 1000 倍时，臭气强度接近于 0，此时所有的嗅辨员已经感觉不到气味。可以看出，普通浓度的柠檬烯气味通常给人一种淡淡的愉悦感受，且这种气味衰减较快。

（3）含氧烃

代表物质：丙酮、乙酸丁酯、丙醛。

丙酮又名二甲基酮，在较高浓度时呈特殊的辛辣气味，较低浓度下部分人觉得具有甜美的果香型气息。以臭气浓度为 1500 的丙酮标气为原始样品，分别稀释 0 倍、3 倍、10 倍、30 倍、100 倍和 300 倍，由嗅辨小组成员对不同浓度下的愉悦度和臭气强度进行评价。丙酮的愉悦度变化特征与柠檬烯类似，即随着臭气浓度的增加，愉悦度逐渐从愉悦向厌恶过渡。样品未经稀释时，气味较为强烈，臭气强度为 4.1，气味是令人厌恶的，愉悦度小组平均值为 −3.2；稀释 3 倍时，臭气强度为 3.1，厌恶程度降低，愉悦度平均值为 −1.8；稀释 10 倍时，气味微弱，臭气强度为 0.6，仅有个别人认为气味不愉悦，大部分成员感受不到气味的存在或认为此时的气味既不愉悦也不厌恶；继续加大稀释倍数，气味越来越淡，直至稀释至 300 倍时，所有成员均感受不到气味存在。

乙酸丁酯是果香型气味物质，大量用于配制香蕉、梨、菠萝等型香精。以臭气浓度为 17378 的乙酸丁酯标气为原始样品，测试样品包括原始气体和稀释 10 倍、30 倍、100 倍、300 倍、1000 倍共 6 个浓度梯度，由嗅辨小组成员对不同浓度下的愉悦度及臭气强度进行评价，结果见表 4-4。与其他异味物质相同，臭气强度随浓度的下降而减弱，

表 4-4　不同稀释倍数下乙酸丁酯的愉悦度及臭气强度评价结果

稀释倍数		Z_1	Z_2	Z_3	Z_4	Z_5	Z_6
		0	10	30	100	300	1000
小组累积频率	+4	0.00	0.00	0.00	0.00	0.00	0.00
	+3	0.00	0.06	0.00	0.00	0.00	0.00
	+2	0.00	0.06	0.13	0.06	0.00	0.00
	+1	0.00	0.00	0.00	0.19	0.31	0.06
	0	0.00	0.00	0.00	0.06	0.12	0.69
	−1	0.06	0.13	0.31	0.44	0.39	0.25
	−2	0.00	0.25	0.25	0.25	0.12	0.00
	−3	0.13	0.31	0.31	0.00	0.06	0.00
	−4	0.81	0.19	0.00	0.00	0.00	0.00
离散度		0.36	0.11	0.14	0.15	0.14	0.27
平均愉悦度		−3.69	−2.02	−1.48	−0.63	−0.50	−0.19
平均臭气强度		4.81	3.75	3.09	2.47	1.66	0.72

各稀释倍数下，臭气强度依次为 4.81、3.75、3.09、2.47、1.66、0.72，对应的小组平均愉悦度分别为 −3.69、−2.02、−1.48、−0.63、−0.50、−0.19。总体来看，乙酸丁酯的气味都是令人不愉快的，但与丙酮不同的是，嗅辨员个体对乙酸丁酯气味的感受存在明显差异：稀释 10 倍时，有 12% 的嗅辨员认为是令人愉悦的，随着稀释倍数的增加这种分歧也越来越明显；稀释到 300 倍时，有 43% 的嗅辨员的感受是愉悦的；稀释到 1000 倍时，由于气味浓度过低，大部分人认为既不愉悦也不厌恶。

丙醛在高浓度下具有刺激性气味，以臭气浓度为 1438 的丙醛标气为原始样品，分别稀释 3 倍、10 倍、30 倍、100 倍、300 倍和 1000 倍。各稀释倍数下对应的臭气强度依次为 4.0、3.4、2.7、1.7、0.7、0.3。愉悦度评价结果与乙酸丁酯类似，总体来看丙醛属于厌恶范畴，但实际上具有明显的个体差异，即：部分成员认为愉悦，各稀释倍数下的愉悦度评价结果分别为 0.8、1.4、0.8、0.3、0.1、0；部分成员认为是厌恶的，评价结果分别为 −2.4、−2.3、−1.4、−1.1、−0.3、−0.3。

（4）含氮化合物

代表物质：吲哚、三甲胺、氨。

相关资料显示，吲哚在高浓度下具有粪臭味，但在较低的浓度下具有花香味，常用于茉莉、紫丁香、荷花和兰花等日用香精配方。以臭气浓度为 1737 的吲哚标气为原始样品，稀释倍时分别为 0 倍、3 倍、10 倍、30 倍及 100 倍，由嗅辨小组成员对不同浓度下的愉悦度及臭气强度进行评价，结果见表 4-5。初始样品的臭气强度为 3.2，愉悦度主要集中在 −3 与 −2，约占总人数的 76%，平均值为 −2.41；稀释 3 倍时，臭气强度为 2.3，愉悦度主要集中在 −2 与 −1，约占总人数的 76%，另外有 6% 的成员认为该浓度下吲哚有淡淡的花香，给出愉悦度为 1，小组愉悦度平均值为 −1.41；稀释 10 倍

表 4-5　不同稀释倍数下吲哚的愉悦度及臭气强度评价结果

稀释倍数		Z_1	Z_2	Z_3	Z_4	Z_5
		0	3	10	30	100
小组累积频率	+4	0.00	0.00	0.00	0.00	0.00
	+3	0.00	0.00	0.00	0.00	0.00
	+2	0.00	0.00	0.00	0.06	0.00
	+1	0.00	0.06	0.12	0.18	0.12
	0	0.00	0.06	0.24	0.41	0.76
	−1	0.18	0.41	0.59	0.35	0.12
	−2	0.29	0.35	0.06	0.00	0.00
	−3	0.47	0.12	0.00	0.00	0.00
	−4	0.06	0.00	0.00	0.00	0.00
离散度		0.17	0.16	0.21	0.16	0.31
平均愉悦度		−2.41	−1.41	−0.59	−0.06	0.00
平均臭气强度		3.24	2.29	1.65	1.12	0.59

时，臭气强度为 1.7，愉悦度主要集中在 −1，约占总人数的 59％，12％的人认为气味愉悦，另外有 24％的成员已感受不到气味的存在，愉悦度平均值为 −0.59；稀释 100 倍时，臭气强度为 0.6，大部分成员判断愉悦等级为 0，仅有个别成员判断等级为 −1，愉悦度平均值为 0。由此结果可以看出，在较低浓度下虽然个别人认为气味愉悦，但是数量较少，大部分人仍认为吲哚的气味不愉悦。

三甲胺具有鱼腥恶臭气味，常用作天然气的警报剂。以臭气浓度为 23442 的三甲胺为原始样品，稀释 10 倍时，臭气强度为 3.5，愉悦度主要集中在 −2 与 −3，共占总人数的 65％，小组愉悦度平均值为 −2.4；稀释 30～100 倍时，臭气强度与愉悦度变化较小，臭气强度基本维持在 2.5 左右，愉悦度主要集中在 −1 与 −2，小组愉悦度平均值为 −1.5 左右；稀释 300 倍时，臭气强度为 1.6，愉悦度主要集中在 −1，约占总人数的 57％，愉悦度平均值为 −0.8；随着稀释倍数的继续增加，气味越来越淡，直至稀释至 3000 倍时，臭气强度为 0.9，接近 1，即刚好感觉到气味，但无法准确判断气味类型，因此约 61％的成员既不愉悦也不厌恶，甚至感受不到气味的存在，31％的成员能辨别出属厌恶气味，但给出的厌恶度等级也很低，小组平均愉悦度值为 −0.2。

氨具有强烈的刺激性气味，以臭气浓度为 1713 的氨为原样品，分别稀释 0 倍、3 倍、10 倍、30 倍及 100 倍。原样品氨的臭气强度为 3.6，愉悦度主要集中在 −2 与 −3，其中 −2 等级所占比例为 28％，−3 等级所占比例为 39％，小组愉悦度平均值为 −2.9；稀释 3 倍时，臭气强度为 2.7，愉悦度依然主要集中在 −2 与 −3，但 −2 所占的百分比有所增加，为 56％，−3 所占比例有所降低，为 33％，愉悦度平均值为 −2.4；稀释 10 倍时，臭气强度为 2.1，愉悦度主要集中在 −1 与 −2，愉悦度平均值约为 −2.0；稀释 30 倍时，臭气强度为 1.3，约有 39％的成员感受不到气味的存在，33％的成员判断愉悦度等级为 −1，小组平均愉悦度为 −1.2；稀释至 100 倍时，臭气强度为 0.7，78％的成员给出愉悦度等级为 0，有 17％的人判断等级为 −1，平均愉悦度接近 0。

4.1.2 异味物质感官指标之间的关系

以臭气浓度的对数值为横坐标，愉悦度及臭气强度为纵坐标，应用 origin 软件绘制每种物质的愉悦度及臭气强度随臭气浓度的变化曲线。每种气味物质的关系曲线都是独特的，因此称之为特征曲线。根据此特征曲线，可以推测某物质任一浓度下其气味的愉悦度及臭气强度。

（1）硫化物

图 4-1 为 3 种典型硫化物愉悦度特征曲线。二甲基二硫醚、硫化氢及甲硫醇在各臭气浓度等级下的愉悦度均属厌恶范畴，且厌恶程度随臭气浓度的增加而增强。但这种关系体现在一定的浓度范围内：当某浓度水平下气体的愉悦度或厌恶度已经达到最大值

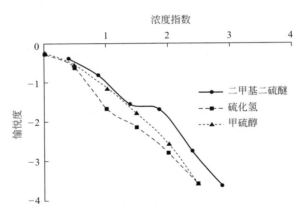

图 4-1　3 种典型硫化物愉悦度特征曲线

时，如果浓度继续升高，人的嗅觉敏锐度下降，此时并不能准确地区分感受差异；当气体浓度低于人的嗅觉阈值时，不会引起嗅觉感知。总体来看，相同浓度下三种硫化物令人厌恶的程度由大到小依次为硫化氢、甲硫醇、二甲基二硫醚。

图 4-2 为 3 种典型硫化物臭气强度特征曲线。可以看出，在测量浓度范围内，人对气味的感觉强度随浓度指数的增大而增强。回归分析显示，两者的关系符合韦伯-费希纳定律，即臭气强度与臭气浓度的对数呈线性关系，但变化率（回归直线的斜率）对各气味物质来说可能是不一样的。

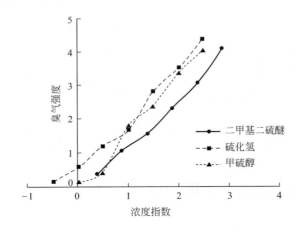

图 4-2　3 种典型硫化物臭气强度特征曲线

应用 origin 软件分别对各物质的愉悦度、臭气强度与臭气浓度进行回归分析，得到 3 种典型硫化物气体的愉悦度-浓度关系模型和臭气强度-浓度关系模型，见表 4-6。可以看出愉悦度与浓度指数呈一元二次关系，臭气强度与浓度呈线性关系。根据模型计算结果可知，当二甲基二硫醚、硫化氢及甲硫醇的臭气浓度指数分别小于 0.8（臭气浓度为 6）、0.5（臭气浓度为 3）、0.6（臭气浓度为 4）时，愉悦度值近似为 0，臭气浓度小于该值时人群已闻不出气味了。

表 4-6　3 种典型硫化物气体的各感官指标之间的关系模型

硫化物气体	愉悦度-浓度关系模型	臭气强度-浓度关系模型
二甲基二硫醚	$Y=-0.22-0.45X-0.25X^2$　$R^2=0.97$	$Y=-0.29+1.54X$　$R^2=0.98$
硫化氢	$Y=-3.70-1.77X-0.17X^2$　$R^2=0.99$	$Y=4.21+1.54X$　$R^2=0.99$
甲硫醇	$Y=-0.21-0.51X-0.35X^2$　$R^2=0.95$	$Y=-0.05+1.67X$　$R^2=0.98$

（2）烯烃

图 4-3 为柠檬烯愉悦度及臭气强度特征曲线。柠檬烯的气味从愉悦范畴到厌恶范畴均有涉及。臭气浓度指数为 1.4~3.1（臭气浓度值为 25~1259）时，气味属于愉悦范畴，且在臭气浓度指数达到 2.0（臭气浓度值为 100）时，愉悦度达到最大值 0.99；臭气浓度指数超过 3.1 时，气味开始向厌恶转变，且随臭气浓度的增加，厌恶程度逐渐增强。通过数学拟合，得到柠檬烯的愉悦度-浓度关系模型：

$$Y=-2.33+3.28X-0.81X^2，R^2=0.98 \tag{4-1}$$

与愉悦度特征曲线不同，柠檬烯的臭气强度特征曲线不受愉悦性质变化的影响，无论是柠檬烯所在厌恶范畴还是愉悦范畴，臭气强度均随着浓度的增大而增强。柠檬烯的臭气强度与浓度指数呈线性关系，拟合方程为：

$$Y=-0.74+1.27X，R^2=0.99 \tag{4-2}$$

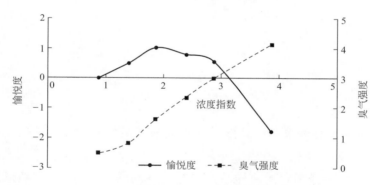

图 4-3　柠檬烯愉悦度及臭气强度特征曲线

（3）含氧烃

图 4-4 为丙酮愉悦度特征曲线。当臭气浓度指数在 1~2（臭气浓度值为 10~100）之间时是令人愉悦的，当臭气浓度指数在 1.7（臭气浓度值为 50）时，愉悦度达到最大值，接近 2。当臭气浓度指数大于 2 时，丙酮气味进入厌恶范畴，且随着臭气浓度的增大，厌恶感逐渐增强。

根据丙醛的评价结果可知，人群对该物质愉悦度的评价具有很大的分歧，因此可将特征曲线划分为愉悦范畴曲线以及厌恶范畴曲线，见图 4-5。由图可知，感觉愉悦的成员最高愉悦等级达到 1.5 左右，即稍感愉悦与中度愉悦之间；感觉厌恶的成员最高厌恶等级达到-2.5 左右，即中度厌恶与厌恶之间，丙醛的愉悦与厌恶范畴的两条曲线呈对称关系，说明该物质在相同臭气浓度下对于不同人群会产生截然相反的心理影响。对愉悦范畴与厌恶范畴的结果进行综合，发现丙醛的整体愉悦度仍属于厌恶型。

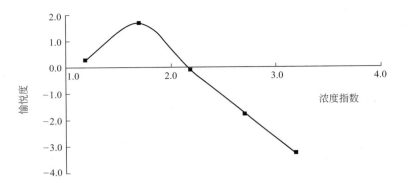

图 4-4　丙酮愉悦度特征曲线

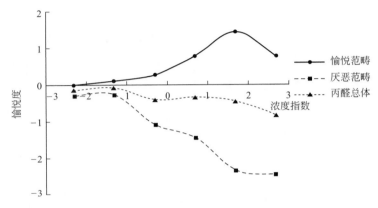

图 4-5　丙醛愉悦度特征曲线

图 4-6 为乙酸丁酯愉悦度特征曲线。在臭气浓度指数小于 2.2（臭气浓度值为 150）时，具有较大的分歧；大于 2.2 时，属厌恶范畴，但同一浓度下，不同人的厌恶程度仍有较大差别。例如，未经稀释的原样品，有的成员判断结果为 −1，稍感厌恶，有的成员判断结果为 −4，非常厌恶。感觉厌恶的成员得到的关系曲线与厌恶型气味物质的结果一致，而感觉愉悦的成员得到的关系曲线与愉悦类型的气味物质一致。

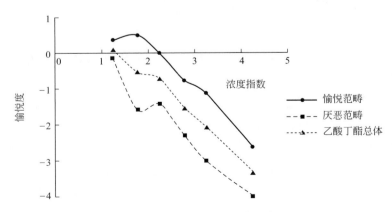

图 4-6　乙酸丁酯愉悦度特征曲线

图 4-7 为丙酮、丙醛和乙酸丁酯的臭气强度特征曲线。由图可知，三者的臭气强度不受愉悦度分歧的影响，均随臭气浓度的增大而加强，与臭气浓度对数均呈线性关系。在相同臭气浓度下，丙醛的臭气强度最高。臭气浓度指数大于 2.7（臭气浓度值约为 500）时，丙酮的臭气强度要大于乙酸丁酯；臭气浓度指数小于 2.7 时，乙酸丁酯的臭气强度要大于丙酮。通过比较三者的臭气强度特征曲线，从拟合直线的斜率可知，丙酮的臭气强度随浓度的变化速度最快，其次为乙酸丁酯，最后为丙醛。表 4-7 为丙酮、丙醛和乙酸丁酯的愉悦度-浓度与臭气强度-浓度的关系模型。

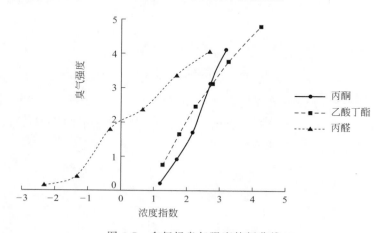

图 4-7 含氧烃臭气强度特征曲线

表 4-7　3 种典型含氧烃各感官指标之间的关系模型

含氧烃	愉悦度-浓度关系模型	臭气强度-浓度关系模型
丙酮	$Y=-2.27+3.69X-1.27X^2$　$R^2=0.99$	$Y=-2.38+2.00X$　$R^2=0.98$
丙醛	$Y=-0.08-1.23X+1.14X^2$　$R^2=0.97$	$Y=-2.27+1.60X$　$R^2=0.98$
乙酸丁酯	$Y=-0.13-0.30X-0.27X^2$　$R^2=0.96$	$Y=-0.74+1.35X$　$R^2=0.98$

（4）含氮化合物

图 4-8 为吲哚、氨及三甲胺愉悦度特征曲线。由图可知，吲哚、氨与三甲胺在各个臭气浓度梯度下均属于厌恶范畴，且随着臭气浓度的加大，厌恶度越来越强，因此三者属于厌恶型气味物质。三甲胺的厌恶程度始终高于吲哚，但与氨的厌恶程度相比，在不同浓度范畴里有不同的比较结果：当臭气浓度指数小于 1.5（臭气浓度值为 32）时，三甲胺的厌恶程度比氨的强；臭气浓度指数大于 1.5 时，三甲胺的厌恶程度比氨的弱。当臭气浓度指数减小至 2（臭气浓度值为 100）左右时，吲哚的愉悦度小于 -0.5，接近 0，而相同浓度下三甲胺与氨的厌恶度在 -2.0～-1.5。继续减小臭气浓度，氨与三甲胺才开始依次接近 0，说明既不愉悦也不厌恶时吲哚的臭气浓度要大于氨与三甲胺，然而三者中吲哚的嗅阈值最小（0.0016mg/m³），其次依次为氨（0.23mg/m³）与三甲胺（0.0024mg/m³），即吲哚引起人体嗅觉感知的臭气浓度要远远小于其他两种物质。因此，嗅阈值的大小并不能决定愉悦度的大小。

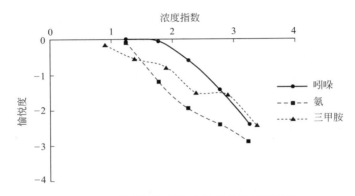

图 4-8　3 种典型含氮化合物愉悦度特征曲线

图 4-9 为吲哚、三甲胺及氨的臭气强度特征曲线。三者的臭气强度均随臭气浓度的增大而增强，臭气强度与浓度指数呈线性关系（表 4-8）。三者之中，吲哚的臭气强度最弱；当臭气浓度指数小于 2.3（臭气浓度值约为 200）时三甲胺的臭气强度要高于氨；大于 2.3 时，氨的臭气强度要高于三甲胺。

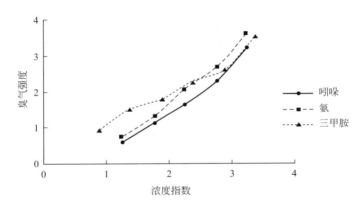

图 4-9　3 种典型含氮化合物臭气强度特征曲线

表 4-8 为吲哚、三甲胺及氨的愉悦度-浓度关系模型和臭气强度-浓度关系模型。

表 4-8　3 种典型含氮化合物各感官指标之间的关系模型

含氮化合物	愉悦度-浓度关系模型	臭气强度-浓度关系模型
吲哚	$Y=-30.78-8.70X-0.62X^2$　$R^2=0.96$	$Y=9.54+1.29X$　$R^2=0.98$
氨	$Y=3.26-3.26X+0.42X^2$　$R^2=0.99$	$Y=-1.12+1.42X$　$R^2=0.99$
三甲胺	$Y=-1.26-0.30X+0.33X^2$　$R^2=0.96$	$Y=-1.38+2.45X$　$R^2=0.97$

4.1.3　不同异味物质愉悦度特征比较

根据愉悦度随臭气浓度的变化规律可将不同异味物质统一划分为厌恶型、愉悦型及分歧型。厌恶型的异味物质具有如下特点：在各个臭气浓度梯度下，愉悦度均属厌恶范畴，且厌恶程度随臭气浓度的增大而增强，代表物质有硫化氢、二甲基二硫醚等。愉悦型的异味物质具有如下特点：一定浓度范畴内气味是令人愉悦的，随着浓度的增大，愉悦度逐渐从愉悦向厌恶过渡，代表物质有柠檬烯。分歧型的异味物质具有如下特点：在同一浓度下，对气味愉悦度的判断具有较大的分歧，部分人认为是愉悦型，部分人认为是厌恶型，且人数比例相当，代表物质有乙酸丁酯。

以二甲基二硫醚、柠檬烯和乙酸丁酯为例，分别代表不同类型异味物质，并将各自的愉悦度特征曲线绘制在一个图中（图4-10），可以清晰地看出三种物质愉悦度变化的特点和差异。柠檬烯在一定浓度下属"愉悦"范畴，二甲基二硫醚和乙酸丁酯的愉悦度曲线虽然都落在"厌恶"区域，但在相同臭气浓度下，二甲基二硫醚的厌恶度远高于乙酸丁酯。例如，在浓度指数为2（臭气浓度值为100）时，柠檬烯的愉悦度值约为1（稍感愉快），乙酸丁酯的愉悦度值为−0.5（接近中性），而二甲基二硫醚的愉悦度值接近−4（非常厌恶）。

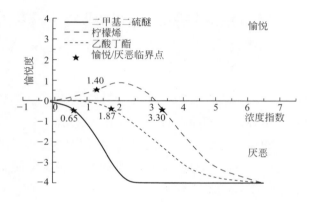

图4-10　典型异味物质愉悦度特征曲线比较

一般来说，当愉悦度大于0.5时可认为气味是愉悦的，当愉悦度小于−0.5时可认为气味是厌恶的。因此，将愉悦度值0.5和−0.5对应的臭气浓度作为判定异味物质令人愉悦或厌恶的临界点。二甲基二硫醚和乙酸丁酯的气味令人不悦的临界浓度指数分别为0.60（臭气浓度值为4）和1.87（臭气浓度值为74）。柠檬烯的气味在浓度指数1.40～3.30（臭气浓度值为25～1995）之间都是令人愉悦的，说明柠檬烯存在愉悦和厌恶2个临界点，即当浓度指数高于1.40时，其气味才会令人感觉到愉悦，而当浓度指数超过3.30时，气味又开始令人不悦。厌恶临界点对确定不同异味物质的控制及治理标准具有参考意义。

另外，个人之间的嗅觉差异还体现在厌恶临界点的不同。图4-11为乙酸丁酯个人愉悦度变化曲线，可以看出每个人的厌恶临界点具有较大的差异。成员3的厌恶临界点对应的臭气浓度最低，约为126，即随着臭气浓度的增大，成员3最先出现厌恶情绪。成员1的厌恶临界点对应的臭气浓度值最高，约为10000，即随着臭气浓度的增大，成员1最后出现厌恶情绪。

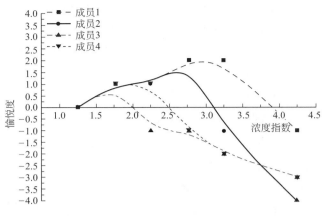

图 4-11　乙酸丁酯个人愉悦度变化曲线

4.2　典型异味源的感官特征

污染源排放的异味气体是多种成分组成的复合异味气体，这种复合气体的气味并不是各种单一物质气味的简单叠加，而是各种气味协同、抵消、促进、抑制等多重作用结果的反映。复合异味气体的愉悦度、臭气强度又是怎样的变化特征？本研究对 9 种异味源排放气体的感官特性进行了评价，选择代表性源进行愉悦度特征曲线对比、异味持久性分析，并对这 9 种源进行了干扰潜力评价。

4.2.1　典型异味源感官特征评价

（1）养猪场

养猪场异味气体在不同浓度水平下愉悦度评价值均为负值，即令人厌恶的，且厌恶程度随浓度的增大而增强，如图 4-12 所示。样品气体未稀释时，臭气浓度为 416，愉悦度小组平均值为 -3.8，此时的气味给人的感受是非常不愉悦；稀释 10 倍时，愉悦度值为 -2.6；稀释 30 倍时，愉悦度值为 -0.8，令人稍感不快；稀释 100 倍时，愉悦度值为 -0.2，气味非常微弱，给人的感受趋于既不愉悦也不厌恶；当稀释 300 倍时，人们几乎感受不到气味的存在。愉悦度和臭气浓度指数（$\lg OC$）（臭气浓度的对数值）之间的关系符合二次多项式模型，见式(4-3)。

$$Y = -0.14X^2 - 1.27X + 0.4 \quad R^2 = 0.87 \tag{4-3}$$

养猪场异味气体的臭气强度与臭气浓度指数（$\lg OC$）的关系如图 4-13 所示。样品未稀释时臭气强度约为 4.1，此时气味非常强烈，随着稀释倍数的增加，臭气强度也逐渐降低，当稀释到 300 倍时臭气强度约为 0.4，这时几乎感受不到异味。通过数学拟

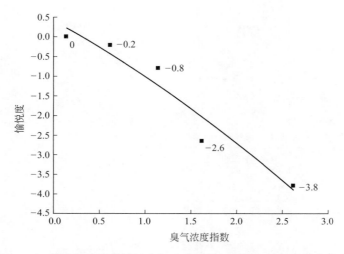

图 4-12　养猪场异味气体的臭气浓度指数与愉悦度之间的拟合曲线

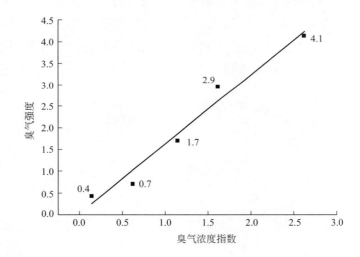

图 4-13　养猪场异味气体的臭气浓度指数与臭气强度之间的拟合曲线

合，臭气强度和臭气浓度指数之间的关系符合一元线性模型，见式(4-4)。此关系式与韦伯-费希纳公式吻合，说明在一定浓度范围内，臭气强度与臭气浓度指数呈线性关系。

$$Y = 0.16X + 0.02 \quad R^2 = 0.96 \tag{4-4}$$

（2）垃圾填埋场

垃圾填埋场异味气体在不同浓度水平下愉悦度均为负值，且厌恶程度随浓度的增大而增强，如图 4-14 所示。未稀释时，臭气浓度为 4169，愉悦度值为－4，令人非常不愉快，即厌恶度达到最大值；稀释 10 倍时，愉悦度值为－3.4；稀释 30 倍时，愉悦度值为－2.4，属于中度不愉快；稀释 100 倍时，愉悦度值为－1.1，此时为轻度不愉快；曲线的最低点（稀释 300 倍），愉悦度值为－0.5，这时异味给人的感受趋于既不愉悦也不厌恶。愉悦度和浓度指数之间的关系符合二次多项式模型，见式(4-5)：

$$Y = 0.4X^2 - 3.4X + 3 \quad R^2 = 0.96 \tag{4-5}$$

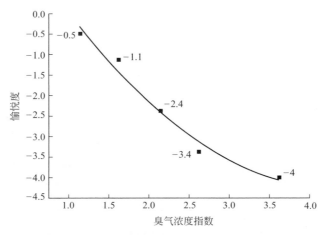

图 4-14　垃圾填埋场异味气体的臭气浓度指数与愉悦度之间的拟合曲线

　　垃圾填埋场异味气体的臭气浓度指数与臭气强度的关系见图 4-15。样品未稀释时臭气强度约为 4，非常强烈，随着稀释倍数的增加，臭气强度也逐渐降低，稀释到 300 倍时，臭气强度约为 0.5，几乎闻不到。通过数学拟合，臭气强度和浓度指数之间的关系符合一元线性模型，见式(4-6)，说明在一定浓度范围内，臭气强度与臭气浓度指数呈线性关系。

$$Y = 1.5X - 0.7 \quad R^2 = 0.91 \tag{4-6}$$

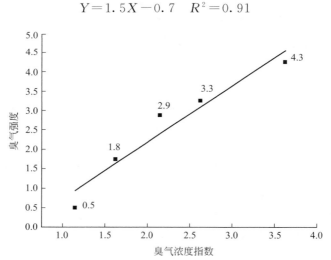

图 4-15　垃圾填埋场异味气体的臭气浓度指数与臭气强度之间的拟合曲线

（3）污水处理厂

　　污水处理厂异味气体在不同浓度水平下愉悦度均为负值，且厌恶程度随浓度的增大而增强。如图 4-16 所示，未稀释时，臭气浓度为 9772，愉悦度值为 −4，令人厌恶的程度达到最大；稀释 30 倍时，愉悦度值为 −3.9，厌恶程度与初始样品接近；稀释 100 倍时，愉悦度值为 −2.9；稀释 300 倍时，愉悦度值为 −2.1，即中度不愉快，曲线的最低点（稀释 1000 倍），愉悦度值为 −0.9，此时给人的感受仍然是不愉快的。愉悦度和臭气浓度指数之间的关系符合二次多项式模型，见式(4-7)：

$$Y = 0.57X^2 - 3.92X + 2.47 \quad R^2 = 0.98 \tag{4-7}$$

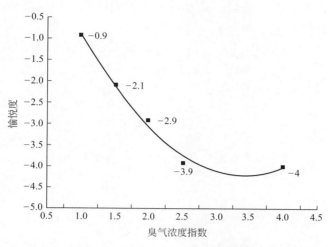

图 4-16　污水处理厂异味气体的臭气浓度指数与愉悦度之间的拟合曲线

　　污水处理厂异味气体的臭气浓度指数与臭气强度的关系如图 4-17 所示。样品未稀释时臭气强度达到最大值 5，非常强烈，随着稀释倍数的增加，臭气强度也逐渐降低，稀释到 100 倍时，臭气强度约为 1。通过数学拟合，臭气强度和臭气浓度指数之间的关系符合一元线性模型，见式(4-8)，说明在一定浓度范围内，臭气强度与臭气浓度指数呈线性关系。

$$Y = 1.14X + 0.93 \quad R^2 = 0.76 \tag{4-8}$$

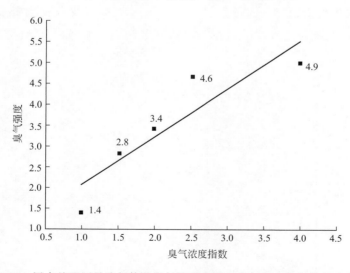

图 4-17　污水处理厂异味气体的臭气浓度指数与臭气强度之间的拟合曲线

（4）喷涂厂

　　喷涂厂异味气体在不同浓度水平下愉悦度均为负值，且厌恶程度随浓度的增大而增强。如图 4-18 所示：未稀释时，臭气浓度为 417，愉悦度值为 −3，相比其他源，无论是臭气浓度还是令人不愉快的程度都较低；稀释 10 倍时，愉悦度值为－2.4；稀释 30 倍时，愉悦度值为－1.7；稀释 100 倍时，愉悦度值为－0.4，此时异味给人的感受趋于既不愉悦也不厌恶；稀释 300 倍时，几乎已经闻不到气味。愉悦度和臭气浓度指数之间的关系符合二次多项式模型，见式(4-9)：

$$Y = 0.3X^2 - 2.11X + 0.41 \quad R^2 = 0.93 \tag{4-9}$$

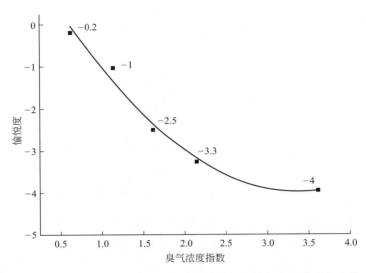

图 4-18　喷涂厂异味气体的臭气浓度指数与愉悦度之间的拟合曲线

喷涂厂异味气体的臭气浓度指数与臭气强度的关系曲线见图 4-19。样品未稀释时臭气强度约为 4，气味比较强烈，随着稀释倍数的增加，臭气强度也逐渐降低，稀释到 300 倍时，臭气强度约为 0.7。通过数学拟合，臭气强度和臭气浓度指数之间的关系符合一元线性模型，见式(4-10)，说明在一定浓度范围内，臭气强度与臭气浓度指数呈线性关系。

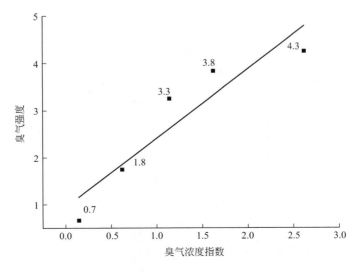

图 4-19　喷涂厂异味气体的臭气浓度指数与臭气强度之间的拟合曲线

$$Y = 1.46X + 0.95 \quad R^2 = 0.82 \qquad\qquad (4\text{-}10)$$

（5）自行车生产

① 烤漆工艺　烤漆厂异味气体在不同浓度水平下愉悦度均为负值，且厌恶程度随浓度的增大而增强。如图 4-20 所示。未稀释时，臭气浓度为 4169，愉悦度值为 −4，此时给人的不愉快或厌恶感受最大；稀释 30 倍时，愉悦度值为 −3.3；稀释 100 倍时，愉悦度值为 −2.5；稀释 300 倍时，愉悦度值为 −1，轻度不愉快；曲线的最低点（稀释 1000 倍），愉悦度值为 −0.2，异味给人的感受趋于既不愉快也不厌恶。愉悦度和臭气浓度指数之间的关系符合二次多项式模型，见式（4-11）：

$$Y = 0.5X^2 - 3.48X + 1.89 \quad R^2 = 0.97 \qquad\qquad (4\text{-}11)$$

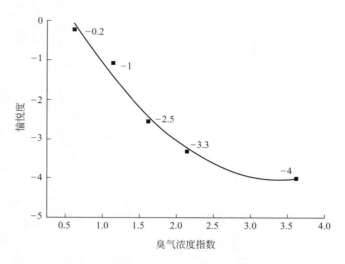

图 4-20　烤漆厂异味气体的臭气浓度指数与愉悦度之间的拟合曲线

烤漆厂异味气体的臭气浓度指数与臭气强度的关系见图 4-21。样品未稀释时臭气强度约为 5，气味非常强烈，随着稀释倍数的增加，臭气强度也逐渐降低，稀释到 1000 倍时，臭气强度约为 0.9。通过数学拟合，臭气强度和臭气浓度指数之间的关系符合一元线性模型，见式（4-12），说明在一定浓度范围内，臭气强度与臭气浓度指数呈线性关系。

$$Y = 1.30X + 0.85 \quad R^2 = 0.77 \qquad\qquad (4\text{-}12)$$

② 烤胎工艺　烤胎厂异味气体在不同浓度水平下愉悦度均为负值，且厌恶程度随浓度的增大而增强。如图 4-22 所示：未稀释时臭气浓度为 30902，愉悦度值为 −4，此时给人的感受是非常不愉快；稀释 100 倍时，愉悦度值为 −3.8；稀释 300 倍时，愉悦度值为 −3.5，仍然是令人非常不愉快；稀释 1000 倍时，愉悦度值为 −2.6，中度不愉快；稀释 3000 倍时，愉悦度值为 −1.3，此时的气味令人轻度不愉快；当稀释 10000 倍时，愉悦度值为 −0.1，人的感受趋于既不愉悦也不厌恶。愉悦度和臭气浓度指数之间的关系符合二次多项式模型，见式（4-13）：

$$Y = 0.42X^2 - 3.19X + 1.43 \quad R^2 = 0.99 \qquad\qquad (4\text{-}13)$$

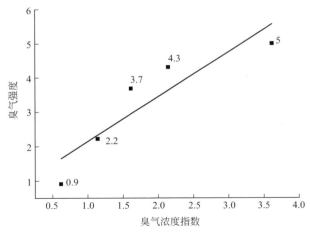

图 4-21　烤漆厂异味气体的臭气浓度指数与臭气强度之间的拟合曲线

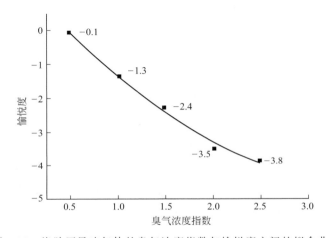

图 4-22　烤胎厂异味气体的臭气浓度指数与愉悦度之间的拟合曲线

　　烤胎厂异味气体的臭气浓度指数与臭气强度的关系如图 4-23 所示。样品未稀释时臭气强度约为 5，非常强烈，随着稀释倍数的增加，臭气强度也逐渐降低，当稀释到 3000 倍时，臭气强度约为 0.6，这时几乎感受不到异味。通过数学拟合，臭气强度和臭气浓度指数之间的关系符合一元线性模型，见式（4-14）。此关系式与韦伯-费希纳公式吻合，说明在一定浓度范围内，臭气强度与臭气浓度指数呈线性关系。

$$Y = 2.1X - 0.18 \quad R^2 = 0.97 \tag{4-14}$$

　　（6）制药厂

　　制药厂异味气体在不同浓度水平下愉悦度均为负值，且厌恶程度随浓度的增大而增强。如图 4-24 所示：未稀释时，臭气浓度为 5495，愉悦度值为 -3.6，令人非常不愉快；稀释 30 倍时愉悦度值为 -3.4，给人的不愉快感受与原样品接近；稀释 100 倍时愉悦度值为 -2.3；稀释 300 倍时愉悦度值为 -1.3，轻度不愉快；稀释 1000 倍时，愉悦度值为 -0.5，异味给人的感受趋于既不愉快也不厌恶；曲线的最低点（稀释 3000 倍），此时几乎闻不到气味。愉悦度和臭气浓度指数之间的关系符合二次多项式模型，见式（4-15）。

$$Y=0.3X^2-2.37X+0.81 \quad R^2=0.93 \tag{4-15}$$

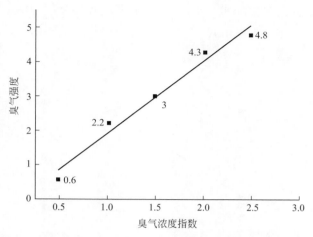

图 4-23 烤胎厂异味气体的臭气浓度指数与臭气强度之间的拟合曲线

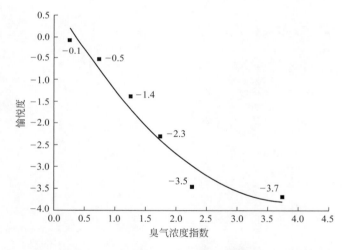

图 4-24 制药厂异味气体的臭气浓度指数与愉悦度之间的拟合曲线

制药厂异味气体的臭气浓度指数与臭气强度的关系见图 4-25。样品未稀释时臭气强度约为 4.8，异味非常强烈，随着稀释倍数的增加，臭气强度也逐渐降低，稀释到 3000 倍时，臭气强度约为 0.6。通过数学拟合，臭气强度和臭气浓度指数之间的关系符合一元线性模型，见式（4-16）。此关系式与韦伯-费希纳公式吻合，说明在一定浓度范围内，臭气强度与臭气浓度指数呈线性关系。

$$Y=1.19X+0.98 \quad R^2=0.83 \tag{4-16}$$

（7）橡胶厂

橡胶厂异味气体在不同浓度水平下愉悦度均为负值，且厌恶程度随浓度的增大而增强。如图 4-26 所示：未稀释时，臭气浓度为 4168，愉悦度值为 -4，此时给人的感受是非常不愉快；稀释 30 倍时，愉悦度值为 -3.8，仍令人非常不愉快；稀释 100 倍时，愉悦度值为−3.1；稀释 300 倍时，愉悦度值为−2.0；稀释 1000 倍时，愉悦度值为−1，轻度不愉快；稀释 3000 倍时，愉悦度值为−0.5，异味给人的感受趋于既不愉悦也不厌恶。愉悦度和臭气浓度指数之间的关系符合二次多项式模型，见式(4-17)：

$$Y=-0.08X^2-1.6X-0.15 \quad R^2=0.98 \tag{4-17}$$

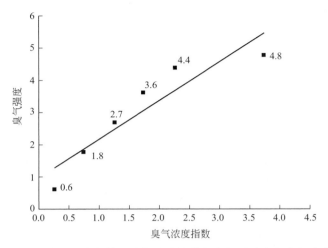

图 4-25　制药厂异味气体的臭气浓度指数与臭气强度之间的拟合曲线

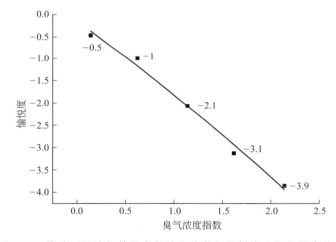

图 4-26　橡胶厂异味气体的臭气浓度指数与愉悦度之间的拟合曲线

橡胶厂异味气体的臭气浓度指数与臭气强度的关系见图 4-27。样品未稀释时臭气强度约为 5，异味非常强烈，随着稀释倍数的增加，臭气强度也逐渐降低，当稀释到 3000 倍时，臭气强度为 0.5，这时几乎感受不到异味。通过数学拟合，臭气强度和臭气浓度指数之间的关系符合一元线性模型，见式(4-18)。此关系式与韦伯-费希纳公式吻合，说明在一定浓度范围内，臭气强度与臭气浓度指数呈线性关系。

$$Y=2.1X+0.38 \quad R^2=0.99 \tag{4-18}$$

（8）卷烟厂

卷烟厂异味气体在不同浓度水平下愉悦度均为负值，且厌恶程度随浓度的增大而增强。如图 4-28 所示：未稀释时，臭气浓度为 5495，愉悦度值为 -3.8，此时给人的感受是非常不愉快；稀释 100 倍时，愉悦度值为 -2.4，中度不愉快；稀释 300 倍时，愉悦度值为 -1.5，轻度不愉快；稀释 3000 倍时，愉悦度值为 -0.1，这时异味给人的感受趋于既不愉悦也不厌恶。愉悦度和臭气浓度指数之间的关系符合二次多项式模型，见式（4-19）：

$$Y = 0.3X^2 - 2.36X + 0.84 \quad R^2 = 0.95 \tag{4-19}$$

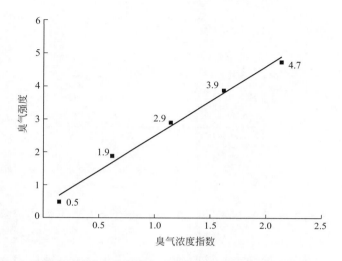

图 4-27　橡胶厂异味气体的臭气浓度指数与臭气强度之间的拟合曲线

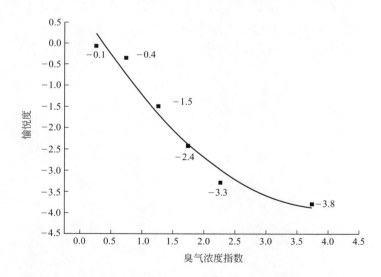

图 4-28　卷烟厂异味气体的臭气浓度指数与愉悦度之间的拟合曲线

　　卷烟厂异味气体的臭气浓度指数与臭气强度的关系如图 4-29 所示。样品未稀释时臭气强度约为 4.9，非常强烈，随着稀释倍数的增加，臭气强度也逐渐降低，稀释到 3000 倍时，臭气强度约为 0.3，几乎闻不到气味。通过数学拟合，臭气强度和臭气浓度指数之间的关系符合一元线性模型，见式（4-20）。此关系式与韦伯-费希纳公式吻合，说明在一定浓度范围内，臭气强度与臭气浓度指数呈线性关系。

$$Y = 1.35X + 0.66 \quad R^2 = 0.82 \tag{4-20}$$

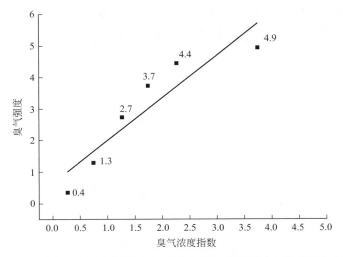

图 4-29　卷烟厂异味气体的臭气浓度指数与臭气强度之间的拟合曲线

（9）烘焙坊

烘焙坊异味与其他异味源明显不同，在不同的浓度水平下愉悦度均为正值，给人的感受都是愉悦的，如图 4-30 所示。未稀释时气味浓度为 4169，愉悦度值为 3.3；稀释 30 倍时，愉悦度值为 2.8；稀释 100 倍时，愉悦度值为 2.6；稀释 300 倍时，愉悦度值为 1.7；稀释 1000 倍时，愉悦度值为 0.6，这时人们的感受趋于既不愉悦也不厌恶。愉悦度和气味浓度指数之间的关系符合二次多项式模型，见式（4-21）：

$$Y = -0.3X^2 + 2.1X - 0.4 \quad R^2 = 0.98 \tag{4-21}$$

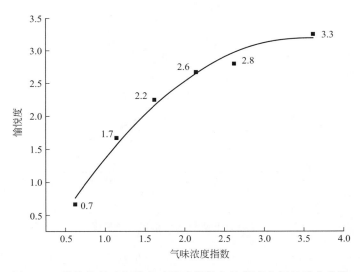

图 4-30　烘焙坊异味气体气味浓度指数与愉悦度之间的拟合曲线

烘焙坊异味气体的气味浓度指数与气味强度的关系如图 4-31 所示。样品未稀释时气味强度约为 4.1，比较强烈，随着稀释倍数的增加，气味强度也逐渐降低，稀释到

3000 倍时，气味强度约为 0.4。通过数学拟合，气味强度和气味浓度指数之间的关系符合一元线性模型，见式（4-22）。此关系式与韦伯-费希纳公式吻合，说明在一定浓度范围内，气味强度与气味浓度指数呈线性关系。

$$Y = 1.2X + 1.2 \quad R^2 = 0.86 \tag{4-22}$$

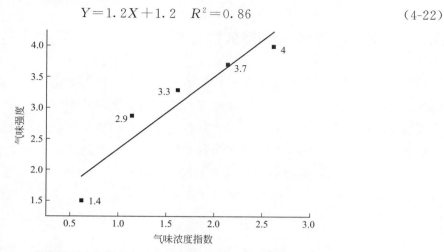

图 4-31　烘焙坊异味气体的气味浓度指数与气味强度之间的拟合曲线

4.2.2　不同异味源愉悦度特征比较

以垃圾填埋场、制药厂、烘焙坊三个异味源为例，通过比较各气味愉悦度特征曲线，可以清晰地看出三种源愉悦度变化的特点和差异。如图 4-32 所示，烘焙坊的气味在不同浓度水平下给人的感受都是愉悦的，但这只是实验室测试结果，烘焙源气味对周边居民的影响需要进一步通过现场测试进行验证。垃圾填埋场、制药厂的异味是令人厌恶的，且随浓度的增大，厌恶感增强。但在相同的浓度水平下，制药厂异味产生的厌恶感受要高于垃圾填埋场异味，例如在气味浓度指数为 1.6 时，垃圾填埋场的愉悦度值为 -1.1，为轻度不愉快，制药厂的愉悦度值为 -2.1，为中度不愉快。

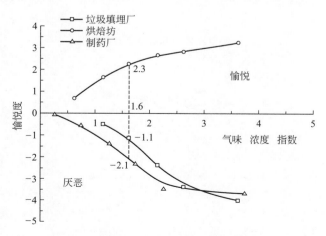

图 4-32　三种异味源愉悦度特征曲线

可以看出，不同来源的异味对人的心理影响是不同的，可接受的气味浓度水平也不同。因此，异味污染的评价和管理不能只依据单一的气味浓度指标，同时还应该考虑不同异味源的影响差异，针对行业特点制定不同的控制标准。

4.2.3　不同异味源气味持久性分析

气味的持久性与强度相关联，气味的强度随其浓度而变化，但强度对浓度的变化率对各种气味来说是不一样的。气味的持久性表现为"剂量响应"函数，这个函数可通过分别测定不加稀释的异味样品和逐个稀释直至嗅觉阈值的样品的臭气强度而得到。以稀释倍数的对数为横坐标、臭气强度为纵坐标，得到二者的线性关系，直线的斜率说明了该异味的持久性，斜率越小，直线越平坦，异味的持久性越强。由图 4-33 及函数斜率可知，喷漆厂异味的持久性是最强的，其次是养猪场，排在第 3 位的是制药厂，排在最后的是橡胶厂。

养猪场	$Y = 0.97X - 0.91$	(4-23)
喷漆厂	$Y = 0.93X - 0.03$	(4-24)
制药厂	$Y = 0.99X + 0.22$	(4-25)
橡胶厂	$Y = 1.05X - 0.39$	(4-26)

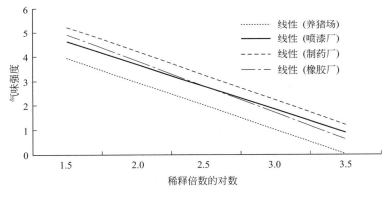

图 4-33　不同异味源气味的持久性

参考文献

[1]　Moncrief R W. What is odor [J]. A new Theory, Am Perfumer, 1949, 54: 453.

[2]　Amoore J E. Chemical senses [J]. Berlin, New York, Springer-Verlag.

[3]　黄小凤，李中林. 有机化合物的气味与分子结构关系的进展 [J]. 香料与香精，1983，(2): 1-23,70.

[4]　沈培明，陈正夫，张东平，等. 恶臭的评价与分析 [M]. 北京: 化学工业出版社，2005.

[5]　王锡巨，赵玉玲. 气味分子的结构理论 [J]. 化学教育，1995，(8): 1-3.

[6]　Fournel S, Pelletier F, Godbout S, et al. Odour emissions, hedonic tones and ammonia emissions from three cage

layer housing systems [J]. Biosystems Engineering, 2012, 112: 181-191.

[7]　Capelli L, Sironi S, Renato D R, et al. Measuring odours in the environment vs. dispersion modelling: a review [J]. Atmospheric Environment, 2013, 79: 731-743.

[8]　Chaignaud M, Cariou S, Poette J, et al. A new method to evaluate odour annoyance potential [J]. Chemical Engineering Transactions, 2014, 40: 13-18.

[9]　Schauberger G, Piringer M. Odour impact criteria to avoid annoyance [J]. Austrian Contribution to Vetennary Epodemiology, 2015, 8: 35-42.

[10]　Nimmermark S. Influence of odour concentration and individual odour thresholds on the hedonic tone of odour from animal production [J]. Biosystems Engineering, 2011, 108: 211-219.

第5章

异味污染暴露影响评价方法

5.1 异味暴露效应的影响因素

异味污染是以人的心理影响为主要特征的环境污染，长期暴露于持续性或间歇性的异味污染环境中，会对人体造成干扰，进而引发投诉。因此，异味污染在一定程度上破坏了社会的和谐与稳定，直接影响居民的生活质量和身体健康。

异味从产生到扰民是一个涉及多环节的复杂过程，如图 5-1 所示。

当异味暴露时，人们通过异味强度、异味愉悦度、持续时间以及异味特性感知异味，然后根据当时从事的活动、异味发生的时间、异味的来源等对异味进行评价，不同的人对异味的敏感度不同，评判异味的标准不一致，对是否产生烦恼的感受有所不同。一旦有异味产生，可能会导致人们产生负面评价，如烦恼、干扰，甚至可能引发投诉。烦恼和干扰之间的区别是：烦恼指立即接触发生的不利影响；干扰指由反复烦恼事件累积造成的不利影响。

异味从暴露到引发投诉的过程中，除了与异味的频率、强度、持续时间等有关外，还与复杂的心理活动和社会经济因素相关。主要包括以下因素：

① 异味特征（可检测性、强度、愉悦度、干扰潜力等）；
② 大气扩散（湍流、大气的稳定度、风向、风速等）；
③ 感知背景（其他环境压力、异味背景）；
④ 受体特征（居住地点、暴露过程中的活动、心理因素、健康感知等）。

与其他大气污染评价相比，异味污染影响评价具有自身的特殊性，异味污染是以对人的心理影响为主要特征的环境污染，基于上述从异味的产生到居民投诉的过程，大多

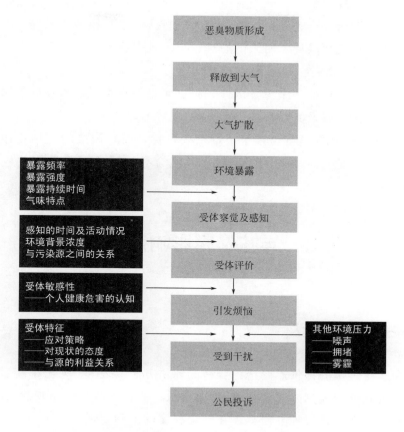

图 5-1　异味从产生到居民投诉的过程

数发达国家和地区从 5 个不同角度尽可能完整地评价异味扰民，分别是暴露频率（Frequency）、异味强度（Intensity）、持续时间（Duration）、愉悦度（Offensiveness）、污染地点（Location），被统称为"FIDOL"。

（1）暴露频率（F）

暴露频率是指个体暴露在异味大气环境下的次数。一般来说，暴露在异味环境下的次数越多，讨厌情绪越强烈。暴露频率与污染源的地点、风向等因素有关。在污染源的顺风向最大，尤其是在风速较低的稳态条件下。

（2）异味强度（I）

异味强度是指异味在未经稀释的情况下，对人体嗅觉感官的刺激程度。暴露个体对异味的反应与异味强度有最直接的联系。利用异味强度评价法可以有效地进行企业内臭气发生源的确定、企业周边异味影响调查以及臭气关系的调查。

（3）持续时间（D）

持续时间是指异味经历的时间，与污染源的类型以及当地气候有关。

（4）愉悦度（O）

愉悦度，也称厌恶度，表示异味令人愉快或不愉快的程度。不同异味的愉悦度相差很大，而且会因为主观因素的不同而有很大的差异。人们对某种异味的愉悦度与这种异味的浓度、强度、性质都有关系，此外与个人的身体健康及精神状况等也有关系，因此愉悦度比异味浓度更能反映异味对人的心理影响及危害程度。

（5）污染地点（L）

污染地点是异味评价的一个重要因素，根据污染地点可了解潜在的受影响人群的生活、工作、参与的活动以及其对环境的敏感性。

可以看出，"FIDOL"这五个因子很难单独量化，而它们之间的相互作用导致异味评估更难。如在同一地点，不同的"FIDOL"组合导致了不同的暴露效应，引发人体不同的烦恼反应。

5.2 异味暴露影响评估方法

5.2.1 评估方法的类型

异味污染暴露影响的评价需要选择合适的评估方法。表5-1列出了现有各种异味污染评估方法，主要分为预测方法及观测/经验方法。无论是模型还是观测/经验等，都有其优缺点及适用范围，且每种方法都存在一定程度的不确定性。

表5-1 异味污染评估方法

类型	方法	工具		评估内容
预测	定性	风险评估		等级划分
	半定量	估算模式		估算浓度
	模型	高斯、拉格朗日等空气质量模型		预测浓度及发生频率
		CFD模型		利用图像表示流体的模型
观测/经验	异味环境监测	感官	现场监测	通过"FIDOL"定量判断异味暴露
			嗅探测试	通过"FIDOL"定性推断异味暴露
		采样及实验室检测		物质浓度及臭气浓度
	主动地以居民作为"传感器"	异味日记		异味特性及异味超过某一强度的天数
		居民调查		烦恼度或厌恶度的比例
	被动地以居民作为"传感器"	投诉分析		投诉频率

在应用这些评估方法时，需要注意：

① 模型在影响评估中起到重要作用，如输入的数据及假定的条件是准确合理的，我们可以使用模型来预测；

② 如果有不可预知的源或是泄漏，单纯依靠一种预测方法很可能得到错误的结果，

需要结合预测与观测/经验方式进行评价，观测/经验数据也可以证实或检验模型的预测值；

③ 根据观测数据不能完全掌握污染物的时空分布信息。

5.2.2　评估方法的选择

开展异味污染的评估工作，首先要确定选择哪种评估方法。不同评估方法具有特定的适用性。可根据评估的目的，选择合适的评估方法。如果是新项目的规划建设，可采用预测方法，如定性的 S-P-R 风险评估或定量的大气扩散模型；若是对已有污染源进行异味影响评估，则可选择观测/经验方法，如进行现场监测，或对周边居民进行问卷调查等。其次要确定需要多少种评估方法。不同的评估方法并不是相互排斥的，由于各种评估方法具有不同的应用程序、优点，因此组合使用多种评估方法可以最大限度地降低单个方法的局限性，增加结论的可信度。如预测方法可以弥补观测/经验方法受限于时间及空间上的不足，观测/经验方法可用于证实或检验预测结果的准确性与合理性。然而，多种方法组合会消耗大量的时间与费用，因此可根据该地区异味影响风险程度进行决策：

① 若异味影响处于低风险，单一的评估方法就可以满足，如定性的方法；

② 若异味影响处于高风险（如敏感点接近异味源），需要多种方法相结合，最好包括定量分析。

5.2.3　多种方法相结合的评估示例

对已有异味源的土地利用开发进行影响评估，具体步骤如下：

① 异味环境监测（如现场监测或嗅探测试）可在一些特定点位对异味持续时间、发生频率、厌恶度、受体敏感度等进行监测，并可采样分析，但只能对有限点位、有限时间段的情况进行监测及采样。

② 利用扩散模型补充监测数据，对时空变化进行更好的覆盖，并通过对比监测数据检验模型预测的合理性。

③ 模型或监测数据多用来评价正常工况条件下的异味污染情况，但是突发事件以及不正常操作时，会导致一定比例的高强度异味事件发生。可通过分析历史投诉数据或居民日记对突发事件进行异味评估。

5.3　异味影响评价标准

异味影响评价标准的确定需要掌握异味暴露水平与居民烦恼度之间的剂量-效应关

系，从而将异味暴露水平限制在人群可接受的范围内。异味并不会直接危害健康，但它会引发烦恼问题，对人们的心理及生理产生不利影响。可通过研究不同异味排放特征（异味浓度、发生频率以及愉悦度等）、人群的心理感受（烦恼度以及干扰度等）来确定异味的暴露-效应关系。

荷兰最早应用流行病学中的暴露-效应关系来研究异味暴露和社区烦恼度之间的关系。为了定义异味暴露和人群过度烦恼的临界水平，荷兰于 20 世纪 80 年代末对 11 个不同工业源周边进行了系统调查。使用扩散模型预测周边环境中小时平均臭气浓度超过某限值的出现频率，通过发放问卷及电话采访的方式对 6276 位居民的烦恼度进行调查。研究表明，异味暴露特征值与受到异味干扰的人口百分比之间具有很强的相关性（$r >0.9$），并将能够引起 10% 民众严重烦恼的异味暴露特征值视为具有一定行为影响的暴露水平，这个暴露水平可以用于设立标准限值或作为监管目标值。

1999～2001 年间，德国开展了一项大规模调查研究，选择了 6 个异味特征完全不同的工业源，研究异味的愉悦度对居民烦恼度及暴露-效应关系的影响。研究发现，异味暴露-烦恼度与异味暴露-症状关系极大地受异味特征的影响，异味频率为 10%～20%是令人讨厌的重要范围。在德国，监管标准建立的目的是减少干扰而非避免，因为政府认为异味干扰是不能完全避免的，并且异味干扰不列入健康问题范围。用于评估、测量或建模的排放限值是基于现场调查发现异味影响和异味烦恼度之间存在的显著关系而设定的。

巴西的研究人员在 2014 年利用社会调查学的方法，评估食品工业对居民造成的烦恼程度，共对食品工业源周边约 2km 范围内的居民发放 395 份问卷调查表，问卷调查包括公众对该源异味事件发生的强度、频率、愉悦度等的描述。新西兰环境空气质量指南中把引起 20% 的民众产生"轻微烦恼"的暴露值作为评价异味源是否符合标准的依据，调查得到的居民的烦恼水平与之做比较，评价该行业是否符合允许的最大烦恼标准。

控制异味源对周边居民的影响并降低投诉率是异味环境管理的主要目标，实现此目标需要开展系统的暴露影响评估研究，从而确定合理的异味影响标准。目前我国只有恶臭污染物排放标准，尚未出台异味环境影响标准，质量管理目标的缺失造成无法科学评价异味污染的影响程度和影响范围，从而无法确定合理的安全防护距离。

5.4 异味污染扩散模型预测

5.4.1 适用范围

异味污染物大多为气态，可以通过空气扩散造成污染。在异味污染源调查基础上，收集有关数据，运用大气扩散数学模型模拟异味污染的扩散过程，可对污染影响程度进行评价。然而，有些情况不容易被建模（例如气体泄漏等情况），模型结果可能无法给出较为全面的现场气味扩散图像。

扩散建模虽为异味风险的预测提供较大的空间和时间覆盖，但对收集的信息要求比较严格，准确使用模型进行预测评估需满足如下条件：

① 异味来源清晰可辨；

② 源特征明确，异味排放速率可以合理确定；

③ 该地区没有其他可能难以建模的异味源；

④ 有适当可用的气象数据。

如果不符合以上条件，扩散模型预测的结果有可能与实际情况大相径庭。模型模拟的结果只是真实情况的简化，比如模型预测的异味浓度 C_{98} 值，是异味正常排放的情况下计算出来的，但实际情况下，很多异味源的异味排放具有很大的突发性和偶然性，由此导致暴露剂量的计算、数值区域范围等都会出现一定的误差。

5.4.2 影响因素

5.4.2.1 区域地形、地物对异味污染扩散的影响

（1）地形

地表受热情况会受到地形的影响，并且近地大气层基本处于稳定的状态。在此背景下，不同区域的温度不同，导致其冷却速度与增温速度存在着一定的差异，进而会出现空气环流，这对于异味扩散具有积极意义。

（2）地物

地物对异味污染的影响主要反映在两个方面。地物的影响首先是有组织废气排气筒严重的影响。排气筒会直接将异味物质排放到高空，这对于扩大异味气体的面积是非常重要的，同时对于异味浓度的降低也具有积极意义。但是需注意的是，在烟气排放温度与周围空气温度相同的情况下，那么异味气体便会下降到地面，导致地表层的异味浓度大幅度增加，进而出现异味污染的情况。地物的影响其次是地面建筑物的影响。地面在受到城市建筑物方面的影响下其粗糙度是较大的，在对空气流动产生一定影响的情况下，对于异味物质的扩散是非常不利的。

5.4.2.2 气象条件对异味污染扩散的影响

（1）气温、气压

温度对于异味污染也具有一定的影响，从近地层的温度来看，对于气流的稳定性将会产生较为突出的影响，气流是否稳定影响到了湍流，这些因素之间具有直接的影响关系，对异味污染扩散有着不可忽视的影响。如果温度出现了明显的上升，而大气的稳定

性又出现了明显的波动，那么物质将更好地扩散。反之，如果温度出现了下降的趋势，而大气的稳定性又非常好，那么异味物质将会出现不容易扩散的情况。从气压与气温之间的关系来看，二者有着不可分离的联系，通常来说，气温越高，那么气压相对来说就会越低，异味物质就会出现明显的上升趋势，这种情况下异味物质将不容易扩散。

（2）风向、风速

风在大气运动中的作用非常突出，在大气污染扩散中也发挥了尤为关键的作用。从总体情况来看，风对异味污染物的扩展产生了一定的影响，其中具体表现形式包括以下两种：随风流动；加快混合稀释的速度。从异味污染的扩散方向来看，与风有着密切的关系，其中风的速度与方向决定了扩散的方向。通常来说，异味污染多产生于下风向的位置，因风速与风力明显较大，清洁空气因此产生，进而对异味物质产生一种稀释和混合的作用，异味污染的发生概率就会下降。异味物质在风力的影响下更易扩散，如果风速更快一些，那么这种情况的发生概率将会持续下降。反之，如果风速与风力明显较小时，那么混合效果并不是特别的明显，异味污染的发生概率将会有所上升。

（3）大气湍流

从大气湍流的本质来看，与一些其他的大气运动存在着很多的相似之处，对于污染物本身具有一定的影响，其中影响最突出的可以达到降低污染物浓度的效果。根据大气湍流的成因可以将其具体细分为以下 2 种情况：

① 因温度存在着明显的差异，使湍流出现了明显的不均衡现象，形成了一种热力湍流；

② 因风速差异性较大，形成了机械湍流。

通过对实际状况的了解和掌控，热力与动力因子对大气湍流都会产生相应的影响，然而从其本质来看，能够将异味物质与洁净的空气进行充分的整合，使异味物质可以更好地转移到空气中，从而达到降低异味浓度的效果。

（4）大气稳定度

大气稳定度是影响异味扩散的根本所在。对于大气稳定度来说，主要指的就是垂直状态下大气所具备的稳定性，更进一步来说就是容易产生对流的情况，其中具体表现分为三种，分别为稳定、不稳定和中型。如果大气稳定程度不是特别高，在温差的影响下，大气层将会出现非常突出的对流情况，异味物质将会扩散，异味浓度也会呈明显的下降趋势；如果大气层处于相对稳定的状态下，逆温情况会不定期地出现，异味物质不能很好地扩散，导致污染物浓度逐渐上升，随时间的不断延长，浓度达到了超标的状态将会引发异味污染事件。

5.4.3 模型的选择

通过模拟异味污染物在大气中的迁移扩散过程，结合相关标准，可以评估污染的影响范围和影响程度。目前各国用于异味污染评估的大气扩散模型有高斯模型（ISCST3、AERMOD、ADMS、AODM 等）、拉格朗日模型（CALPUFF、AUSTAL 等）以及流体力学模型（FLUENT、FLUIDYN 等）。

（1）AODM

奥地利异味动态扩散模型（The dynamic Austrian odour dispersion model，AODM）包括三个模块，即畜牧场异味排放源强的计算模块、根据法定的扩散模式估算场外异味平均浓度的模块、将平均浓度转变为随风速和大气稳定度变化的瞬时浓度计算模块。

由于畜牧场异味污染排放的不稳定性，在对畜牧场异味源强长期监测的基础上，该模型的源强计算模块的结果更能反映异味排放的真实情况。该模型中估算场外异味平均浓度的是一个应用于单个烟囱排放和最大距离为 15km 的高斯烟羽公式。其烟羽抬升公式为 Briggs 在 1975 年提出的一个合并公式，模型使用的扩散参数是 Reuter 开发的传统不连续稳定度分级表。高斯烟羽公式计算的是 30min 平均浓度，而异味的感觉依赖于异味瞬时浓度而不是长时间的平均浓度。在异味源附近，根据大气稳定度，其峰值可由 30min 平均值算得。在异味源不同距离处，由于湍流的混合，峰值与平均值之比会随距离的增加而减小，其峰值与平均值之比通过经验稀释公式计算。

（2）AERMOD

1991 年，美国气象学会（AMS）和美国环保署为了将行星边界层理论引入扩散模型的研究中，组成了一个专门的委员会（AERMIC）并提出了适用于固定工业源排放的扩散模型——AERMOD。AERMOD 模型是稳态烟羽模型，该模型可对污染物质的浓度分布、危险范围以及持续时间等问题进行预测和评估。AERMOD 模型可用于多种污染源（包括点源、面源和体积源）的排放，它也适用于乡村环境和城市环境、平坦地形和复杂地形、地面源和高架源等多种排放扩散情形的模拟。

（3）ADMS

ADMS 是英国剑桥环境研究公司开发的大气扩散模型系统，特点是能处理所有的污染源类型，包括点源、线源、面源和体源，使用先进的倾斜式——高斯模型，带有气象预处理模块、干湿沉降和化学沉降模块、内嵌式烟羽抬升模块，考虑了建筑物和复杂地形的影响。该模型系统反映了近年来人类对大气边界层扩散规律的新认识，比以往的简化模型更精确。它经过较为充分的比较和验证，具有较好的使用性能。ADMS 模型系统的构成较完整，多用于建设项目环境影响评价的大气模拟计算，也可用于城市区域、工业区的区域环境影响评价和环境规划。已针对中国的实际情况对 ADMS 进行了再开发和试用，于 2001 年通过了中国环保总局的认证。

（4）AUSPLUME

该套模型于 1986 年开发，现已成为澳大利亚和新西兰环保部门的大气扩散法规模型之一，它是高斯稳态烟羽扩散模型，可用于预测各种污染源不同距离的地面浓度，包括点源（烟囱）、面源（污水处理厂）和体源。AUSPLUME 在近十几年里，经过一系列的产品升级和扩散参数的修正，它的大气扩散模型得到优化，它的预测结果比 ISC3 更接近真实值。同时，该模型已经被澳大利亚和新西兰各地环保部门使用了近 20 年，积累了大量的数据经验，而该模型已经在异味评价中有了大量的报道。

（5）CALPUFF

CALPUFF 是美国环保署推荐的大气扩散模型之一，是非稳态烟团扩散模型，可以生成三维气象场。该模型可对随时间和空间而变化的非稳态烟团的污染物的迁移、转化和去除进行模拟，包括点源、线源以及面源。在对污染源附近的污染物浓度计算中，该模型考虑了建筑物烟流下洗现象和烟流局部穿透现象对计算结果的影响。在对污染源较远地区的污染物浓度的计算中，该模型则考虑了大气的自净、化学转化、垂直风向的剪切作用以及沿海地区海陆交互作用的影响，使得计算结果更符合真实情况。

5.4.4 峰/均值因子

异味污染具有以人的嗅觉感知为判断标准的特殊性。通常情况下，异味污染发生在较短的时间，并且在环境中以最大的峰值浓度来表示。而人一次呼吸的平均时间大致为 1.6s，因此这一时间体现了个体对异味污染的烦恼程度。而利用大气扩散模型对异味污染进行评价时，通常计算的为小时平均浓度，大大低估了异味的峰值浓度，进而掩盖了人们对异味污染的厌恶度。因此，利用大气扩散模型进行异味模拟评估时需要以瞬时最大值来代表异味污染的物质浓度及臭气浓度。

同一时间段内不同时间间隔下的异味浓度值示例如图 5-2 所示。图 5-2（a）中，1h 内平均臭气浓度值小于 1；图 5-2（b）中，若在 1h 内平均 12min 得到一次均值，其中一个 12min 内平均臭气浓度值大于 1；图 5-2（c）中，若在 1h 内平均 12s 得到一次均值，臭气浓度最大值为 5～6。图 5-2 表示了 1h 内多次呼吸中不同的异味感知，同时也可以看出，选择的时间间隔越短，最大臭气浓度越高。而在实际情况下，由于一次呼吸的时间大致为 1.6s，所以异味污染可能发生的时间间隔小于 12s。目前，峰/均值因子理论是大气扩散模型中将长时间均值浓度转变为瞬时浓度时广泛采用的方法。

美国气象学家 Singer 在 1961 年就针对大气扩散模型提出了峰值与均值之间的关系，即峰/均值因子，并在 1963 年联合日本的气象学家和西班牙的物理学家共同研究提出了该因子与峰值浓度的累积时间和均值浓度的累积时间的函数关系式：

$$F = \frac{c_p}{c_m} = \left(\frac{t_m}{t_p}\right)^\mu \tag{5-1}$$

式中　c_p——峰值浓度；

　　　c_m——均值浓度；

　　　t_m——峰值浓度的累积时间，s；

　　　t_p——均值浓度的累积时间，s；

　　　μ——系数。

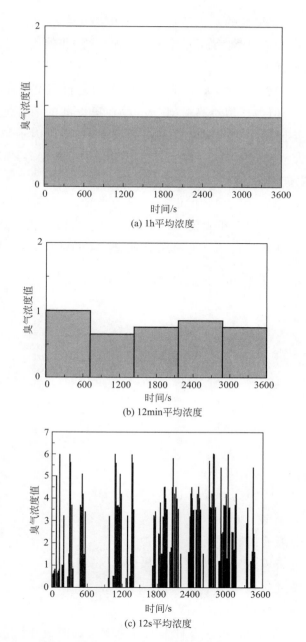

图 5-2 同一时间段内不同时间间隔下的异味浓度值示例

随后，峰/均值因子的概念及计算方法得到广泛的认可，此计算方法适用于所有的条件。

影响峰/均值因子的因素有很多，包括大气稳定度、距污染源的距离、地形、污染源类型、距烟羽中心的横向距离、敏感点、建筑物等。

1973 年，Smith 通过现场试验研究发现峰/均值因子受大气稳定度的影响，并得到了不同稳定度等级下峰/均值因子在源周边的最大值，即初始峰/均值因子 $F_{\max}$。1976 年，Trinity Consultants 公司依据式（5-1）模拟了不同稳定度等级下初始峰/均值因子，其值被 Beychock 在《废气扩散的基本原理》一书中引用。Santos 等研究了大气稳定度对式(5-1) 中系数 μ 的影响规律。Lung 等研究表明，当 $t_p=1s$、$t_m=1h$ 时，初始峰/均值因子范围为 $4<F_{max}<99$。

Fackrell 等针对污染源类型对峰/均值因子的影响进行研究，结果表明相对于面源来说，高架点源的峰/均值因子值更高。Martin 等在奥地利的山谷地区及平坦地区分别设置采样点，拟合了不同地形不同大气稳定度等级下峰/均值因子与距离之间的函数关系，发现在 100m 处大气稳定度对峰/均值因子影响较小，在山谷地区其变化范围为 1～4，在平坦地区其变化范围为 1～9。

Best 等研究发现，除了大气稳定度以及排放源类型的影响外，峰/均值因子还受到距污染源的距离的影响，其随着距离的增加而降低，呈指数形式衰减。利用超声波风速仪实验测定，其函数关系式［式(5-2)］也被奥地利 AODM 模型所用。

$$F=1+(F_{max}-1)\exp\left(-0.7317\frac{T}{t_L}\right) \tag{5-2}$$

$$T=\frac{x}{u}$$

$$t_L=\frac{\sigma^2}{\varepsilon}$$

$$\sigma^2=\frac{1}{3}(\sigma_u^2+\sigma_v^2+\sigma_w^2)$$

$$\varepsilon=\frac{1}{kz}\left(\frac{\sigma_w}{1.3}\right)^3$$

式中　F_{max}——初始的峰/均值因子；

　　　x——与源之间的距离，m；

　　　u——1h 平均风速，m/s；

　　　T——一定距离的扩散时间，s；

$\sigma_u^2,\sigma_v^2,\sigma_w^2$——三维正交风速分量（1h 平均风速），m/s；

　　　k——冯卡曼常数，取 0.4；

　　　z——接收点的高度，m。

5.4.5　国内外异味评价采用的扩散模型及峰/均值因子

（1）欧洲

德国《环境空气异味指南》详细规定了异味管理办法。其异味标准中限值的单位为异味小时发生的频率。AUSTAL2000 是德国环保署推荐的法规扩散模型，是基于拉格朗日粒子追踪原理建立的模型。AUSTAL2000 包含专门针对异味空气扩散的模块，预测异味的小时发生频率，内置了固定的峰/均值因子（$F=4$），是将 1h 的平均浓度转换成 1s 瞬时浓度（认为一次呼吸的平均时间大致为 1s）。

奥地利的异味法规模型是基于高斯理论的 AODM（Austrian Odour Dispersion Model）模型。该模型内置了均值浓度转变为瞬时浓度的模块，可将 1h 的平均浓度转换成 5s 的瞬时浓度。峰/均值因子是随大气稳定度及与污染源之间的距离的变化而变化的，可输入不同大气稳定度等级下的初始峰/均值因子以及峰/均值因子随距离衰减的相关参数。

意大利在环境异味领域并没有统一的管理办法，但是在伦巴第大区和普利亚大区，出台了异味管理的相关规定。意大利伦巴第大区，包括意大利 20 个行政区域，其异味影响导则及管理中应用了扩散模型对异味进行评估，规定了固定的峰/均值因子（$F=2.3$），但是并没有提到异味峰值的平均时间。伦巴第大区法规表明，目前的文献中对峰/均值因子的计算方法并没有统一的意见，所以目前规定固定的峰/均值因子只是用于尽可能地改善模型输出结果。意大利普利亚大区在异味评估中的规定与伦巴第大区基本一致，也规定了峰/均值因子的值为 2.3。

丹麦主要有两类异味污染源：一是工业排放；二是畜禽养殖场。其《大气排放管理导则 排放设施的空气污染限值》规定大气扩散模型为 OML 模型，该模型模拟的是 1h 的均值浓度。法规认为，模仿人对异味浓度嗅觉反应的时间为 1min。根据式(5-1)，规定系数为 0.5，将 1h 的平均浓度转化为 1min 的峰值浓度，得到 $F=7.75$。所以，在所有的稳定度等级、风速、距离、源类型的情况下，在实际的应用管理中设定 $F=7.8$。

挪威 TA-3019：2013 导则包含异味风险评估、异味管理等内容，OML、AERMOD、CALPUFF 为推荐的扩散模型。其同样认为人对异味浓度嗅觉反应的时间为 1min。但是，导则中认为应用一个常数值作为 1h 到 1min 的转换因子是有局限性的，转换因子是受一些参数的共同影响的，仅仅用一个常数值不能代表转换因子的特性。因此，不推荐用常数值作为转换因子。

（2）澳大利亚

稳态的高斯模型 AUSPLUME 是澳大利亚几个管理模型之一，其最新的版本是 2004 年 AUSPLUME V6，近年来模型并没有继续更新。所以，相比于更先进的高斯模型，如 US EPA（美国国家环境保护署）不断更新和改进的 AREMOD，AUSPLUME 有较大的劣势。然而，在澳大利亚的一些地区，此模型仍然是可接受的管理评估模型。

2014 年 1 月 1 日，在稳态的高斯模型应用上，澳大利亚维多利亚州管理部门将 AERMOD 替换为 AUSPLUME V6，其他各洲也一致认同。但是在涉及低风速及复杂的地形时，澳大利亚各州管理部门一致认为最好使用更先进的扩散模型，包括 TAPM V4 以及 US EPA 推荐的 CALPUFF 模型。

澳大利亚昆士兰州的异味影响评估建设导则中没有推荐任何模型，但是其认为 AUSPLUME 和 CALPUFF 仍然是最受欢迎的法规模型，在不同的特定条件下，应选择适当的扩散模型进行评估。关于峰/均值因子值，规定：当模拟不受尾流影响的源时，$F=10$；当模拟近地源以及受尾流影响的源时，$F=2$。

澳大利亚新南威尔士州环境保护部门规定了峰/均值因子的值，是将 1h 平均浓度转换成 3min 异味瞬时浓度，其 F 值因源类型（面源、线源、点源、体源）、大气稳定度等级、从源到下风向的距离（源附近、远距离）的不同而不同。针对面源，E、F 稳定度下远距离 $F=1.9$，近距离 $F=2.3$；A～D 稳定度下远距离 $F=2.3$，近距离 $F=2.5$；针对体源以及受尾流影响的点源，A～F 稳定度下以及近距离或者远距离 $F=2.3$。

澳大利亚维多利亚州环境保护局在利用法规空气污染模型 AERMOD 导则说明中规定，峰/均值因子是将 1h 平均浓度转换成 3min 异味瞬时浓度，根据式(5-1)，规定系数为 0.2，得到峰/均值因子 $F=1.82$。

（3）加拿大

加拿大在异味领域并没有统一的联邦管理办法，都是各省或地区的地方当局来制定管理办法。加拿大马尼托巴省《异味影响评估大气扩散模型草案》规定，在任何异味模拟项目中，至少选择 1～2 个异味扩散模型进行模拟：简单版的 Screening（Screen3）以及定义好的 AERMOD、IS3、ISC-PRIME、CALPUFF 模型。针对峰/均值因子，根据式(5-1)，参照不同的大气稳定度等级的取值范围为 0.23～0.65，若将 1h 平均浓度转换成 3min 浓度，其 F 值的范围为 2～7；相应地，若将 30min 平均浓度转换成 3min 浓度，其 F 值的范围为 1.7～4.5。以上是对于简单版的 Screening（Screen3）模型来说的。而对于定义好的扩散模型（AERMOD、IS3、ISC-PRIME、CALPUFF），为了将系数简单化，在所有稳定度等级下，系数取 0.28。对于 1h 平均浓度转换成 3min 浓度，$F=2.3$；对于 30min 平均浓度转换成 3min 浓度，$F=1.9$。

加拿大安大略省《大气扩散模型导则》中推荐的扩散模型是 Screen3 及 AERMOD，对于特殊地点，可考虑其他备选模型。针对峰/均值因子，根据式(5-1)，规定系数为 0.28，将 1h 平均浓度转换成 10min 浓度，$F=1.65$。

加拿大魁北克省规定，峰/均值因子是将 1h 的平均浓度转换成 4min 浓度，峰/均值因子 $F=1.9$。其中魁北克省布谢维尔市制定了异味排放法规，同样规定了将 1h 平均浓度转换成 4min 浓度，$F=1.9$，并且 AERMOD 作为其法规推荐的扩散模型。

（4）中国香港

中国香港《模型及模型参数选择导则中》中推荐 AERMOD 模型为用于异味模拟扩散的模型。其峰/均值因子的规定也与大气稳定度相关，分成 3 个步骤：首先，根据式(5-1)的幂函数，在不同大气稳定度下，将 1h 平均浓度转换成 3min 浓度，先得到不同大气稳定度下一组峰/均值因子值；然后，又将 3min 平均异味浓度转换成 5s 瞬时浓度（人可以忍受的最短暴露时间），得到在不稳定条件下 $F=10$，中性及稳定条件下 $F=5$；最后，根据以上结论，将 1h 均值浓度转换成 5s 瞬时浓度，在不同等级的大气稳定度下得到不同的峰/均值因子固定值，A 和 B 大气稳定度等级下时 $F=45$，C 大气稳定度等级下时 $F=27$，D 大气稳定度等级下时 $F=9$，E 和 F 大气稳定度等级下时 $F=8$。

针对欧洲各国、加拿大、澳大利亚等国家和地区在其异味评价导则中规定的大气扩散模型及峰/均值因子的数值，总结如表 5-2 所列。

表 5-2　国外异味评价中规定的扩散模型及峰/均值因子

国家或地区		推荐的法规模型	环境浓度的累积时间	峰/均值因子	备注
欧洲	德国	AUSTAL2000	1s	4	
	意大利	无	无	2.3	
	丹麦	OML	1min	7.8	
	挪威	OML AERMOD CALPUFF	1min	b	b 表示不推荐常数值作为转换因子
澳大利亚	新南威尔士州	AUSPLUME AERMOD CALPUFF	3min	1.9	E、F 稳定度下远距离的面源
				2.3	E、F 稳定度下近距离的面源
				2.3	A～D 稳定度下远距离的面源
				2.5	A～D 稳定度下近距离的面源
				2.3	体源以及受尾流影响的点源 （A～F 稳定度下以及远距离、近距离）
	昆士兰州		无	10	不受尾流影响的源
				2	近地源以及受尾流影响的堆体
	维多利亚州		3min	1.82	
加拿大	马尼托巴省	Screen3 AERMOD IS3 ISC-PRIME	3min	2.3	
	安大略省	Screen3 AERMOD	10min	1.65	
	魁北克省	AERMOD	4min	1.9	

注：表格中的峰/均值因子值为 1h 平均浓度转换为瞬时浓度时的值。

从表 5-2 中可以看出，AERMOD 和 CALPUFF 模型是较为主流的大气扩散模型。近几年的研究表明，在实际应用中，由于稳态的高斯烟羽模型的局限性，包括不能处理静态条件、缺乏三维气象学理论以及稳定状态的假定，相对于 AERMOD，人们更愿意选择 CALPUFF 模型，并且，AERMOD 在稳定的状态下对结果有过高的估算。德国和奥地利开发了专门适用于异味扩散模拟的 AUSTAL2000 和 AODM 模型。我国《环境影响评价技术导则 大气环境》（HJ 2.2—2018）中推荐的空气质量模型有 AERMOD、ADMS、AUSTAL2000、EDMS/AEDT、CALPUFF 以及 CMAQ 等光化学网格模型。然而，EDMS/AEDT 模型适用于机场源；CMAQ 等光化学网格模型适用于几百千米的大尺度源，不适用于异味污染这种小尺度范围源；AUSTAL2000 针对异味污染模块嵌入的是德国异味质量标准，得到的是异味浓度大于 1 的异味发生频率，且扩散模型中嵌入德国的 peak-to-mean 因子，不适合我国异味污染评估。基于以上原因，在进行异味污染评估时，推荐利用的空气质量模型有 AERMOD、ADMS、CALPUFF 模型。

5.4.6　模型评估的不确定性

异味扩散模拟本质上包含一定的不确定性，来自建模过程的简化、数据来源的不确定性以及用户使用过程中产生的误差。如果异味评估模型是用来评估一个土地开发的可接受性，得出结论之前应该谨慎考虑这些不确定性因素。

表 5-3 给出了建模各不确定性因素可能的解决方法。

表 5-3　建模各不确定性因素可能的解决方法

不确定性因素	解决的方法
模型选择的不确定性	参考已发表的验证研究；使用多个模型并比较结果
异味排放速率	使用多年的数据；检查替代站点数据
气象数据	使用多年的数据；检查替代站点数据；有无局部风场模型的结果比较
使用者误差	清晰的建模方法报告；检查报告中建模输入文件

5.5　异味环境监测评价

异味环境监测评价是以人们的鼻子作为分析传感器，在特定时间、特定位置记录异味的强度、频率、持续时间和特征等。目前常用的异味环境监测评价方法有现场监测和嗅探测试。现场监测方法比较全面地考虑引起异味污染的因素，是一种定量确定异味暴露频率、强度等因子的方法，缺点是测量时间长，需要的评估人员较多；嗅探测试方法可用于进行适当的定期监测，其结果可作为检查公众投诉的证据，该方法主要针对强度因子，是定性评价的方法。

5.5.1　现场监测

现场监测是评估人员直接在敏感区域，利用嗅觉测量评价现有异味源产生的影响，现场监测的数据采集、分析和评价系统，可参考德国 VDI3940 part1 方法的相关指导。

把评估区域分为若干等距观察点网格，小组成员按顺序查访每个观察点，根据所得的数据探索异味频率、异味浓度、异味强度、愉悦度之间的关系，建立评估模型。

5.5.1.1　测量计划

该方法虽能够较为全面地考虑到引起异味污染的因素，但需要大量的人力和财力，测定时间较长，且每天的测定频次需要按照 24h 划分或根据企业工况设定，并必须满足统计学规定的要求。

（1）评估区域

在测量开始前必须定义评估区域。

评估区域主要涉及污染源附近的居民区。通常评估区域的定义为以排放源为圆心，以烟囱高度（≥20m）30倍的长度为半径，与排放源成360°夹角所形成的圆形范围。对于烟囱高度较低（<20m）的源，其评估区域定义为厂界边缘至评估区域外边界的最短距离至少为600m的圆形范围。

在特殊情况下，根据项目任务需要，可适当扩展或缩减评估区域。例如，现场调查发现只有下风向的居民区受影响，或只在较短的距离才会受到异味影响，评估区域的范围可以相应地减小。

（2）监测网格

将测定的评估区域划分为若干均匀网状方格，每个方格为正方形，可在地图上均匀描绘。网格的大小视所测区域大小、污染源强度、人口分布、测定目的等情况而定，一般情况下，如果评估区域内异味是均匀分布的，监测区域细化为边长为250m的网格。特殊情况下，可视情况增加或缩短边长，以边长为500m、125m、100m或50m的正方形作为监测网格。

在确定评估网格的大小和位置时，必须按照以下步骤进行：

① 以排放源的排放筒为中心，或者在有多个排放源的情况下，以其中一个（潜在的主要排放源）排放筒为中心，在评估区域内划出250m×250m的网格。

② 如果源的排放筒很高，或者排放源的边界距离最近的建筑物超过250m时，必须假定以这种方式获得的评估网格通常能够充分描述实际的异味影响情况，并确保异味影响在每个评估网格内均匀分布。

③ 如果排放筒较低以及排放气体易变，或距离最近的建筑物的距离小于250m时，则可以缩短网格边长，以涵盖该区域内异味分布。用这种紧密网格覆盖整个评估区域并不是绝对必要的，随着距离的增加，评估网格的面积也可以增加。

④ 在定义好评估网格之后，可能有必要根据当地条件优化评估网格的位置。可通过稍微移动评估位置，更好地适应现有住宅建筑物的布局，减少理论测量点与实际测量点之间的偏差。

（3）调查周期

调查周期通常为6个月，冷、暖的月份必须大致等同，建议在1/2月或7/8月开始现场监测。特殊情况下，调查周期可延长至一年或缩短至3个月。调查周期的长短取决于调查的目的。例如，调查涉及的排放源在上半年和下半年的排放量或排放类型上有所不同，则必须以全年为调查周期。若测量周期为6个月，则每个测量点需要评价13次或26次，每个评估网格（4个测量点）共计进行52次（13×4个测量点）或104次（26×4个测量点）现场监测。若测量周期为12个月，则每个测量点评价26次，每个评估网格共计进行104次的现场监测。

为确保调查的代表性，应在调查开始前系统性地、有计划地选择具体的现场监测日期，而不是随机选择。测量时间应在一天24h内均匀分布或者根据设施运行时间确定，以便获得在季度中、一周中和一天中都具有代表性的数据，这尤其意味着测量还必须在星期日、公众假期及晚上进行，如果可能的话，每个测量点进行4次单次测量后，一天中的所有时间（早晨、中午、下午、晚上）应该被覆盖一次，相邻测量点需要在不同的日期监测。

以某个污染源为例，监测区域细化为边长为250m的网格，共计19个网格，40个监测点位，实际监测点位根据情况做调整，现场监测网格点位分布如图5-3所示。

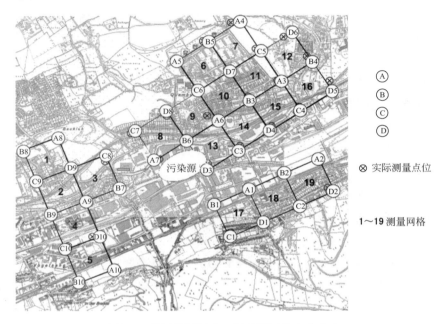

图 5-3　某污染源周边现场监测网格点位分布

测量周期为半年，测量点位划分为4轮，用A、B、C、D表示，在第一次测量的时候，现场监测人员001号选择周一的上午，需要评估A1～A10共计10个点位的现场监测情况，第二次测量的时候，监测人员002号选择周三的晚上评估B1～B10点位的情况，第三次监测人员003号选择周五半夜评估C1～C10点位的情况，第四次监测人员004号选择周日下午评估D1～D10点位的情况，此为第一轮测量，共计测量26轮，每个点位测量26次。整个过程如表5-4所列。

（4）监测暴露特征值

在规定的网格，小组成员在每个测量点监测10min，记录气味的存在和持续时间以及所感知气味的类型（例如自然、农业、家庭、交通等）。此外，还要记录异味愉悦度、强度、烦恼度、可接受度等暴露特征因子，对异味影响特征进行记录描述，现场监测记录表见表5-5。闻到的气味描述词可根据前期调研现场气味情况设置。

① 气味频率：每10s登记一次，非常明确有评价对象的气味存在记录为"√"，如没有气味或可准确判断气味为非评价对象所排放则记为"×"。

表 5-4　以半年每个点位测量 26 次为周期的测量点顺序

序号	日期	星期	开始时间	测量点的顺序	评估员的 ID
1	2017 年 7 月 10 日	一	8:00	A1,A2,A3,A4,A5,A6,A7,A8,A9,A10	001
2	2017 年 7 月 12 日	三	20:00	B1,B2,B3,B4,B5,B6,B7,B8,B9,B10	002
3	2017 年 7 月 14 日	五	2:00	C1,C2,C3,C4,C5,C6,C7,C8,C9,C10	003
4	2017 年 7 月 16 日	日	14:00	D1,D2,D3,D4,D5,D6,D7,D8,D9,D10	004
5	2017 年 7 月 18 日	二	22:00	A1,A2,A3,A4,A5,A6,A7,A8,A9,A10	005
6	2017 年 7 月 20 日	四	10:00	B1,B2,B3,B4,B5,B6,B7,B8,B9,B10	006
7	2017 年 7 月 22 日	六	16:00	C1,C2,C3,C4,C5,C6,C7,C8,C9,C10	007
8	2017 年 7 月 24 日	一	4:00	D1,D2,D3,D4,D5,D6,D7,D8,D9,D10	008
9	2017 年 7 月 26 日	三	12:00	A1,A2,A3,A4,A5,A6,A7,A8,A9,A10	009
10	2017 年 7 月 28 日	五	0:00	B1,B2,B3,B4,B5,B6,B7,B8,B9,B10	010
11	2017 年 7 月 16 日	日	6:00	C1,C2,C3,C4,C5,C6,C7,C8,C9,C10	011
12	2017 年 8 月 1 日	二	18:00	D1,D2,D3,D4,D5,D6,D7,D8,D9,D10	012
13	2017 年 8 月 3 日	四	2:00	A1,A2,A3,A4,A5,A6,A7,A8,A9,A10	002
14	2017 年 8 月 5 日	六	14:00	B1,B2,B3,B4,B5,B6,B7,B8,B9,B10	003
15	2017 年 8 月 7 日	一	20:00	C1,C2,C3,C4,C5,C6,C7,C8,C9,C10	004
16	2017 年 8 月 9 日	三	8:00	D1,D2,D3,D4,D5,D6,D7,D8,D9,D10	005
⋮	⋮	⋮	⋮	⋮	⋮
97	2018 年 1 月 18 日	四	8:00	A1,A2,A3,A4,A5,A6,A7,A8,A9,A10	011
98	2018 年 1 月 20 日	六	20:00	B1,B2,B3,B4,B5,B6,B7,B8,B9,B10	012
99	2018 年 1 月 22 日	一	2:00	C1,C2,C3,C4,C5,C6,C7,C8,C9,C10	010
100	2018 年 1 月 24 日	三	14:00	D1,D2,D3,D4,D5,D6,D7,D8,D9,D10	009
101	2018 年 1 月 26 日	五	22:00	A1,A2,A3,A4,A5,A6,A7,A8,A9,A10	012
102	2018 年 1 月 28 日	日	10:00	B1,B2,B3,B4,B5,B6,B7,B8,B9,B10	001
103	2018 年 1 月 30 日	二	16:00	C1,C2,C3,C4,C5,C6,C7,C8,C9,C10	002
104	2018 年 2 月 1 日	四	4:00	D1,D2,D3,D4,D5,D6,D7,D8,D9,D10	003

② 愉悦度：采用愉悦度 9 级度量法，在 10min 结束后，记录最大的感受是几级，并记录平均的愉悦度感受是几级。令人愉快的气味具有比中性和令人不愉快的气味更低的干扰潜力。

③ 强度：采用 6 级强度表示法，记录 10min 内闻到的气味最大强度和平均强度。

④ 烦恼度：建立烦恼度 6 级度量法。如表 5-6 所列，0 级表示没有烦恼，1 级表示轻微烦恼，2 级介于轻微烦恼和明显烦恼之间，3 级表示明显烦恼，4 级介于明显烦恼和极端烦恼之间，5 级表示极端烦恼，在测量期间烦恼度值每 1min 记录一次。

⑤ 可接受度判断：在每个测量点的一次测量时间结束后，对整个监测过程中的测量人员的心理可接受程度（可接受/不可接受）进行判断。

此外，对该点位的气味品质及导致的身体症状进行描述。由于气味以及感觉气味的嗅觉机理的特殊性，只能以"借物喻物"的方法来描述气味品质，如花香味、水果香味、臭鸡蛋味等。在开始测量之前，需要对评估员进行指导，并借助现场样品让评估员熟悉现场监测期间寻找的气味品质。

表 5-5　现场监测记录表

人员名称：　　日期：　　风向：　　风速：
测量点：　　测量开始时间：　　测量结束时间：

臭气频率

1min	2min
3min	4min
5min	6min
7min	8min
9min	10min

10min 后填写,总体来说：

烦恼度级

强度最大级

平均强度级

愉悦度最大级

平均愉悦度级

可接受度判断

能接受	不能接受

闻到的气味有哪些：

☐ 污水味　　☐ 油漆味　　☐ 汽油味

☐ 餐饮　　☐ 汽车尾气味　　☐ 垃圾味

其他：

表 5-6　烦恼度等级划分

烦恼度	0	1	2	3	4	5
感受	没有烦恼	轻微烦恼	介于轻微烦恼和明显烦恼之间	明显烦恼	介于明显烦恼和极端烦恼之间	极端烦恼

（5）现场监测人员注意事项

① 若感冒、喉咙痛、有鼻窦炎等，不宜进行评估。

② 在上次膳食结束后半小时内不能进行该工作。

③ 在进行现场调查之前半小时内不允许吸烟，嚼口香糖或者食用咖啡等任何有气味的饮料。

④ 现场调查当天不得使用香水及香味化妆品。

⑤ 对于具有昼夜气味释放模式的源，在夜晚工作时，监测人员最好穿浅色衣服。

⑥ 准备一些辅助设备，如计时秒表、地图（在上面准确标记测量点和测量路线）、气象风速仪（记录天气情况）等。

5.5.1.2　数据收集与计算

在进行现场监测前，需要对评估人员进行指导，并通过采集该异味源排气筒样品让其熟悉现场监测期间要寻找的气味品质。评估人员在指定点位测量 10min，每 10s 记录 1 次感知到的异味的情况，如果非常明确有气味存在且是来自于该异味源的气味品质，则记录为"√"，如没有气味或可准确判断气味为非评价对象所排放则记为"×"，在单次测量周期结束时记录强度和愉悦度。在单次测量期间，单次测量的现场监测记录如表 5-5 所列。

气味频率：在测量期间，根据统计学要求，每个评估网格的 4 个点均需要测定 13 次或 26 次。将 4 个点的测试结果相加得到在这个监测网格的气味小时数。记录过程中需要注意，只记录与调查污染源相关的气味，这些气味必须与道路交通、家庭供暖、植被、粪便等引起的气味区分开。每个记录员在每个测量点测量 10min，每 10s 记录一次，共计 60 次。如果在测量点位测量点处气味识别百分比达到 10% 及以上，则该测量单位被计为一个"气味小时数"。每个监测网格的气味频率是测得的气味小时数除以总测量数（通常为 104），计算公式见式(5-3)：

$$P_{od} = \frac{L_+}{R} \times 100\%$$ (5-3)

式中　P_{od}——测量点处气味频率；

　　　L_+——每个测量周期和测量点确认异味的数量；

　　　R——每个测量点的总测量数。

在 10min 测量后，记录愉悦度、强度等。

5.5.2　嗅探测试

现场监测方法非常全面，但测量时间长，需要的评估人员较多。嗅探测试方法是一种简单的现场气味调查，由嗅辨员进行现场巡逻并评估调查区域内的气味强度和愉悦度。利用该方法进行定期的监测，其结果可作为检查公众投诉的基础资料。

嗅探测试感官评估方法分为嗅探测试、气味暴露程度评估和气味影响评估三步。

5.5.2.1　嗅探测试

（1）测试点选择

根据敏感受体的数量、到排放源的距离和主要风向来选择监测点的数量及位置。如有需要，其他现有数据（例如投诉记录、大气扩散模型预测、排放筒高度等）也应考虑进去。应在区域地图上清楚地显示监测点、居民区特征和调查范围。在调查过程中需要记录所在测试地点的气味强度、愉悦度、气味特征、频率和天气状况等信息。

注意：参与调查的嗅辨员不可居住在调查区域附近，需要在不同的时间进行重复调查以评估不同情况下区域内的异味强度情况。

监测点位的选择取决于以下 3 点：

① 应对异味投诉；

② 用来直接检查敏感受体的异味感受；

③ 能够根据监测结果来查找异味源。

当对照投诉进行常规检查时，建议的监测点位如图5-4所示。

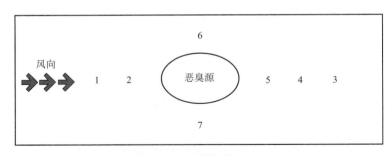

图5-4　现场嗅探测试布点

监测点位设置建议，上风向2个点（如图5-4中1、2），下风向3个点（如图5-4中3～5），垂直于烟羽轴线并且与源等距位置2个点（如图5-4中6、7），且监测的顺序应按照1～7的顺序，以避免嗅觉适应及嗅觉疲劳。若监测当天没有发现异味，可不监测6、7号点位。

以上监测地点没有设置具体的范围，地点的选择应取决于以下因素：

① 敏感受体附近；

② 当地地形；

③ 是否有合适的通道进行监测；

④ 源特征（高度、面源等）。

若监测当天没有明显风向，建议推迟评估；若是为了调查近期的投诉，不能推迟，应在异味投诉地点开始评估。

（2）测试具体步骤

测试时在每个测试点测量5min，测试应从受最低浓度气味影响的地点开始，以避免嗅觉疲劳。对于每个测试位置，记录气味的存在和持续时间以及所感知气味的类型。具体测试步骤如下：

① 评估人员正常呼吸，通过鼻子吸入环境空气样本（每10s记录一次，通常在5min的观察期间获得30个样本数据）。气味评估者应避免嗅觉疲劳/过敏，可在观察期间外佩戴装有活性炭的口罩。

② 对于每个样本，记录气味强度（参照6级强度表示法）。

③ 在测试地点的观察期结束时，判断其愉悦度分类（愉悦、中性或不愉悦）。

④ 应注明气味描述词：可以使用标准化类别和参考词汇客观地描述气味，这些描述可应用于气味轮图。

⑤ 接下来评估该测试点气味的强度。计算气味频率即气味被识别的样品数除以样品总数（即30）。注意："可识别的气味"指气味强度等于或超过识别阈值的气味，并且能由评估者确定地识别，即评估者能够确定其性质特征，其对应于强度2级或更大。

⑥ 计算测试期间平均气味强度（I_{mean}），并记录观察到的最大强度。

然后在下一个测试地点重复上述步骤，嗅探测试记录表如表5-7所列。在每次测量时应记录当时的气象条件（包括风速、风向、大气稳定度、大气压、温度和湿度等），以及与现场进行的作业和活动有关的信息。

表 5-7　嗅探测试记录表

测量人员：　　　　日期：

	1min	2min	3min
臭气强度	□□□□	□□□□	□□□□

	4min	5min
	□□□□	□□□□

测量点	与源之间的位置	风向	风速	开始时间	监测时间（≥5min）	愉悦度	气味特征描述、可能的气味源等

5.5.2.2　气味暴露程度评估

根据嗅探结果评估测量点的气味暴露情况。气味暴露的程度取决于气味的频率、强度、持续时间和愉快度等因素。有关研究表明，造成烦恼的气味类型主要是中性或厌恶异味。

表5-8针对中性或厌恶异味在不同异味强度及频率下的暴露程度给出分级标准。

表 5-8　评价测量点（中性或不愉悦）的气味暴露等级

平均强度（I_{mean}）	测试期间气味频率(持续时间＞4s)				
	≤10%	11%～20%	21%～30%	31%～40%	≥41%
5	高	非常高	非常高	非常高	非常高
4	中	高	高	非常高	非常高
3	低	中	中	高	高
2	低	中	中	中	中
1	低	低	中	中	中
0	低	低	低	几乎无影响	几乎无影响

注：I_{mean}应按四舍五入原则取整数。考虑以下情况：若$I_{mean}=0$，气味效应可以忽略不计；若$I_{mean}=1$但$t_{I \geqslant 4}=0\%$，气味效应可以忽略不计。

5.5.2.3　气味影响评估

这里的气味影响指的是受体对气味暴露的主观反馈，因此对气味影响进行评估应充分考虑气味暴露程度以及受体敏感度。不同的气味暴露情况对不同敏感度的受体产生的影响具有很大差异，然而嗅探测试具有较强的主观性，很难定量地表述这种差异，因此一般采用定性的手段。

受体敏感度可以根据受体类型、对环境质量的需求程度等划分为低敏感度受体、中敏感度受体和高敏感度受体（表5-9）。结合气味暴露等级（表5-8）及受体敏感度，由表5-10可确定气味影响等级。定性的评估方法在某种程度上并不精确，但测试结果具有一定的指导意义以及参考价值。

表5-9 受体敏感度分级标准

高敏感度	中敏感度	低敏感度
要求较高的生活质量的土地使用者（学校、医院、旅游区）；长期居住者（居民区）	要求合理的舒适度，但不追求与家里一样的舒适度（办公场所）；人们不长期居住（商业娱乐场所）	对舒适度没有要求（工厂、农场）；只是短暂停留（步行街和马路）

表5-10 受体异味暴露影响程度评价矩阵

异味暴露	受体的敏感性		
	低	中	高
非常高	严重不利影响	严重不利影响	严重不利影响
高	中度不利影响	中度不利影响	严重不利影响
中	轻微不利影响	轻微不利影响	中度不利影响
低	忽略不计	忽略不计	轻微不利影响
几乎无影响	忽略不计	忽略不计	忽略不计

5.6 异味污染社会学调查评价

异味烦恼度是指人对异味的个体不良反应，包括"不舒适""干扰""烦恼""精力不易集中"等各种不同症状。异味污染社会学调查是指与异味烦恼度评价有关的社会调查，包含两个组成部分：第一部分是人们对理想气味环境的特征认知；第二部分是人们在受到某异味事件影响时的情绪变化。

居民受异味污染的烦恼程度受多种因素的影响，不仅取决于气味的特征和受体的敏感性、可接受度，同时跟外界环境因素也有很大相关性。不同季节的温度、降雨量、风速和日照等气象因素也会影响人们的生活习惯，导致异味暴露量的差异，影响人们烦恼度的评价结果。不同语言、文化、年龄、性别、国家的居民对环境异味的认识及不同的烦恼评价标准等因素也会对调查结果有一定影响。因此，异味污染对个体造成的烦恼程度受个人因素和环境因素的影响：个人因素包括社会人口特征（例如年龄、性别、教育）、环境问题（由环境因素引起的健康影响）、应对方式（例如情绪调节）、对自身健康的主观评估；环境因素包括社会经济特征（例如居住和就业情况）、其他环境压力因素（例如噪声、灰尘）。

图5-5显示了气味影响和烦恼之间的复杂关系。当烦恼积累到一定程度时，会造成个人行为的改变（例如减少户外活动、关窗等），产生生理和心理的影响（例如恶心、

呼吸困难、愤怒等），甚至在异味污染严重时，产生投诉和上访事件。由于个人和环境因素的重要性，且其影响烦恼度的评价结果，且异味对人群的烦恼情况无法在实验室中模拟，因此异味污染社会学调查对于评估气味烦恼是必要的。

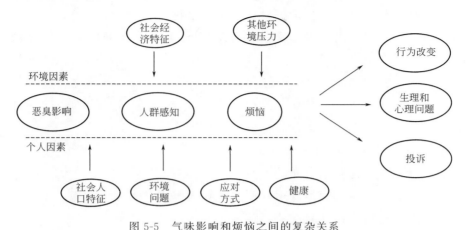

图 5-5　气味影响和烦恼之间的复杂关系

5.6.1　调查方法

异味污染社会学调查一般采用问卷调查的形式。问卷调查主要是与接受长期异味暴露的居民（人群）进行面对面"一对一入户式"访谈，通过询问一些指定的问题来获得居民对其受到暴露的异味源的评价。调查内容包括被调查者基本信息、对所处地点异味源的认识、对该地点长期接受暴露的异味源的评价以及对异味（治理）的看法与建议。调查对象主要为受异味影响的人群。对于居民区住户，每个家庭自由选取一位家庭成员接受调查，如果是集体宿舍则自由选取一位成员接受调查。开展社会调查的同时记录周边空气质量状况。

由于每个人的年龄、体质、性格、爱好、文化程度、区域及社会经济条件等不同，造成了个体反应的差异。为了能够客观地反映污染源散发的气味和居民主观反应影响程度之间的关系，应合理地设计调查问题，通过受试者对各种问题的回答来客观地描述自己的感受，减少个体之间的差异。在国外，由异味引起的烦恼度研究已较为成熟，研究人员一般借助相关机构获取社区住户个人信息，通过有针对性地向住户投寄信件、发送E-mail 或电话采访的方式向大批居民开展实质性的社会调查，并与调查区域的环境结合。问卷调查法应综合考虑地域、职业、专业知识背景、表达能力、受影响程度等因素，合理选择被征求意见的公众，发放、收集调查问卷。

5.6.2　调查区域

（1）调查研究步骤

在规划调查区域之前应该进行详细的调查研究，其步骤包括：

① 收集本地投诉信息，进行信访调查，初步判断污染物的影响程度；

② 现场勘察污染源所处的位置和数目，制作潜在异味排放源的清单；

③ 根据源类型、烟囱高度、地形地势、源强等对潜在的异味源进行排序；

④ 获得该区域气象站的气象数据，估算出污染物可能的扩散情况；

⑤ 确定受影响区域，并根据当地条件和测定任务在受影响区域内选择调查区域，制定测量方案。

（2）调查区域选择要求

调查区域选择的要求：

① 调查区域必须足够大，以便有足够的净样本；

② 能明显地分辨出气味；

③ 调查区域内气味是均匀分布的；

④ 其他环境影响（例如交通噪声）不占主导地位；

⑤ 调查区应具有统一的建筑结构。

5.6.3　调查内容

采用问卷调查的方式收集调查人群的基本信息。为了降低期望偏差的概率，问卷调查的居民没有被告知调查的目的是评估气味烦恼度。

在问卷调查设计方面需注意以下几点。

① 加入可能影响到居民异味暴露的因子（如可能影响居民的所有异味干扰源、居住情况、吸烟暴露等）和常见的异味暴露的感知效应（如感知异味的频率、受到的干扰程度等）的调查。

② 样本问卷应由核心问题和补充问题组成，为了获得有效的调查结果，受访人必须回答标记为"核心问题"的问题。根据情况需要，可以增加"健康问题""应对问题"和"环境问题"等其他补充问题。

③ 应注意问题顺序和回答选项的形式，要有关联、合乎逻辑，以避免系统偏差（例如序列效应、锚定效应、晕轮效应），确保问题的顺序不会产生额外的影响。

5.6.3.1　核心问题

核心问题主要包括社会人口统计因素，由环境压力（例如噪声、异味）引起的感知和烦恼情况及可接受度。

社会人口统计因素：年龄、性别、居住地、居住时间的长短、居住区的质量等。

感知异味：异味性质（用描述词表示，如臭鸡蛋味、花香味、烟草味等）、产生的频率（分5个等级，从1——"一月一次"到5——"一天几次"）；平均和最大的异味感知强度（6个等级，从0——"没有感觉"到5——"难以忍受的强度"）；异味感知的整体愉悦度和极端愉悦度（9个等级，从−4——"非常不快"到0——"既不讨厌也不愉快"再到＋4——"非常愉快"）。

异味烦恼：调查问卷要求受调查者回答的主要问题为"请回忆一下过去几个月，当您在家的时候，周围环境异味使您感到干扰或烦恼的程度"，要求采用描述性等级量表中"一点没有""轻微""一般""严重""非常严重"作答。

可接受度判断：0 表示烦恼度是可以接受的，1 表示烦恼度是不可接受的。

5.6.3.2　补充问题

（1）健康问题

联合国世界卫生组织（WHO）成立时在宪章中提到的健康概念为"健康乃是一种在身体上、心理上和社会上的完满状态，而不仅仅是没有疾病和虚弱的状态"。反复感知异味危害着人体健康，制约着经济和社会的可持续发展。异味损害健康的表现为身体和情绪问题。除了对异味烦恼的直接评估之外，还要对身体和情绪问题进行评估，获得对健康损害的测量结果。因此，关于医学诊断疾病特别是关于呼吸系统疾病和症状的问题被纳入健康调查模块中。

健康问题：健康满意度、入睡困难、在夜间醒来、醒来后入睡困难、睡眠不足、头痛、咳嗽、呼吸困难、刺激症状（鼻子过敏、眼睛发炎）和哮喘等。

（2）应对问题

居民在抱怨或投诉异味、噪声的时候，涉及行为变化的情况，例如因为室外异味，导致无法让客厅通风，不能打开窗户。在设立该问题时，以调查者的"应对和行为变化"作为度量标准。对于应对问题的评估，一方面可以确定与异味相关的烦恼程度，另一方面通过异味影响识别出受到高度干扰的群体，即异味烦扰的风险群体。

（3）环境问题

环境问题是一个可调节变量，可以增大异味烦恼的程度。因此，在设计该问卷时，建议增加"环境问题"，并将此问题视为分析烦恼的一个影响因素。在评估烦恼时，可判断引起干扰的主要原因是待识别的异味还是其他环境问题。

表 5-11 为基于以上原则设计的样本问卷。该问卷并不是唯一的模板，可根据实际情况进行调整。

5.6.4　数据收集及分析

每个调查区域抽样挑选大约 50～80 户，经过培训和指导的采访人员在居民家里进行面对面访谈。为了提高答复率，向每一个被选择的住户发送一个调查通知。然后采访者选择住户，并对超过 18 周岁的居民进行采访。如果一个家庭里有若干个满足采访条件的居民，那么选择平时在家时间最多的人进行采访。如果受访人不在家，那么该住宅必须再次访问。如果受访人拒绝合作，则该住户被归类为"不在范畴内"。

将人群的高度烦恼率（percentage of "highly annoyed" persons，$HA\%$）或烦恼率

(percentage of "annoyed" persons，A％) 作为异味烦恼度评价依据。其中描述性评价等级中的高度烦恼和烦恼人群的界定方法为：若异味烦恼程度为描述性等级量表中的"非常严重"和"严重"，这部分人群定义为高度烦恼人群；若为"一般""严重"和"非常严重"，这部分人群定义为烦恼人群。

表 5-11　样本问卷调查表

居民问卷调查

性别：　　　年龄：　　　填表日期：

居住地址：

1. 您在现住址居住多久了？＿＿月/年

2. 您一天在家的平均时间是多久？将近＿＿＿小时

3. 您对居住小区环境的满意程度怎么样？

□很满意　　□较满意　　□满意　　□不满意　　□很不满意

4. 当您在家时，以下环境问题对您造成多大影响？

	从不	轻微	中度	非常严重	极其严重
噪声	□	□	□	□	□
异味	□	□	□	□	□
扬尘	□	□	□	□	□
垃圾	□	□	□	□	□

5. 您的身体健康吗？

□比较差　　□马马虎虎　　□好　　□良好　　□非常好

6. 如果您曾经被医生诊断患有以下疾病，请说明。

□高血压　　□胃炎　　□偏头痛　　□鼻窦炎　　□支气管炎　　□其他＿＿＿＿

7. 您在家时，接触到的异味品质如何（可以多选）？

□汽车尾气味　　□污水味　　□工厂味　　□粪臭味　　□垃圾臭味　　□其他

8. 您闻到的异味强度大概怎么样？

□似有似无　　□淡淡的　　□明显　　□比较强烈　　□非常强烈

9. 您觉得一天内异味浓度最大的时刻是什么时候？

□早晨　　□上午　　□中午　　□下午　　□晚上　　□半夜

10. 请回忆一下过去几个月，当您在家的时候，周围环境异味使您感到烦恼的程度。

□没有　　□轻微　　□一般　　□严重　　□非常严重

11. 您对闻到的异味的感觉是怎样的？

□不讨厌也不喜欢　　□稍感不快　　□中度不快　　□不快　　□非常不快

12. 整体来说，闻到的异味可以接受吗？

□可以接受　　□不能接受

13. 思考过去十二个月，当您在家时，如果对这些异味感到烦恼，你的想法或做法是什么？

□投诉　　□向邻居、朋友抱怨　　□关窗户　　□使用空气净化器　　□忍受异味

14. 您是否吸烟？

□从不　　□过去吸烟　　□目前吸烟

5.7 异味风险等级评价

异味风险等级评价是确定异味源周边区域或某个地点所受异味影响程度的一种定性评判方法，是基于异味从暴露到产生心理负面效应的三个阶段〔异味源潜力（S）—异味传播效率（P）—受体敏感度（R）〕建立起来的风险评价方法，又称为 S—P—R 法。

异味风险等级评价法适用于：

① 收集的信息不足以得到准确的预测扩散模型时；

② 当信息具有广泛的不确定性时；

③ 当模型不能真实反映实际情况时。

该法虽然不如模型模拟出来的结果精准，但更具有包容性。例如某一异味源产生的气味受到意外或未知释放物的影响时，采用定性评估法更为合适，因为继续维持原有的信息输入扩散模型，得到的结果会大相径庭，需要不断地修正、更新数据，整个过程非常繁琐。相较定量的风险评价法，S—P—R 法操作简单、评价快速且对客观因素要求不高，更适应异味污染组成复杂、情况多变的特性。

2010 年，英国环境部总结了废水处理厂气味影响的风险评估方法，用来确定某一异味源是否可能引起干扰。该法除了考虑来源（气味强度、频率、性质和持续性）、途径（距离）和受体敏感性外，还考虑了投诉水平。Anglian Water 公司在其运营地规划新的项目时，采用 S—P—R 方法估测已有工程对新建项目可能会造成的影响，用工程容量来表示潜在的风险，进而选择合适的项目拟建地点。这种方法也可以用于其他工业源的异味风险评估。2005 年，英国环境、食品及农村事务部发布《厨房商业排气系统气味及噪音控制导则》（非法定导则），该导则通过排烟高度、厨房尺寸、厨房类型和与敏感受体的距离等参数来估计异味风险。

英国特许水和环境管理机构（Chartered Institution of Water and Environmental Management，CIWEM）于 2012 年发布了有关废水处理的影响政策说明，其中对异味暴露产生的干扰风险进行了如下总结：

① $C_{98.1h} > 10OU_E/m^3$——此暴露水平下的气味会产生较大的干扰风险，甚至严重威胁公共安全，投诉发生的可能性很高。

② $C_{98.1h} > 5OU_E/m^3$——此暴露水平下的气味会造成中等程度的干扰风险，是否会发生投诉现象还要取决于当地的受体敏感度和气味的性质。

③ $C_{98.1h} < 3OU_E/m^3$——此暴露水平下的气味不太可能会造成重大污染，发生投诉现象的概率很低，除非该地区受体敏感度极高或气味性质令人极端厌恶。

英国空气质量研究所（Institute of Air Quality Management，IAQM）考虑了不同

受体敏感度以及气味厌恶度对异味风险可能产生的影响。IAQM 认为，令人不悦的气味才会发生异味风险，且不同厌恶程度的气味所产生的风险也不同。另外，在相同的异味浓度水平下，受体的敏感度越高，其产生的异味风险越大。表 5-12 与表 5-13 分别表示"非常厌恶"与"中等厌恶"的气味产生的异味风险等级与 C_{98} 及受体敏感度之间的关系。

表 5-12　不同异味浓度水平及受体敏感度下的
异味风险等级（非常厌恶的气味）

异味浓度水平 C_{98} /(OU$_E$/m^3)	受体敏感度		
	低	中	高
≥10	中	高	高
5～10	中	中	高
3～5	低	中	中
1.5～3	可忽略	低	中
0.5～1.5	可忽略	可忽略	轻
<0.5	可忽略	可忽略	可忽略

表 5-13　不同异味浓度水平及受体敏感度下的异味
风险等级（中等厌恶的气味）

异味浓度水平 C_{98} /(OU$_E$/m^3)	受体敏感度		
	低	中	高
≥10	中	高	高
5～10	低	中	中
3～5	可忽略	低	中
1.5～3	可忽略	可忽略	低
0.5～1.5	可忽略	可忽略	可忽略
<0.5	可忽略	可忽略	可忽略

5.7.1　适用范围

该法可应用于土地规划以及环境监管。在进行土地规划时，需对拟建项目进行风险评估，一般情况下，异味较为严重的污染源（如化工园区、垃圾填埋厂及畜禽养殖场等）应与周边敏感点（如居民区、学校及医院等）分开，否则需要采取控制措施，使得拟建项目与周边环境相适宜。在进行环境监管时，需应用异味风险评估方法明确异味风险源级别，实施分级管控措施，强化重点异味风险源管理，必要时一企一评，对重大风险源实施定量评估，进而优化管理资源，强化源头管理。

5.7.2　评估流程

图 5-6 为 S—P—R 异味风险评估流程。采用现场嗅探测试法及实验室分析测试法，

对异味源的异味强度、愉悦度、地形地势、气象条件、受体类型及受体密度进行测量统计，并结合各指标分级标准，对异味排放潜力、异味传播途径和暴露受体进行深入分析和等级划分，根据三者之间的不同组合，采用矩阵分级法，确定异味风险等级，建立S—P—R完整链的异味风险等级评估方法。

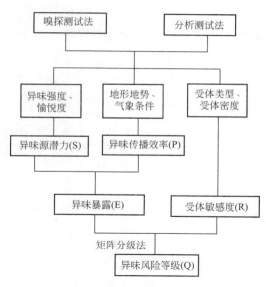

图 5-6　S—P—R 异味风险评估流程

5.7.3　各指标分级标准

（1）异味源潜力（S）

异味源潜力是污染源排放异味的潜在能力，需考虑：

① 异味源规模，包括对排放速率的判断，以及排放模式（间歇或持续性）、生产模式（开放式或封闭式）。

② 异味的主要组成成分，主要是判断关键致臭物质的嗅阈值水平。嗅阈值越低，越容易被受体感知，异味风险越高。

③ 气味属性，包括源异味强度、厌恶度等。排放源气味越臭、强度越高，异味风险越高。

根据以上 3 个因素，可将异味源潜力划分为高、中、低等级。具体分级标准见表 5-14。

表 5-14　异味源潜力分级标准

高潜力	中潜力	低潜力
材料用量 10 万吨/年,源面积数千平方米; 关键致臭物质具有强烈的异味; 排放臭气的厌恶度在 − 4～ − 3 之间; 臭气强度在 4～5 之间; 开放生产,没有良好的控制管理技术	材料用量数千吨,源面积数百平方米; 关键致臭物质具有中等程度的异味; 排放臭气的厌恶度在 − 2～ − 1 之间; 臭气强度在 2～4 之间; 具有一些缓解处理措施,但仍有残留气味	材料用量数百吨,场地数十平方米; 关键致臭物质具有轻微的气味; 排放臭气的厌恶度在 − 1～0 之间; 臭气强度在 0～2 之间; 封闭式生产,缓解处理措施到位,基本无残留气味

（2）异味传播效率（P）

异味从排放源传播到受体的这一段路径被称为异味流通通道，传播效率主要是指异味流通通道的有效性，需考虑以下几个因素。

① 气象条件：主要与风向有关。源到受体的风向频率越高，受体在单位时间内感受到的异味次数即异味频率越高，传播效率就越高。

② 传播距离：传播距离越远，异味在空气中稀释消散得就越多，传播效率越低。

③ 地势、地形：如果异味源相较于受体处于较高的位置，则具有良好的分散性，传播效率高。传播途径中如果存在较高的建筑物，或丘陵及山谷等，同样会影响空气流动，从而抑制气味的分散。

根据以上 3 个因素，可将传播效率划分为高、中、低等级，具体分级标准见表 5-15。

表 5-15 传播效率分级标准

高传播效率	中传播效率	低传播效率
距离——小于官方设定的卫生防护距离； 风向——顺风风向发生频率很高，受体感受到的异味频率在 0.55～1 之间； 低空排放，周围较多的建筑物，稀释速度较慢（垃圾填埋厂、泻湖等）	距离——受体是当地的； 风向——顺风发生频率较低，受体感受到的异味频率在 0.35～0.55 之间； 扩散效率——异味流通通道有遮挡物，会受建筑效应的影响	距离——受体与源距离较远，超过官方设定的防护距离； 风向——顺风发生频率较低，受体感受到的异味频率在 0～0.35 之间； 高处排放（大于 3m 的烟囱），不会受到建筑效应的影响，异味气体稀释速度快

（3）受体敏感度（R）

受体是对异味产生心理反应的对象，受体敏感度是受体（人）对异味暴露做出心理或生理反应的灵敏程度。受体敏感度与土地利用类型以及人群对周边环境的需求高低有关，具体划分标准可参考表 5-9。

5.7.4 异味风险等级

根据各项指标等级，对异味污染可能产生的风险进行定性的等级划分，包括两个步骤：

（1）判断异味暴露情况

异味暴露水平与异味源潜力及异味传播效率有关，一般来说，高异味源潜力，高传播效率，则异味暴露水平高；低异味源潜力，低传播效率，则异味暴露水平低。表 5-16 给定了不同异味源潜力在不同传播效率情况下的异味暴露水平等级。结合异味源潜力及传播效率对异味暴露情况进行诊断，异味暴露水平可分为低、中、高三个等级。

表 5-16 异味暴露水平等级划分

传播效率	异味源潜力		
	低	中	高
低	低	低	中
中	低	中	中
高	中	中	高

（2）评估异味风险高低

异味风险与灵敏度及暴露水平有关。普遍认为，高异味暴露水平下的高敏感度受体会面临较大的异味风险，低异味暴露水平下的低敏感度受体所面临的异味风险较低。表 5-17 描述了给定敏感度的受体在不同异味暴露水平下可能导致的异味风险。结合异味暴露情况及受体敏感度对异味风险情况进行诊断，异味风险可分为低、中、高三个等级。

表 5-17　异味风险等级划分

异味暴露水平	受体敏感度		
	低	中	高
低	低	低	中
中	低	中	中
高	中	中	高

参考文献

[1] Belgiorno V，Naddeo V，ZarraT. 2012 Odour Impact Assessment Handbook [M]. Wiley & Son. London. ISBN：978-1-119-96928-0.

[2] 包景岭，李伟芳，邹克华. 浅议恶臭污染的健康风险研究 [J]. 城市环境与城市生态，2012，25（4）.

[3] Naddeo V，Zarra T，Giuliani S，et al. 2012 Odour Impact Assessment in Industrial Areas [J]. Chemical Engineering Transactions，30：85-90.

[4] Lung T，MüllerH J，Gläser M，et al. Measurements and modelling offull-scale concentration fluctuations [J]. Agra-rtechnischeForschung，2002，8：5-15.

[5] Fackrell J E，RobinsA G. Concentration fluctuations and fluxes in plumes from point sources in a turbulent boundary layer [J]. Journal of Fluid Mechanics，1982，117：1-26.

[6] Mylne K R. The vertical profile of concentration fluctuations in near-surface plumes [J]. Boundary-Layer Meteorology，1993，65：111-136.

[7] Piringer M，Knauder W，Petz E，et al. Use of ultrasonic anemometer data to derive local odour related peak-to-mean concentration ratios [J]. Chemical Engineering Transactions，2014，40：103-108.

[8] Best P，Lunney K，Killip C. Statistical elements of predicting the impact of a variety of odour sources [J]. Water Science & Technology，2001，44：157-164.

[9] 张妍，荆博宇，王亘，等. 恶臭污染精准模拟的峰/均值因子研究进展 [J]. 环境科学研究，2018，31（3）：428-434.

[10] Schauberger G，Schmitzer R，Kamp M，et al. Empirical model derived from dispersion calculations to determine separation distances between livestock buildings and residential areas to avoid odour nuisance [J]. Atmospheric Environment，2012，46：508-515.

[11] Piringer M，Knauder W，Petz E，et al. A comparison of separation distances against odour annoyance calculated with two models [J]. Atmospheric Environment，2015，116：22-35.

[12] Danish EPA. Guidelines for air emission regulation：limitation of air pollution from installations [EB/OL]. Danish：Danish EPA，2002 [2017-04-25].

[13] Queensland EPA. Odour impact assessment from developments [EB/OL]. Queensland：Department of Environment and Heritage Protection，2012 [2017-04-25].

[14] New South Wales EPA. Approved methods for the modelling and assessment of air pollutants in New South Wales [EB/OL]. New South Wales：New South Wales EPA，2016 [2017-04-25].

[15] Victoria EPA. Guidance notes for using the regulatory air pollution model AERMOD in Victoria [EB/OL]. Victori-

a：Victoria EPA，2013［2017-04-25］.

［16］ Manitoba Ministry of Sustainable Development. Appendix A. Air quality dispersion modelling report［EB/OL］. Manitoba：AECOM Canada Ltd，2015［2017-04-25］.

［17］ Ontario Ministry of the Environment and Climate Change. Air dispersion modelling Guideline for Ontario［EB/OL］. 3rd ed. Ontario：Ministry of the Environment and Climate Change，2016［2017-04-25］.

［18］ Hong Kong EPA. Guidelines on choice of models and model parameters［EB/OL］. Hong Kong：Hong Kong EPA，2016［2017-04-25］.

［19］ Good Practice Guide for Assessing and Managing Odourin New Zealand，Wellington：Ministry for the Environment，Air Quality Report 36［R］. New Zealand Ministry for the Environment.

［20］ VDI（Verein Deutsche Ingenieure）. VDI 3883 Part 1 Effects and Assessment of Odours -Psychometric Assessment of Odour Annoyance - Questionnaires［S］. Dusseldorf，Germany，1997.

［21］ VDI（Verein Deutsche Ingenieure）. VDI 3940 Part 1 Measurement of Odor Impact by FieldInspection - Measurement of the Impact Frequency of Recognizable Odors - Grid Measurement［S］. Dusseldorf，Verein Deutsche Ingenieure，2006.

［22］ UK Environment Agency. Assessment of Community Response to OdorousEmissions，Bristol：UK Environment Agency，2002.

第6章

异味暴露影响评价案例

分别以某污水处理厂、卷烟厂、垃圾填埋场为例，研究异味对周围大气环境及居民的影响。应用多元评估工具，包括现场监测法、模型预测法及居民社会调查法等，多角度评估异味污染的环境影响。

异味污染影响评价技术路线如图 6-1 所示。

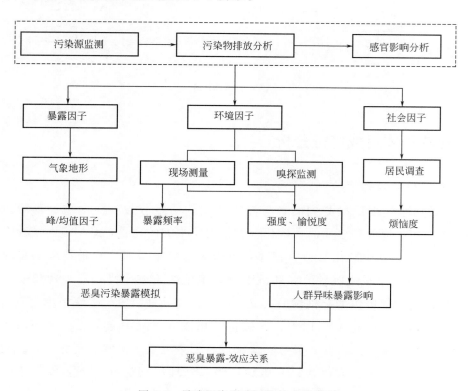

图 6-1　异味污染影响评价技术路线

6.1　污水处理厂

城市生活污水处理厂作为城市管理的重要保障设施,近几年如雨后春笋,建设数量和规模不断增长。2009~2015 年期间,我国城镇污水处理厂数量由 1878 座增至 3542 座(数据来源:住建部),年复合增长率达到 11.25%,污水处理能力由 1.05 亿吨/日增至 1.70 亿吨/日。污水处理厂内部排污节点多,而这些排污节点多数为面源污染,其管理及收集处理大多不到位,导致异味污染严重。另外,一般污水处理厂建设年限较早且规划时距离城市较远,但随着城市的扩张,周边不乏大规模或高档居住区,其异味污染直接导致与周边居民的矛盾激化引发投诉,不利于社会的安定和谐。

选取的污水处理厂设计日处理能力为 40 万立方米,服务面积为 7441hm²(1hm² = 10⁴m²,下同),服务人口 111 万、工厂 730 家,工艺流程如图 6-2 所示。

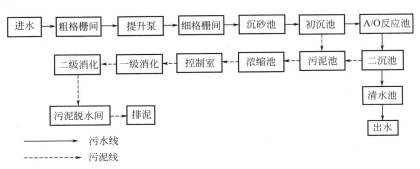

图 6-2　某污水处理厂工艺流程

6.1.1　异味气体组成特征分析

(1) 各点位物质组成分析

图 6-3 是污水处理厂检测到的各类异味物质的质量分数。污水预处理阶段,细格栅、沉砂池、初沉池处理单元的含硫化合物都占了很大的比重,细格栅含硫化合物比重达到了 90%以上,其中硫化氢、甲硫醇和甲硫醚的含量最高,三种物质的总质量浓度为 7.47mg/m³;污水进入沉砂池和初沉池后,甲硫醚贡献率高,这种现象的产生是由于污水中蛋白质或固废中的有机物的厌氧分解。生物处理阶段,曝气池内含氧有机物含量最高,占总物质浓度的 45%以上,含硫化合物浓度贡献率居第二位。当污水经过生物工艺处理净化后进入二沉池,异味污染物的检出浓度显著下降。污泥处理过程中污泥脱水异味较为严重,醛、酮等含氧有机物较污水处理厂其他处理工艺段的浓度高出很多,为 2.75mg/m³,其中乙醛的含量最高,达到了 57%。

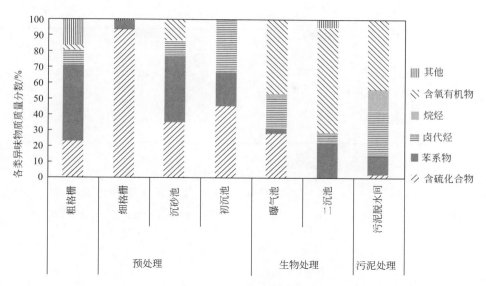

图 6-3 污水处理厂各类异味物质质量分数

（2）特征污染物筛选

采用活度系数法筛选污水处理厂各排放单元的特征污染物，结果如表 6-1 所列。

表 6-1　污水处理厂各排放单元 OAV 值大于 1 的物质

点位	物质名称	物质浓度/(mg/m³)	嗅阈值/(mg/m³)	OAV
粗格栅	甲硫醇	0.041	0.00015	273
	硫化氢	0.056	0.000622	90
	甲硫醚	0.25	0.00830	30
	戊酸	0.004	0.000168	24
	异戊酸	0.001	0.000355	3
细格栅	硫化氢	6.822	0.000622	10962
	甲硫醇	0.401	0.00015	2673
	三甲胺	0.045	0.000084	534
	甲硫醚	0.25	0.00830	30
	戊酸	0.001	0.000169	6
沉砂池	甲硫醇	0.004	0.00015	27
	甲硫醚	0.12	0.00830	14
	戊酸	0.002	0.000168	12
	异戊酸	0.001	0.000355	3
	丁酸	0.001	0.000746	1
初沉池	甲硫醚	0.174	0.00830	21
曝气池	戊酸	0.012	0.000169	71
	硫化氢	0.041	0.000622	66
	异戊酸	0.01	0.000355	28
	乙醛	0.045	0.002946	15
	丁酸	0.01	0.000746	13
	甲硫醚	0.059	0.00830	7
二沉池	三甲胺	0.014	0.000084	166
	乙醛	0.161	0.00295	55
	戊酸	0.007	0.000168	41
	异戊酸	0.001	0.000355	3

点位	物质名称	物质浓度/（mg/m³）	嗅阈值/（mg/m³）	OAV
污泥脱水车间	乙醛	1.568	0.00295	532
	丁酸	0.095	0.000746	127
	戊酸	0.019	0.000168	113
	异戊酸	0.02	0.000355	56
	丙酸	0.101	0.0188304	5
	间二甲苯	0.241	0.1940179	1

（3）臭气浓度

细格栅、粗格栅及污泥脱水车间的异味相对较强，臭气浓度值分别为41686、9772及7413，初沉池、沉砂池、二沉池与曝气池的异味相对较弱，臭气浓度值依次为742、416、416及229。

6.1.2　扩散模型评价

针对异味污染，在《环境影响评价技术导则　大气环境》（HJ 2.2—2018）原有模型的基础上，加入预测发生频率这一代表人群感受的因子，并初步探究我国基于模型预测的环境影响评价标准。采用CALPUFF大气扩散模型软件预测废气治理后环境敏感区域的臭气浓度和异味发生频率，模拟污水处理厂正常排放情况下对周边的影响。

（1）模型参数

① 源调查数据　调查并在某污水厂的异味源排放节点采样，分别为粗格栅、细格栅、沉砂池、初沉池、曝气池、二沉池、污泥脱水间。其中，粗格栅为全封闭，不产生异味，不予以考虑；细格栅和污泥脱水车间为异味集中收集处理排放点，考虑其集中处理后排气筒中的臭气浓度。具体源调查内容如表6-2所列。

表 6-2　污水处理厂各排污节点源调查内容

源调查内容	点源		面源					
	细格栅排气筒	污泥脱水间排气筒（2个）	沉砂池	初沉池（2个）	曝气池1（4个）	曝气池2（2个）	曝气池3	二沉池（8个）
源强/（m³·s）	52107	2171	5427	1020	8977	13943	12415	816
出口温度/K	303	303	—	—	—	—	—	—
直径/m	0.3	0.3	—	—	—	—	—	—
烟气出口速度/（m/s）	17.7	17.7	—	—	—	—	—	—
源高度/m	4	8	6	4	3	3	3	1.5
面积/m²	—	—	900	3000	4700	7300	6500	2400
初始抬升高度/m			2.79	1.86	1.40	1.40	1.40	0.70

注：点源源强计算方法为点源源强＝臭气浓度×烟气出口速率，烟气出口速率为除臭设备风机风量（4500m³/h）；
面源源强的计算方法为面源源强＝臭气浓度×单位面积的吹扫速度×总面积，单位面积的吹扫速度为30m³/（m²·s）。

② 气象数据 采用 2017 年全年逐日 4 次地面气象观测的数据，其中包括风向、风速、气压、温度、相对湿度、总云量和低云量。该气象站与排气筒的直线距离约为 10km，可较好地反映污染源所在地的低空气象参数。该污水厂所在地 2017 年主导风向为西南（SW），全年年均风速为 1.55m/s，静风频率（风速小于 0.5m/s）为 1.44%，约 126h，风速 0.5～2m/s 时发生频率最高，为 71.1%。其风玫瑰图如图 6-4 所示。CALPUFF 所需的高空气象资料由中尺度气象模式 MM5 模拟生成。

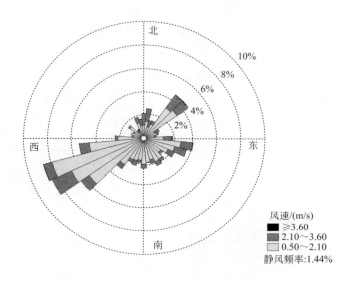

图 6-4 2017 年污水厂所在地风玫瑰图

③ 建筑物数据 调研周边 1km 内 20 个环境敏感区及厂区内废弃的共 265 个建筑物的位置及高度，具体如图 6-5 所示。

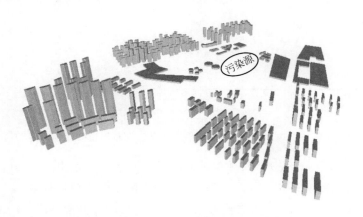

图 6-5 距粗格栅 1km 范围内建筑物情况

④ 评价范围及网格点划分。确定评价范围为以细格栅排气筒为中心点，边长为 8km 的矩形区域，评价面积为 64km²。为了准确描述各污染源及敏感点的位置，定量污染程度，对评价区域进行网格化处理，网格大小为 50m×50m。

⑤ 其他参数 模拟计算区域主要为居民区和工业区，采用 1km 精度的 GLCC 格式数据对土地利用类型进行分析，并且考虑复杂地形对空气扩散的影响，采用 90m 精度的 SRTM 格式数据对地形进行分析。

（2）模拟结果

该污水处理厂污水处理工艺的产臭单元在粗格栅→细格栅→沉砂池→初沉池→曝气池→二沉池的过程中，每个环节都会产生异味，其臭气浓度依次降低。在实际运行过程中，初沉池部分加盖，实际产生的臭气浓度也相对较小，未加盖处臭气浓度最高值为41；曝气池虽是污水处理的后期阶段，但是由于其生物发酵曝气，臭气浓度最高值为229；二沉池为污水处理的最后阶段，其出水较为清澈，臭气浓度最高值为41。项目分别模拟污水处理厂全部异味发生源（细格栅、沉砂池、初沉池、曝气池、二沉池、污泥脱水车间）、除二沉池的异味发生源以及除曝气池、二沉池的异味发生源对周边的影响，如图 6-6～图 6-8 所示。

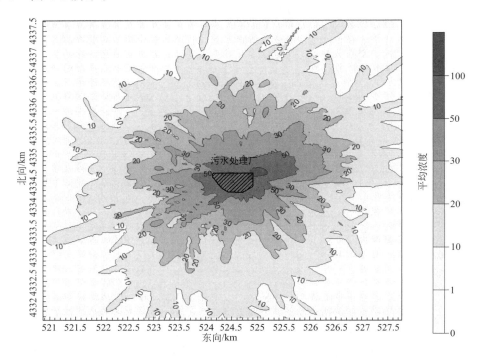

图 6-6　污水处理厂全部异味发生源对周边的影响

目前，依据《恶臭污染物排放标准》（GB 14554—1993）和《城镇污水处理厂污染物排放标准》（GB 18918—2002），我国二类区城镇污水处理厂厂界臭气浓度值执行标准为 20。当模拟污水处理厂全部异味发生源时，以臭气浓度值 20 为标准，其影响范围在各个方向有所不同，其中最远距离约为 1.8km，在厂界周边臭气浓度最高值为 160。二沉池的面积大致为 19200m²，其源强为 6528m³·s，对比有无二沉池的模拟结果，可以看出，污水处理厂对周边的影响程度及影响范围基本上没有变化。曝气池的面积约 19200m²，其源强为 76209m³·s，对比有无曝气池和二沉池的模拟结果，发现其对周边

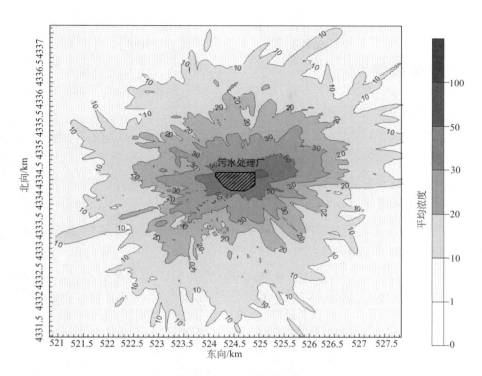

图 6-7　污水处理厂除二沉池的异味发生源对周边的影响

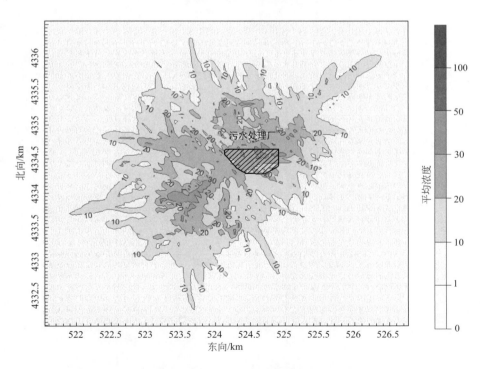

图 6-8　污水处理厂除曝气池、二沉池的异味发生源对周边的影响

的影响程度与影响范围明显降低了，其影响距离最远约为 1.3km，在厂界周边臭气浓度最高值只有 35。由此可知，当利用扩散模型模拟时，污水处理厂需确定各个产臭环

节的排放源强，若只模拟异味发生比较大的处理单元是远远不够的。

6.1.3 风险等级评价

（1）S 的评价结果

该污水处理厂设计日处理能力为 40 万立方米，服务面积为 7441hm²，服务人口 111 万、工厂 730 家。该厂采用格栅+沉砂池、多级厌氧好氧工艺（A/O 工艺）、强化生物脱氮工艺辅以化学除磷。污水处理产臭环节包括格栅、沉砂池、初沉池、曝气池、污泥浓缩、污泥干化和脱水。

关键致臭物质的筛选主要取决于该物质在异味气体中的异味贡献率的大小，可通过阈稀释倍数判断。表 6-3 为异味特征污染物的筛选结果。其中，硫化氢、甲硫醇以及甲硫醚的阈稀释倍数远超过其他物质，是该污水处理厂的关键致臭物质。这三种物质均为《恶臭污染物排放标准》（GB 14554—1993）中的限制排放污染物，具有较高的异味风险。

表 6-3 生活污水处理厂异味特征污染物的筛选

产臭环节	序号	物质名称	阈稀释倍数
粗格栅	1	甲硫醇	292
	2	甲硫醚	45
	3	硫化氢	31
	4	甲苯	2
细格栅	1	硫化氢	217320139
	2	甲硫醇	1789286
	3	甲硫醚	13636
	4	甲苯	243
	5	氯仿	2.21
沉砂池	1	甲硫醇	29
	2	甲硫醚	22
初沉池	1	甲硫醚	577164
	2	甲苯	161
	3	氯仿	2
曝气池	1	乙醇	7
	2	甲苯	6
	3	间二甲苯	3
二沉池	1	乙醛	5
	2	异戊酸	2
污泥脱水车间	1	乙醛	2839
	2	甲苯	27
	3	乙苯	9
	4	间二甲苯	6
	5	乙醇	5
	6	对二甲苯	3

另外，对各产臭单元的臭气强度及愉悦度进行测量。细格栅以及初沉池的臭气强度高达 5 级，属强烈恶臭，愉悦度为 −4，属非常不愉快；其次为污泥脱水车间，臭气强

度为 4 级，愉悦度仍为 -4；曝气池与二沉池的气味相对较弱，臭气强度为 2 级，愉悦度为 -2。由于细格栅及初沉池等单元所产生的异味过于强烈，导致该污水厂整体具有较高的异味风险。

综上，该厂异味源潜力为高等级。

（2）P 的评价结果

结合模型预测评价结果，0～0.5km 范围内的敏感点异味传播效率相对较高，在该范围内的敏感点有居民区 4、5～10、12；0.5～1.5km 范围内的敏感点异味传播效率相对较低，包括居民区 1～3、5、11、13～17 及 18 号点位。

风向频率参考 2017 年全年气象数据。该污水厂所在地 2017 年主导风向为西南（SW），全年年均风速为 1.55m/s，静风频率（风速小于 0.5m/s）为 1.44%，约 126h，风速 0.5～2m/s 时发生频率最高，为 71.1%。西南风向频率最高，即坐落在东北方向的敏感点 5 和 6 所受到气味影响的频率最高；西北风向频率最低，即坐落在东南方向的敏感点 1 和 2 所受风向（西北风向）频率最低。

综合考虑所受风向频率以及距离，判断各敏感点异味传播效率等级，见表 6-4。由表可知，位于污水处理厂东北方向，且距离在 0.5km 范围内的 4、6 点位异味传播效率最高。位于污水厂正北方向的 7、8 点位虽然所受风向频率不是很高，但由于其与该厂之间没有任何高层遮挡物，即不存在建筑物效应，且距离污染源仅 200m 左右，因此其异味传播效率也属于高等级。

表 6-4　各敏感点异味传播效率等级

点位	1	2	3	4	5	6	7	8	9
距离/km	1.0	0.7	0.6	0.5	0.7	0.3	0.25	0.25	0.3
风向	西北	西北	西	西	西南	西南	南	南	东南
异味传播效率	低	低	中	高	中	高	高	高	高
点位	10	11	12	13	14	15	16	17	18
距离/km	0.2	0.6	0.5	0.7	1.2	0.6	1.4	0.8	0.2
风向	东	东	东	东	东北	东北	北	东北	西北
异味传播效率	中	中	中	低	低	低	低	低	低

（3）R 的评价结果

该污水处理厂周边土地利用类型主要是居民区（1～17 号点位）与工业园区（18 号点位）两种。居民区对周边环境要求高，敏感度高。工业园区由于本身所处环境较为恶劣，因此对环境要求低，敏感度低。表 6-5 为各敏感点受体敏感度等级。

表 6-5　各敏感点受体敏感度等级

敏感度等级	高	中	低
敏感点名称	1～17		18

（4）风险等级结果分析

根据异味风险评估程序，首先要确定该污水处理厂的异味暴露水平。该污水处理厂异味污染潜力均为高等级，因此需结合各点位异味传播效率及受体敏感度判断各点位异味风险等级，结果见表 6-6。异味风险较高的敏感点分别为污水厂北 0.5km 范围内居民区 4、6~8；异味风险等级为中级的点位为污水厂东、西、南方向上 1.5km 范围内居民区 1~3、5、9~17；污水厂东南侧工业园区由于异味传播效率及受体敏感度均较低，因此异味风险等级也为低级。

表 6-6　各点位异味风险等级

点位	4	6	7	8	1	2	3	5	9	10	11	12	13	14	16	15	17	工业园区
S	高	高	高	高	高	高	高	高	高	高	高	高	高	高	高	高	高	高
P	高	高	高	高	低	低	中	中	中	中	中	中	低	低	低	低	低	低
E	高	高	高	高	中	中	中	中	中	中	中	中	中	中	中	中	中	中
R	高	高	高	高	高	中	中	高	高	高	高	高	高	高	高	高	高	低
Q	高	高	高	高	中	中	中	中	中	中	中	中	中	中	中	中	中	低

6.1.4　嗅探测试评价

（1）监测点位

对该污水处理厂周边的居民区对污水处理厂的投诉进行分析可知，投诉多集中于污水处理厂北侧已建成几年的 6、8、9 居民区，以及西北、西、西南侧 10~12、15 居民区，异味投诉集中区如图 6-9 所示。根据投诉内容来看，有 1/2 的居民反映异味发生在夜晚或者深夜，但不是每天都有，偶尔会有，且排出的异味强度很高，关窗户都没有用。也有居民反映每天不定时会感受到污水的气味。

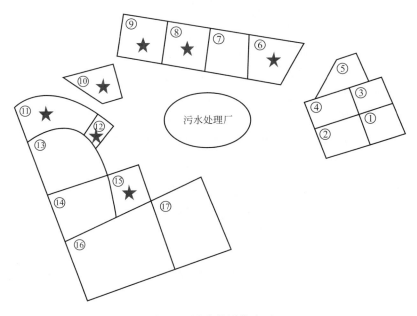

图 6-9　异味投诉集中区

异味污染的感官表征与暴露评估方法

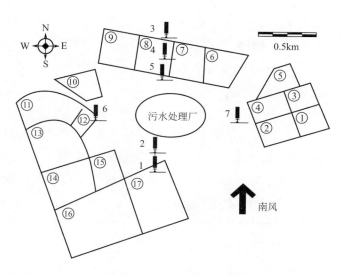

图 6-10　污水处理厂嗅探测试布点

针对 8 号居民区的投诉情况进行现场的嗅探测试，选择 8 号居民区在该污染源下风向时进行监测，监测时间为 3d，每个点位监测 5min，将强度、气象等信息记录在表 6-7 中。污水处理厂嗅探测试布点如图 6-10 所示，监测点位设置上风向 2 个点（如图中 1、2），下风向 3 个点（如图中 3～5），垂直于烟羽轴线并且与源等距位置 2 个点（如 6、7），且监测应按照从 1 到 7 的顺序，以避免嗅觉适应及嗅觉疲劳。若监测当天没有发现异味，可不监测 6、7 号点位。以上监测地点没有设置具体的范围，地点的选择应取决于以下因素：

① 接近敏感受体；

② 当地地形；

③ 是否有合适的通道进行监测；

④ 源特征（高度、面源等）。

表 6-7　现场嗅探测试表

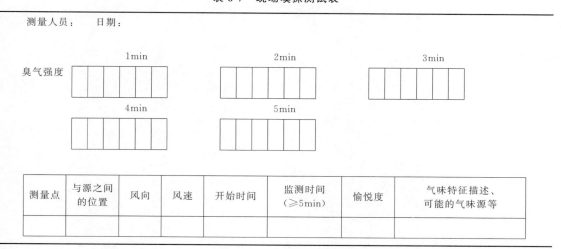

若监测当天没有明显风向，建议推迟评估；若是为了调查近期的投诉，不能推迟，应在异味投诉地点开始评估。

监测前需考虑监测当天的天气情况，包括风力、风向、气压、降雨、温度、湿度，并准备地图、风向风速仪、GPS等。

（2）嗅探测试结果

嗅探测试结果如表6-8所列。结果表明，投诉地点8号居民区的最大臭气强度为3级，异味时有发生，频率较高，最大频率为22%。结合气味暴露情况与受体的敏感度，可以看到对于8号居民区，居民受到了污水处理厂造成的中度不利影响。

表6-8　嗅探测试结果表

点位	1	2	3	4	5	6	7
愉悦度（最大）	0	−2	0	−2	−1	−2	0
平均臭气强度	0	2	0	2	1	2	0
臭气频率	0	10%	0	10%	23%	22%	0
气味暴露	忽略不计	低	忽略不计	低	中	中	忽略不计
受体敏感度	高	低	低	高	高	高	低
影响程度	忽略不计	忽略不计	忽略不计	轻微不利	中度不利	中度不利	忽略不计

6.1.5　居民问卷调查

（1）调查对象

将所调查的污水处理厂作为中心，在周边一公里范围内共调查17个小区，问卷调查的小区分布如图6-11所示。通过问卷调查的方法了解污水处理厂周边居民区异味现状以及居民对异味问题的基本态度和评价特点。调查对象的年龄要大于等于18周岁，并且在该污水处理厂周边小区居住1年及以上。受调查住户从社区内随机选取。

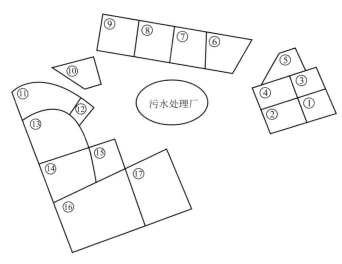

图6-11　问卷调查的小区分布

（2）调查问卷的设计

污水处理厂周边居民问卷调查表如表 6-9 所列。

表 6-9　居民问卷调查表

居民问卷调查

性别：　　　年龄：　　　填表日期：

居住地址：

1. 您对小区周围的环境满意程度怎么样？

□很满意　　□较满意　　□还行　　□不满意　　□很不满意

2. 您觉得小区存在的环境问题主要有哪些（可以多选）？

□噪声　　□垃圾　　□污水臭味　　□油漆味　　□餐饮

3. 您平时感知到居住的环境中有污水味吗？

□从不　　□每月 2～3 次　　□一周 2～3 次　　□每天

4. 你闻到的污水味强度大概怎么样？

□似有似无　　□淡淡的　　□明显　　□比较强烈　　□非常强烈

5. 闻到的污水味是否会对您造成干扰？

□没有　　□轻微　　□一般　　□严重　　□非常严重

6. 您对闻到的污水味感觉是怎样的？

□不讨厌也不喜欢　　□稍感不快　　□中度不快　　□不快　　□非常不快

7. 一般情况下，污水味经常出现在什么时候？

□上午　　□中午　　□下午　　□晚上　　□半夜

8. 哪个季节闻到的污水味频率较高？

□春季　　□夏季　　□秋季　　□冬季

9. 整体来说，污水味可以接受吗？

□可以接受　　□不能接受

（3）居民调查结果分析

本次调查共回收上来 129 份问卷。调查居民的男女比例接近 1∶1，年龄大于 45 周岁的人群所占比例比较大，主要是由于问卷调查的时间是在工作日的白天，被调查的对象主要是退休在家的老人，被调查者性别及年龄构成如表 6-10 所列。

表 6-10　被调查者性别及年龄构成

年龄（周岁）	男性（人数）	女性（人数）	合计（人数）
18～45	24	22	46
>45	42	41	83
合计	66	63	129

"您平时感知到居住的环境中有污水味吗？"调查结果表明，每天都能感知到污水味的居民占总调查的 4%；15% 的居民觉得一周能闻到 2～3 次；13% 的居民一个月能闻到 2～3 次；39% 的居民在其居住地从未闻到过来自污水处理厂的污水味；29% 的居民反映，偶尔能感知到污水味，调查结果如图 6-12 所示。

居民在日常生活中感知到的臭气强度分布如图 6-13 所示。强度在 0～3 之间，最大

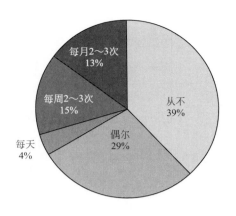

图 6-12　被调查居民对小区异味的感知频率

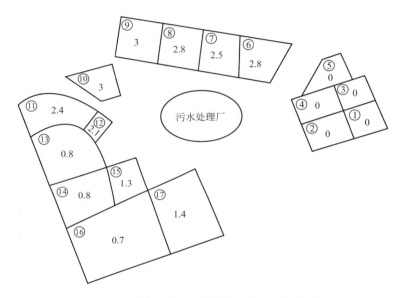

图 6-13　被调查居民感知到的臭气强度分布

强度在离污染源 600m 的范围内。随着距离的增加，臭气强度有逐渐降低的趋势。在该污水处理厂的北面、西面的 6～12 号小区，居民感知到的污水味强度比较大；东面 1～5 号小区被调查的居民在其小区未感知到来自污水处理厂的污水味，强度为 0。

调查问卷要求受调查者回答的主要问题为"闻到的污水味是否会对您造成干扰?"，要求采用描述性等级量表中的词（没有、轻微、一般严重、非常严重）作答。将受到污水味而引起干扰人群的干扰率作为异味烦恼度评价依据。异味烦恼程度为描述性等级量表中的"一般""严重"和"非常严重"，这部分人群定义为烦恼人群。调查结果如图 6-14 所示。由图可知，人群烦恼率均随异味强度的增加而增大，其中 6、8、10、11 号小区，居民受到的干扰率均达到了 50% 以上，居民表示有时候污水味道十分浓烈，非常呛人；其他小区的居民受到污水味影响的干扰率相对较低，这部分居民的居住地与污水处理厂之间的距离较远（超过 500m），周围建筑物比较多，对污水味的扩散有一定

异味污染的感官表征与暴露评估方法

的削减作用。

综上，污水处理厂散发到居民区的污水味对居民的影响是显著的。

居民在居住地对感知到的污水味从发生的频率、强度、愉悦度、干扰度等方面做出综合考虑后，给出的不可接受比例如图 6-15 所示。可以看出，该污水处理厂北面的小区，不接受比例普遍比较高，最大值达到了 64％，大部分人都不能接受，可见该污水处理厂对北面小区的影响还是比较大的；东面小区环境复杂，居民普遍反映闻不到污水味，不可接受比例为 0；西面小区居民的不可接受比例在 0～63％。

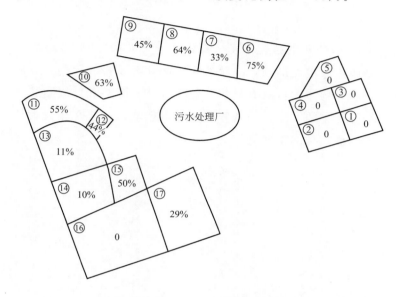

图 6-14 被调查居民受污水味的干扰情况

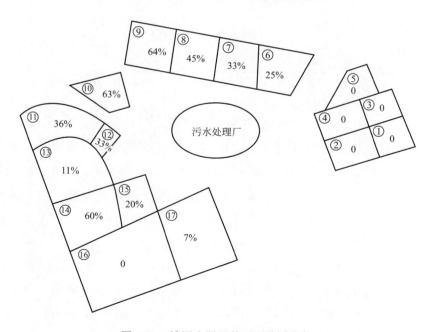

图 6-15 被调查居民的不可接受比例

6.2 卷 烟 厂

6.2.1 异味气体组成特征分析

（1）物质组成分析

图 6-16 是卷烟厂检测到的各类挥发性有机物（VOCs）的质量分数，可以看出，烟草烘干车间主要是卤代烃占比最高，混丝参配车间和烟草排气筒均是含氧有机物占比最高。卷烟厂的主要致臭物质为含氧有机物，包括醇类、酯类和低级脂肪酸类。醇类污染物主要存在于混丝参配车间，为香精香料喷洒后的逸散；酯类在相关烟草厂异味研究中报道较多，是决定烟草香型的主要物质。

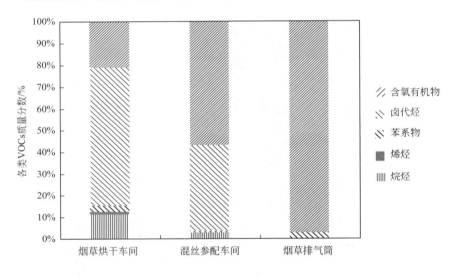

图 6-16　卷烟厂各类 VOCs 组成

在烟草排气筒点位进行了低级脂肪酸的测试，定量分析出的物质有丙酸、异丁酸、丁酸、异戊酸、戊酸，总质量浓度达到 42.01mg/m³。低级脂肪酸类物质在烟草企业异味研究中鲜有报道，此类物质的嗅阈值非常低，分析出的这几种物质的 OAV 值从 259 至 8 万多，在低浓度下就会产生很大异味，是主要的致臭物质。

（2）特征异味污染物

采用异味活度系数法分析卷烟厂特征异味污染物，见表 6-11。混丝参配车间的特征异味污染物为乙酸丙酯和苯乙烯，烟草排气筒废气的特征异味污染物为戊酸、异戊酸、丁酸、异丁酸、丙酸和乙醇，而烟草烘干车间各物质的 OAV 值都小于 1，异味特征不明显。总体来看，低级脂肪酸是导致卷烟厂异味污染的主要物质。

表 6-11　卷烟厂各排放单元检测到的特征异味污染物

点位	物质名称	物质浓度/(mg/m³)	嗅阈值/(mg/m³)	OAV
混丝参配车间	乙酸丙酯	32.604	1.1	30
	苯乙烯	0.210	0.1579	1
烟草排气筒	戊酸	14.981	0.000168	89173
	异戊酸	11.612	0.000355	32709
	丁酸	6.521	0.000746	8741
	异丁酸	4.007	0.005893	679
	丙酸	4.889	0.018830	259
	乙醇	21.172	1.1	19
烟草烘干车间	2-己酮	0.004	0.0176	0.2
	乙酸丙酯	0.173	1.1	0.2
	2-甲基-1,3-丁二烯	0.009	0.0759	0.1

（3）臭气浓度

混丝参配车间与烟草排气筒的臭气浓度值均为5495。烟草烘干车间主要进行卷烟原料的初烤和复烤，工艺过程相对简单，散发出的异味与另外两点位相比较小，臭气浓度值为1318。

6.2.2　扩散模型评价

本研究采用 Aermod 估算模式对该卷烟厂的排放源排放的异味进行环境影响预测。

（1）模型参数

① 源调查数据　调查并在该卷烟厂的异味源排放节点采样，采样点分别为制丝车间、包装车间。源排放调查内容如表 6-12 所列。

表 6-12　源排放调查内容

采样点名称	排气筒高度/m	排气筒内径/m	排气筒出口速度/(m/s)	烟气出口温度/K	年排放小时数/h	臭气浓度（无量纲）	排放源强/(m³·s)
制丝车间	15	1.72	3.1	307	4016	5495	39564
包装车间	15	1.52	3.8	306	6024	977	6790.15

② 气象数据　采用 2017 年全年逐日 4 次地面气象观测数据，其中包括风向、风速、气压、温度、相对湿度、总云量和低云量。该气象站与排气筒的直线距离约为 10km，可较好地反映污染源所在地的低空气象参数。该卷烟厂所在地 2017 年主导风向为西南（SW），全年年均风速为 1.55m/s，静风频率（风速小于 0.5m/s）为 1.44%，约 126h，风速 0.5～2m/s 时发生频率最高，为 71.1%。其风玫瑰图如图 6-17 所示。

③ 建筑物数据　调研周边 1km 内环境敏感区共 150 个建筑物位置，建筑物高度是

18m，具体范围内建筑情况如图 6-18 所示。

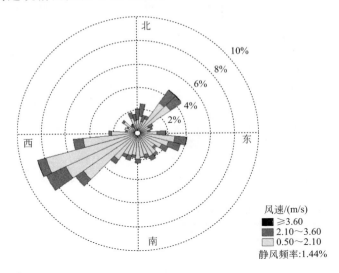

图 6-17　2017 年卷烟厂所在地风玫瑰图

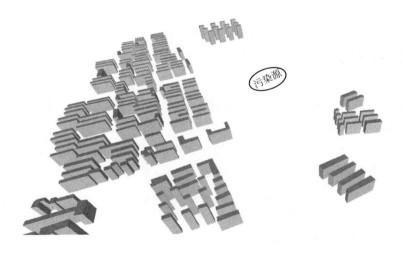

图 6-18　距该卷烟厂排气筒 1km 范围内建筑物情况

　　④ 评价范围及网格点划分　　确定预测范围为以卷烟厂排气筒为中心点，边长为 2km 的矩形区域，评价面积为 4km²。为了准确描述各污染源及敏感点的位置，定量污染程度，对评价区域进行网格化处理，网格大小为 50m×50m。

　　（2）模拟结果

　　该卷烟厂评价区域全年臭气浓度小时最大值分布如图 6-19 所示。目前，臭气浓度厂界标准采用《恶臭污染物排放标准》（GB 14554—93）二级标准的要求，即臭气浓度厂界标准值为 20。模拟结果显示，该卷烟厂厂界全年最大小时臭气浓度小于 20，卷烟厂东侧、东北侧、北侧、西北侧大致 1300m 范围内臭气浓度大于 10。该卷烟厂正东方向是空地，没有居民区，所以对东侧的影响忽略不计。

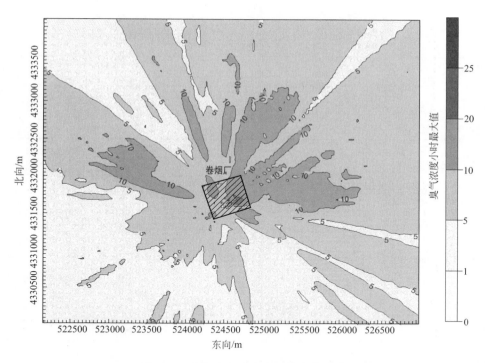

图 6-19　全年臭气浓度小时最大值分布

6.2.3　风险等级评价

（1）S 的评价结果

该卷烟厂厂区面积较大，约为 19 万平方米，排放的气味厌恶度为－3，车间臭气强度为 3～4 级，气味主要成分为各种羧酸、内酯类、酰胺等化合物。其中含量较高的为 3-甲基戊酸以及异戊酸，这两个物质嗅阈值较低，在浓度高时具有令人难以接受的气味。综上，判断该卷烟厂异味源潜力为高等级。

（2）P 的评价结果

根据扩散模拟评价结果，最大影响范围为正北方向、东北方向 0.9km。0～0.5km 范围内的敏感点异味传播效率相对较高，在该范围内的敏感点有 7、8、11 及 17 号点位；0.5～1.0km 范围内的敏感点异味传播效率相对较低，包括居民区 1～4、6 及 31 号点位。

风向频率同样参考 2017 年天津市全年气象数据。西南风向频率最高，即卷烟厂东北方向所受到气味影响的频率最高，但由于该厂东北方向是一片空地，因此其异味风险可忽略不计；西北风向频率最低，即坐落在东南方向的敏感点（17 和 25 号点位）所受气味影响的频率最低。

综合考虑所受风向频率以及距离，判断各敏感点异味传播效率等级，见表 6-13。由表可知：位于卷烟厂西南方向，且距离在 0.5km 范围内的 8 及 11 号点位异味传播效率最高；位于卷烟厂西北及正北方向，距离超过 0.5km 的 1、2 及 31 号点位异味传播效率最低。

表 6-13　各敏感点异味传播效率等级

点位	1	2	4	6	7	8	11	17	25	31
距离/km	1	0.8	0.6	0.6	0.4	0.2	0.25	0.1	0.2	0.8
风向	东南	东南	东南	东	东	东	东北	北	西	南
异味传播效率	低	低	中	中	中	高	高	中	中	低

（3）R 的评价结果

该卷烟厂周边环境主要由居民区（1、2、6～8 及 31）、学校（4）、马路（17）与工业区（11 及 25）组成。居民区以及学校对周边环境要求高、敏感度高。马路无长期停留人群，因此对环境要求没有居民区及学校高，敏感度也相对较低。工业区由于本身所处环境较为恶劣，故对环境要求最低，敏感度最低。表 6-14 为各敏感点受体敏感度等级。

表 6-14　各敏感点受体敏感度等级

敏感度等级	高	中	低
敏感点名称	1、2、4、6～8、31	17	11、25

（4）风险等级结果分析

根据异味风险评估程序，首先要确定卷烟厂的异味暴露水平。该厂异味污染潜力均为高等级，因此需结合各点位异味传播效率及受体敏感度判断各点位异味风险等级，结果见表 6-15。异味风险较高的敏感点为 8 号点位；异味风险等级为中级的点位为 1、2、4、6、7、11、17 及 31 号点位；异味风险等级为低级的点位为 25 号点位。

表 6-15　各敏感点位异味风险等级

点位	8	1	2	4	6	7	11	17	31	25
S	高	高	高	高	高	高	高	高	高	高
P	高	低	低	中	中	中	高	中	低	中
E	高	中	中	中	中	中	高	中	中	中
R	高	高	高	高	高	高	低	中	高	低
Q	高	中	中	中	中	中	中	中	中	低

6.2.4　现场监测评价

（1）评估网格

以卷烟厂周边 1km 范围内为评估区域，将其细化为边长为 250m 的网格，每个网格为正方形，每个网格的四个角作为异味敏感点位，可在地图上均匀描绘，监测网格如图 6-20 所示。

图 6-20　该卷烟厂监测网格

（2）监测点

根据实地考察，共设置 22 个监测点位。测量点必须紧密地固定到网格的节点，如果某个节点恰好有障碍物，或因其他原因无法设置监测点，则应当选择节点旁边最接近的点。每个监测点设置一名评价人员。

（3）监测对象

在规定的网格点位，从异味频率、异味强度、愉悦度、干扰度、可接受度以及对心理或身体的影响情况等方面对异味影响特征进行记录描述，并在适当情况下采集环境样品带回实验室进行臭气浓度的测定。

（4）监测时间

每个点位一次测量周期为 10min，每 10s 记录 1 次感知到异味的情况，如果非常明确有气味存在且是来自于该卷烟厂的气味品质，则记录为"√"，如果没有气味或可准确判断气味为非评价对象所排放则记为"×"，共计 60 个结果。如果测试频率显示有 10% 及以上感知到了该气味，则该测量点位被计为一个"气味小时数"。

本次实验主要考察夏季某卷烟厂排放异味在周边环境（尤其是居民小区）中的存在状况（即暴露状况）。在去现场监测前，需要对评估人员进行指导，并通过采集该卷烟厂排气筒样品让其熟悉现场监测期间要寻找的气味品质。

（5）现场监测结果

该卷烟厂周边评估网格异味发生的频数如图 6-21（a）所示，计算得到的各评估网格异味发生的频率如图 6-21(b) 所示。该卷烟厂正东方向没有居民区，所以不在考虑范围内。其他方位的居民区受到不同程度的影响，暴露发生频率在 2%～30% 的范围内，在监测周期内，该卷烟厂排气筒排放的烟草味扩散到周边居民区的频率比较高。影响比较大的区域在该卷烟厂正西及西北方向，一定程度上受到该地区夏季主导风向即东南风的影响。

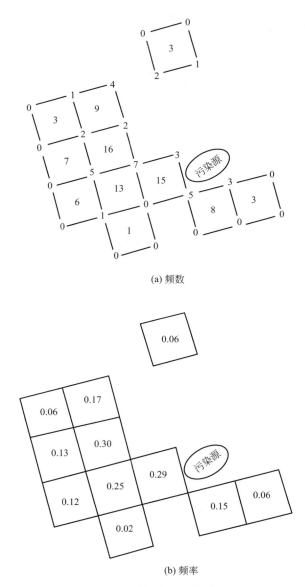

(a) 频数

(b) 频率

图 6-21　各评估网格异味发生的频数和频率

在监测期间，各监测网格的平均臭气强度如图 6-22(a) 所示，平均强度在 2～2.8 之间，最大值出现在离污染源 250m 的范围内。随着距离的增加，臭气强度有逐渐降低的趋势。各监测网格的平均愉悦度在 -1～-2.1 之间，如图 6-22(b) 所示，对应的愉悦度描述是稍感不快～中度不快。

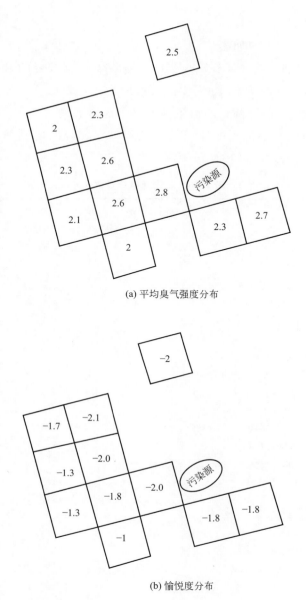

(a) 平均臭气强度分布

(b) 愉悦度分布

图 6-22　感知到异味的平均臭气强度和愉悦度分布

6.2.5　居民问卷调查

（1）调查对象

以所调查的卷烟厂为中心，以现场监测区域内的居民为调查对象，由于该厂的东面没有居民区，所以没有设置调查区，通过问卷调查的方法了解卷烟厂周边居民区异味现状以及居民对异味问题的基本态度和评价特点。调查对象的年龄要大于等于 18 周岁，并且在该卷烟厂周边小区居住 1 年及以上。受调查住户从居民区内随机选取。

（2）调查问卷的设计

卷烟厂的居民问卷调查表如表 6-16 所列。

本次调查共回收上来 199 份问卷。表 6-17 反映了被调查者的基本信息。调查居民的男女比例接近 1:1，年龄大于 45 周岁的人群所占比例比较大，主要是由于问卷调查的时间是在工作日的白天，被调查的对象主要是闲居在家的中老年人。

图 6-23 反映了居民对小区周围环境的满意程度，45% 的居民都对自己的居住环境不满意，其中有 9% 的人对小区环境很不满意。

表 6-16 居民问卷调查表

居民问卷调查

性别：　　年龄：　　填表日期：

居住地址：

1. 您在现住址居住几年了？ _____ 年

2. 您对小区周围的环境满意程度怎么样？
□很满意　　□较满意　　□满意　　□不满意　　□很不满意

3. 您觉得小区存在的环境问题主要有哪些(可以多选)？
□噪声　　□扬尘　　□垃圾　　□烟草味　　□下水道臭味
□汽车尾气　　□油漆味　　□餐饮油烟味

4. 什么情况下，您能感知到室外的空气中有烟草味？
□刮风时(且下风向)　　□从不　　□每天　　□一周 2～3 次　　□每月 2～3 次

5. 你闻到的烟草味强度大概怎么样？
□似有似无　　□淡淡的　　□明显　　□比较强烈　　□非常强烈

6. 闻到的烟草味是否会对您造成干扰？
□没有　　□轻微　　□一般　　□严重　　□非常严重

7. 您对闻到的烟草味的感觉是怎样的？
□不讨厌也不喜欢　　□稍感不快　　□中度不快　　□不快　　□非常不快

8. 大多数情况下，烟草味最大的时刻出现在什么时候？
□上午　　□中午　　□下午　　□晚上　　□半夜

9. 您认为哪个季节闻到的烟草味频率最高？
□春季　　□夏季　　□秋季　　□冬季

10. 烟草味对您的身体健康产生了哪些影响(可以多选)？
□呛人　　□烦躁　　□恶心　　□头疼
□胸闷　　□食欲不振　　□呼吸道不适　　□咳嗽

表 6-17 被调查者的基本信息

年龄(周岁)	男性(人数)	女性(人数)	合计(人数)
18～45	38	38	76
>45	62	61	123
合计	100	99	199

图 6-24 反映了被调查居民对小区烟草味的感知频率。由图可知，每天都能感知到烟草味的居民占总调查的 11.3%；21.0% 的居民觉得一周能闻到 2～3 次；20.9% 的居民一个月能闻到 2～3 次；11.3% 的居民觉得在小区闻不到烟草味；35.5% 的居民反映，

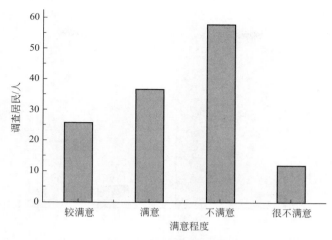

图 6-23　居民对小区周围环境的满意程度

只有在盛行风下风向一带的时候，才能感知到烟草味，主要跟风向、风速有关。从异味频次来看，烟厂异味对周边居民区的影响主要跟风向以及风速有关，当居民区位于排气源的下风向且风速达到 2m/s 以上，会受到明显影响。

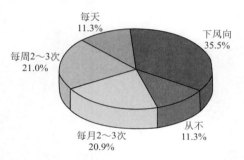

图 6-24　被调查居民对小区烟草味的感知频率

从"在您居住的环境中，哪个季节感知到该卷烟厂的异味频率最大？"的回答中可以看出（图 6-25）：78.2％的居民在夏季更多地感知到该卷烟厂扩散的异味，夏季频率最高；而冬季在居民区感知到卷烟厂的异味的频率最低，仅占 3.6％，而且被调查者说冬季排放的强度也没夏季高。出现这一结果很大的原因是夏天气温高，住宅门窗都打开通风，从而使居民直接暴露在烟味影响下，而北方冬天天气寒冷，居民家里门窗关闭，减少了卷烟厂异味暴露。这也是本研究选择夏季作为调查周期的最主要原因。

从"一天中的哪个时刻烟草味道最大？"的回答中可以看出（图 6-26）：70.7％的居民认为下午产生的频率最高；认为半夜的比例最少。首先，这与卷烟厂的生产周期有很大关系，卷烟厂的烤烟车间下午 2 点才开始生产，卷包车间是一天 24h 生产。其次，多数人到深夜已入睡，因而不易感觉到烟味的影响。

调查问卷要求受调查者回答的主要问题为"闻到的来自烟厂的异味是否会对您造成烦恼？"，要求采用描述性等级量表中的词（没有、轻微、一般、严重、非常严重）作答，将受到卷烟厂异味而引起人群的高度烦恼率作为异味烦恼度评价依据。异味高度烦恼程度为描述性等级量表中的"严重"和"非常严重"，这部分人群定义为高度烦恼人群。根据每位受调查者对居住地受到来自卷烟厂异味引起的主观烦恼评价，计算每个评估网格高度烦恼人群的比例，即居民高度烦恼（highly annoyed，HA）率，调查结果如图 6-27 所示。

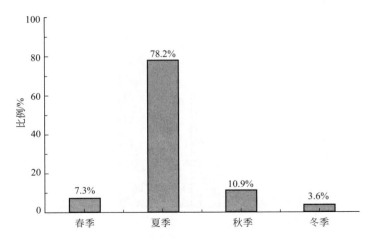

图 6-25 居民在各季节闻到烟草味的频率所占比例

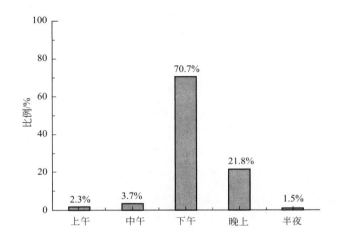

图 6-26 居民在一天内闻到烟草味的频率所占比例

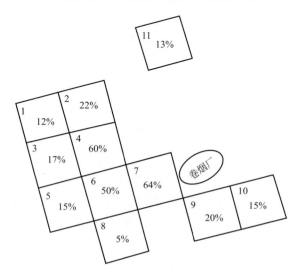

图 6-27 被调查居民受烟草味的高度烦恼率

其中 7 号小区居住地距卷烟厂比较近，HA 达到了 64％，居民表示经常会闻到来自卷烟厂的异味，十分浓烈，非常呛人；其次是 6 号小区和 4 号小区，距离卷烟厂 500m 以内，并且受当地主导风向的影响，居民受烟草味影响产生的烦恼比较大；1 号、11 号小区与该卷烟厂的距离接近 1km，HA 相对较低。整体可以看出，随着距离的增加，居民受到的高度烦恼程度呈现降低的趋势，这与现场监测得到的结果也比较一致。综上，该卷烟厂散发到居民区的烟味对居民的影响是显著的。

6.3 垃圾填埋场

选取的填埋场总占地面积 60.4hm²，其堆体结构的原始设计为地下层 5m，地上层 40m，其中地面以上部分共分 4 大层结构，每一大层完成填埋任务后进行封场及边坡绿化。2017 年 10 月，原设计库容耗尽，为保障居民生活垃圾有效处置，该填埋场开展了扩容工作，恢复原设计边坡比，新增一层填埋堆体，增加库容 110 万立方米。其处理工艺见图 6-28。

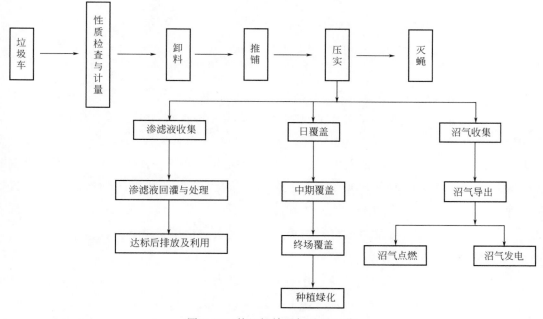

图 6-28　某垃圾填埋场处理工艺

6.3.1　异味气体组成特征分析

（1）物质组成分析

图 6-29 是填埋场检测到的各类挥发性有机物（VOCs）的质量分数。作业面共识

别 59 种恶臭污染物，定量 40 种成分。定量物质包括含硫化合物 5 种、苯系物 7 种、卤代烃 9 种、烷烃 11 种、烯烃 1 种、含氧烃 4 种（醇 1 种、酮 2 种、酯 1 种）和萜烯 3 种。烷烃、卤代烃以及含氧烃的占比较大。测试结果表明，原生垃圾刚堆积时，含水率很高，暴露面与空气大面积接触，垃圾降解处于好氧发酵与厌氧降解的初期，以水解酸化为主，降解产物主要为长链化合物如萜烯、酸、醛、酮等。随着反应中心温湿度的变化和化学反应原料的变更，垃圾腐败产生短链易挥发含硫化合物如硫化氢、二硫化碳等。

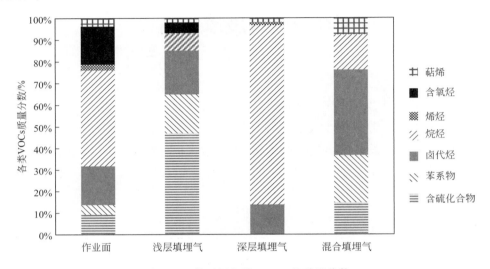

图 6-29　填埋场各类 VOCs 的质量分数

填埋气包括浅层气、深层气与混合气，三类样品共识别出 106 种恶臭污染物，定量 39 种成分。定量物质包括含硫化合物 4 种、苯系物 5 种、卤代烃 6 种、烷烃 15 种、烯烃 4 种、含氧烃 3 种（醇 1 种、酮 2 种）和萜烯 2 种。总体来说，烷烃、卤代烃以及含硫化合物的占比较大。分析结果表明，三类不同的样品代表垃圾填埋过程中不同反应时间段的分解过程，不同时间段垃圾分解的产物有很大差异。从检出物质的种类、数量看，深层气的物质种类远多于其他两类样品，说明垃圾被填埋后很长一段时间内，许多复杂的化学反应依旧在持续地进行，垃圾内部的有机物继续被分解。

（2）特征异味污染物

采用异味活度系数法分析特征异味污染物，见表 6-18。

表 6-18　填埋场各排放单元检测到的特征异味污染物

点位	物质名称	物质浓度/(mg/m³)	嗅阈值/(mg/m³)	OAV
作业面	硫化氢	0.0746	0.000622	120
	甲硫醇	0.0120	0.000150	93
	甲硫醚	0.0664	0.00830	8
	二甲基二硫醚	0.212	0.0424	5
	柠檬烯	0.693	0.231	3

点位	物质名称	物质浓度/(mg/m³)	嗅阈值/(mg/m³)	OAV
浅层填埋气	硫化氢	119.617	0.000622	192311
	甲硫醇	0.885	0.000150	5900
	乙苯	296.676	0.804	369
	甲苯	182.925	1.355	135
	对二甲苯	18.084	0.274	66
	邻二甲苯	10.788	1.798	6
	α-蒎烯	0.545	0.109	5
深层填埋气	乙苯	22.512	0.804	28
	甲基环己烷	5.248	0.656	8
	对二甲苯	1.370	0.274	5
	甲苯	6.775	1.355	5
混合填埋气	硫化氢	61.950	0.000622	99598
	甲硫醇	0.732	0.000150	4879
	乙苯	597.372	0.804	743
	甲苯	304.875	1.355	225
	甲基环己烷	50.512	0.656	77
	对二甲苯	13.152	0.274	48
	α-蒎烯	3.379	0.109	31
	庚烷	38.883	2.991	13
	丙烯	219.375	24.375	9
	甲基环戊烷	31.875	6.375	5

（3）臭气浓度

该填埋场作业面的臭气浓度值为 549～73282，填埋气的臭气浓度值为 1318～5495。

6.3.2 扩散模型评价

采用 CALPUFF 估算模式对该填埋场的排放源排放的异味进行环境影响预测。

6.3.2.1 模型参数

（1）源调查数据

该垃圾填埋场的源调查内容见表 6-19。

（2）气象数据

采用 2017 年全年逐日 8 次地面气象观测的数据，其中包括风向、风速、气压、温度、相对湿度、总云量和低云量。该气象站与排气筒的直线距离约为 10km，可较好地反映污染源所在地的低空气象参数。该填埋场所在地 2017 年主导风向为西北（NW），全年年均风速为 1.93m/s，静风频率（风速小于 0.5m/s）为 3.07％，约 269h，风速 0.5～2m/s 时发生频率最高，为 64.3％。其风玫瑰图如图 6-30 所示。高空气象数据由气象模型 WRF 生成。

表 6-19　垃圾填埋场的源调查内容

源调查内容	点源：堆肥排气口（4 个）	面源		
		作业面	中间堆体（1 天前垃圾）	中间堆体（2 天前垃圾）
源强/(OU/s)	199638	4263233	42374	17926
出口温度/K	300	—	—	—
直径/m	2.3	—	—	—
烟气出口速度/(m/s)	5.09	—	—	—
源高度/m	16.2	12	12	12
面积/m²	—	1500	700	250
初始抬升高度/m	—	5.58	5.58	5.58
排放时间	24h	每天 6:00～23:00 排放		

注：所列参数为该填埋场 2018 年 7～9 月作业情况参数，其评价结果也为当时作业时对周边的影响。

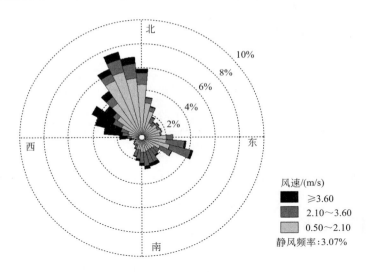

图 6-30　2017 年垃圾填埋场所在地风玫瑰图

（3）其他参数

根据环评导则规定和模型特点，确定预测范围为以作业面某点为中心点，边长为 100km 的矩形区域。为了准确描述各污染源及敏感点的位置，定量污染程度，对评价区域进行嵌套网格处理，其中最小网格为 500m×500m。

模拟计算区域采用 1km 精度的 GLCC 格式数据对土地利用类型进行分析，并且考虑复杂地形对空气扩散的影响，采用 90m 精度的 SRTM 格式数据对地形进行分析。

6.3.2.2 模拟结果

模拟结果如图 6-31 所示。目前，依据《恶臭污染物排放标准》（GB 14554—1993），以厂界臭气浓度值 20 为标准：填埋场南侧影响最大，大致距厂界 6km；填埋场东侧影响距离为 2.6km，而该敏感区处于距离厂界 3～4km 的位置，受影响程度不高。

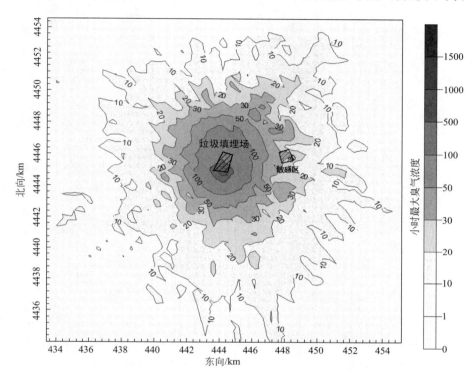

图 6-31　垃圾填埋场及周边小时最大臭气浓度分布

在此基础上，利用恶臭发生频率进行进一步评价。恶臭全年小时臭气浓度值超过 20 的发生小时数如图 6-32 所示，若设定 $C_{99\%}=20$ 时，其最远的影响距离为南侧距厂界 1km。

6.3.3　风险等级评价

（1）S 的评价结果

垃圾填埋场内主要的恶臭污染来自作业面和填埋封闭后的气体产出，其他恶臭污染来源还包括垃圾运输车的卸料、垃圾传送带运输、渗滤液处理的污水处理厂各环节、浓缩液集中池、活性堆肥桩表面排放等。由表 6-18 可知，无论是作业面还是填埋气，硫化氢与甲硫醇的阈稀释倍数（异味活度值）要远高于其他物质，由此可判断垃圾填埋场的关键致臭物质为硫化氢与甲硫醇。

对垃圾填埋场作业面、填埋气及渗滤液的臭气强度及愉悦度进行测定。作业面 4 个

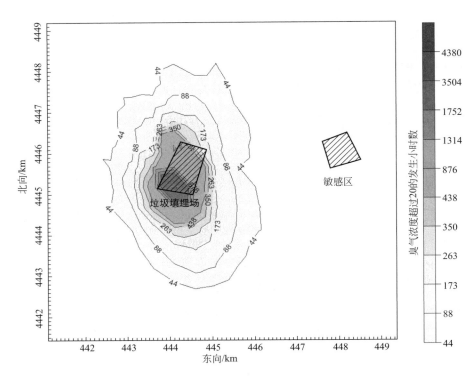

图 6-32　全年小时臭气浓度值超过 20 的发生小时数

点位的臭气浓度最大，臭气强度在 3～5 之间，愉悦度为－4，属于非常不快；其次是填埋气，臭气强度为 4 级，愉悦度为－4；渗滤液的臭气强度相对较弱，但也在 3 级以上，愉悦度为－3，属于不快。

总体来看，该填埋场规模较大，年处理垃圾量高达百万吨以上，关键致臭物质致臭风险较高，且各单元臭气强度及厌恶度非常高，因此异味源潜力属于高等级。

（2）P 的评价结果

图 6-33 为垃圾填埋场周边敏感点分布情况。该垃圾填埋场地势较高，厂界周边 1km 范围内都较为空旷，没有受到其他高建筑物的影响，因此异味传播效率只参考风向频率以及距离。

图 6-30 综合考虑风向频率与距离，可知：北风及西北风频率最高，即垃圾填埋场正南方向（9 号点位）及东南方向（6 号点位）所受到气味影响的频率最高；西南风向频率最低，即东北方向（2 号及 3 号点位）所受气味影响的频率最低。

由图 6-33 可知，影响最大距离大致距南厂界 6km 处，厂界南处均为空地；填埋场东侧影响距离为 2.6km，而该敏感区处于距离厂界 3～4km 的位置，受影响程度不高，臭气浓度值仅为 10～20。

综合考虑所受风向频率以及距离，判断各敏感点异味传播效率等级，结果见表 6-20。由表可知，所受风向为西北及北方向，且距离在 2～3km 范围内的 6 号及 9 号点位异味传播效率最高。所受风向为西南及西方向，距离超过 3.0km 的 2～5 号点位由于风向频率低，距离远，因此异味传播效率低。

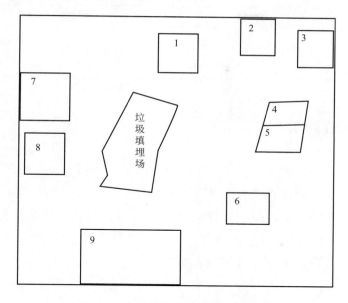

图 6-33　垃圾填埋场周边敏感点分布情况

表 6-20　各敏感点异味传播效率等级

点位	1	2	3	4	5	6	7	8	9
距离/km	1.5	3.5	4	3.5	3.5	3.0	2.0	1.5	2.0
风向	南	西南	西南	西	西	西北	东	东	北
异味传播效率	中	低	低	低	低	高	中	中	高

（3）R 的评价结果

该垃圾填埋场周边土地利用类型主要是居民区（1～8 号点位）与空地（9 号点位）两种。居民区对周边环境要求高，敏感度高。空地由于不存在敏感受体，因此敏感度低。表 6-21 为各敏感点受体敏感度等级。

表 6-21　各敏感点受体敏感度等级

敏感度等级	高	中	低
敏感点名称	1～8		9

（4）风险等级结果分析

根据恶臭风险评估程序，首先要确定垃圾填埋场的恶臭暴露水平。该垃圾填埋场恶臭污染潜力均为高等级，因此需结合各点位异味传播效率及受体敏感度判断各点位恶臭风险等级，结果见表 6-22。除 6 号点位恶臭风险为高等级外，其余点位均为中等级。

表 6-22　各敏感点位恶臭风险等级

点位	6	1	2	3	4	5	7	8	9
S	高	高	高	高	高	高	高	高	高
P	高	中	低	低	低	低	中	中	高

点位	6	1	2	3	4	5	7	8	9
E	高	中	中	中	中	中	中	中	高
R	高	高	高	高	高	高	高	高	低
Q	高	中	中	中	中	中	中	中	中

6.3.4　嗅探测试评价

　　针对垃圾填埋场东北侧距厂界 3～4km 范围内某一高档居民区的恶臭投诉情况进行现场嗅探监测，选择居民区在该污染源下风向时进行监测，监测时间为 1d，每个点监测 2 次（按照从 1 点位到 7 点位的顺序监测一轮后再进行新一轮的监测），每次每个点位监测 5min，将强度、持续性等记录在表中，其中监测布点如图 6-34 所示。现场嗅探监测完成后，进行恶臭源调查，并记录在表中。

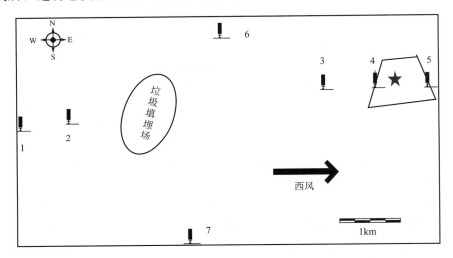

图 6-34　某垃圾填埋场现场嗅探监测布点

　　通过现场嗅探监测发现，上风向 1 号点位未闻到垃圾味，2 号点位闻到淡淡的垃圾味，气味一阵一阵地飘过来，时有发生，臭气强度最高为 2.5 级。3 号和 4 号点位闻到淡淡的垃圾味，监测时段 5min 内闻到 2～3 次，发生频率较低，臭气强度最高为 2.5 级。5 号点位未闻到垃圾味。6 号点位在监测期间内臭气强度较高，为 3 级，恶臭持续发生。7 号点位基本上没有闻到垃圾味。根据嗅探测试结果（表 6-23），垃圾填埋场对该高档居民区的影响程度为轻微不利的影响。

　　通过恶臭源及厂界调查发现，该垃圾场当天气压低、温度高，且基本处于静风状态，扩散条件较差。其厂界恶臭强度最高达到了 4 级，为酸腐味、呕吐味，使人产生呕吐、呼吸困难等身体症状，但下风向厂界采集到样品的臭气浓度值仅为 34，这与监测人员感受到的差距较大，怀疑很可能是没有采到有效样品。通过源调查，该垃圾场产臭环节主要为作业面、中间过程堆体，且在调查中发现场区内有一堆肥车间，而堆肥处理后排气口也为主要的产臭环节，场内恶臭管控措施较好，但堆肥排气口臭气治理设备的有效性较低，调查记录如表6-24所列，敏感点可闻到淡淡的垃圾味，厂界臭气强度较高，为4级，但臭气浓度值只有34，厂区内恶臭管控措施较好。

表6-23　嗅探测试结果

点位	1	2	3	4	5	6	7
愉悦度（最大）	0	−1	−1	−1	0	−2	0
平均臭气强度	0	2	2	2	0	3	0
臭气频率	0	23%	10%	10%	0	100%	0
气味暴露	忽略不计	中	低	低	忽略不计	高	忽略不计
受体敏感度	低	低	高	高	高	低	低
影响程度	忽略不计	忽略不计	轻微不利	轻微不利	忽略不计	轻微不利	忽略不计

表6-24　某垃圾填埋场恶臭源及厂界调查记录

开始时间	2018年9月10日14:00
结束时间	2018年9月10日16:00
气味来源（工艺设施及操作过程）	产臭环节主要为作业面、中间过程堆体、堆肥处理后排气口
产臭设施气味描述	酸腐味、呕吐味
气味是否与现场嗅探监测气味一致	是
减排设施的有效性	堆肥处理后排气口减排设施有效性较低，采样后发现其臭气浓度最大值为13182
是否有偷排漏排行为	尚未发现
厂区周边是否有其他恶臭来源	无
下风向厂界的臭气强度	4级
下风向厂界的臭气浓度值	34

参考文献

[1] 俞欣，陈鸣. 石化企业恶臭风险等级评估方法及应用 [J]. 安全与环境学报，2015，15（3）：322-326.

[2] Nicell J A. Assessment and regulation of odour impacts [J]. Atmospheric Environment，2009，43（1）：196-206.

[3] 唐小东，王伯光，赵德骏，等. 城市污水处理厂的挥发性恶臭有机物组成及来源 [J]. 中国环境科学，2011，31（4）：576-583.

[4] Zarra T，Naddeo V，Belgiorno V，et al. Odour monitoring of small wastewater treatment plant located in sensitive environment [J]. Water Science and Technology，2008，58（1）：89-94.

[5] 刘舒乐，王伯光，何洁，等. 城市污水处理厂恶臭挥发性有机物的感官定量评价研究 [J]. 环境科学，2011，32（12）：3582-3587.

[6]　Parker D B，Koziel J A，Cai L，et al. Odour and odourous chemical emissions from animal buildings：Part 6. odour activity value [J]. Transactions of the ASABE，2012，55（6）：2357-2368.

[7]　闫凤越，李伟芳，魏静东，等. 典型异味源的感官特性及特征污染物筛选 [J]. 环境科学研究，2018，31（9）：1645-1650.

[8]　马彩霞，张朝能，王飞羽，等. 卷烟企业异味对大气环境的影响分析 [J]. 昆明理工大学学报（理工版），2007，32（2）：90-94.

[9]　芦会杰. 典型生活垃圾处理设施恶臭排放特征及污染评价 [J]. 环境科学，2017，38（8）：3178-3184.

[10]　路鹏，苏昭辉，王亘，等. 填埋场大气中化合物分析与恶臭指示物筛选 [J]. 环境科学，2011，32（4）：936-942.

[11]　IAQM. Guidance on the assessment of odour for planning [S]. London：Institude of air quality management，2018.

[12]　The British Standards Institution. BS EN 13725 2003：Air Quality，Determination of odourconcentration by dynamic olfactometry [S]. Tne British Standards Institution，2006.

第7章

世界各地的异味污染管理政策

第二次工业革命以后，特别是发达国家工业企业发展迅速，规模不断扩大，城镇化加快，导致异味污染严重，投诉频发。异味污染一直是居民投诉的主要污染之一，通常人们会把"异味"和"有毒有害"联系到一起，给监管带来一定困扰。为此，很多国家和地区将异味污染从大气污染中分离，建立独立的异味污染管理体系。大体上，将"异味污染"定义为：引起人们不愉悦的，甚至产生心理影响和生理危害的气味污染。

异味污染问题是一个非常复杂的问题：一方面，异味是由混合气味物质引起的，成分复杂、检测困难；另一方面，气味作为一种感官污染具有明显的主观性，导致异味污染的评价存在较大困难。为了应对复杂的异味污染问题，目前国内外已经开发了很多检测技术，以测定异味物质浓度为主，将测定结果与气味阈值比较，主要评价异味对环境的影响。除此之外，还开发了多种感官评价方法用于评估异味污染对受体（人）的影响。

欧洲、美国、澳大利亚等国家和地区从 20 世纪 60 年代开始对异味污染开展分析和研究工作，相继制定了相关法律法规、评价体系、监测技术标准等。这些国家将多种管理方法综合使用，将法规标准、感官和仪器分析评价、控制技术和投诉机制有机结合，构建"以防为主、防治结合"的管理体系，并收到良好效果，对我国的异味污染防治工作的开展具有重要的参考意义。

7.1　异味污染管理办法

世界各地对异味污染的管理办法可以概括为法律法规政策、环境敏感点（厂界）异味标准、防护距离、最大排放浓度、投诉响应机制和技术指南，六种方法的控制项目和主要使用国家或地区见表 7-1。

表 7-1　六种常用的异味污染管理方法

主要方法	控制项目	主要使用国家/地区
法律法规政策	—	欧洲国家、加拿大、美国、澳大利亚、新西兰
环境敏感点（厂界）异味标准	异味浓度	加拿大、智利、哥伦比亚、美国、巴拿马、巴西、英国、德国、奥地利、伦巴第（意大利）、普利亚（意大利）、爱尔兰、荷兰、以色列、韩国、中国、日本、澳大利亚司法管辖区、匈牙利、比利时、加泰罗尼亚（西班牙）、丹麦、法国
防护距离	可变	美国、巴西、奥地利、荷兰、澳大利亚、比利时、丹麦、加拿大、德国
	固定	加拿大、美国、荷兰、香港（中国）、澳大利亚、德国
最大排放浓度	异味浓度	法国、意大利、中国、澳大利亚、丹麦
	物质浓度	智利、巴拿马、巴西、普利亚（意大利）、中国、日本、澳大利亚司法管辖区
投诉响应机制	投诉件数	美国、惠灵顿（新西兰）
	烦恼水平	新西兰
技术指南	最佳控制标准	欧洲国家、加拿大、美国、澳大利亚、新西兰、沙特阿拉伯、哥伦比亚

7.1.1　法律法规政策

公害法是使用时间最长、应用最广泛的气味管理方法，大部分发达国家和地区均设立了公害法，如美国 50 个州中的 42 个州使用公害法管理气味污染，欧洲的公害法可追溯到 19 世纪末。这类法律制定的目的是确保任何情况下产生的气味都不会引起困扰，保证人们的生活质量，主要管理对象为企业和工厂。

公害法作为重要的法律规范，虽然具有强制性，但规定内容较笼统，具体实施较困难。如居民不了解投诉管理标准，与企业之间容易产生矛盾甚至冲突，而监管机构夹在中间没有一个明确、公平的手段来解决问题。

7.1.2　环境敏感点（厂界）异味标准

该标准以受体（人）的感受为评价目标，量化感官影响程度，反映异味污染对受体（人）的影响情况。环境敏感点（厂界）异味标准的控制项目包括异味浓度和物质浓度。针对环境敏感点（厂界）物质浓度标准，大多数国家和地区的标准值以平均时间和频率计。以加拿大安大略省为例，排放标准以平均时间为 10min、30min、1h 和 24h 计，平均时间的选择依据为该物质出现的频次和毒性，出现频率越高、毒性越强，时间选择越短，标准限定越苛刻。此外，还有少数地区的排放标准与土地使用标准有关，如韩国根据土地使用情况制定了工业区和居民区的 8 种异味物质最高允许值。

针对环境敏感点（厂界）异味浓度标准，各地区规定异味浓度标准的应用范围不尽相同，主要根据当地的实际污染情况决定。主要包括：

① 针对污染严重、投诉频发的行业规定异味浓度排放标准，美国加利福尼亚州规定了污水处理厂和垃圾填埋场的异味浓度标准，荷兰规定了面包房（$5OU_E/m^3$）和屠宰场（$0.55OU_E/m^3$）的标准限值；

② 针对高敏感地区规定异味浓度标准，新西兰规定高敏感地区包括高密度居民区、商业区和娱乐区，异味浓度均不得超过 $2OU_E/m^3$；

③ 针对土地使用方式不同规定异味浓度标准，韩国制定厂界浓度不得超过 20OC（工业区）和 15OC（非工业区）。

异味浓度的测定需要一组嗅辨员共同完成，嗅辨员需经过专业训练并通过测试。目前，常用异味浓度测定方法包括欧洲 EN 13725 标准、美国 ASTM E679-04 标准和日本的三点比较式臭袋法，具体测定方法的比较见表 7-2。此外，德国、法国和荷兰在欧洲 EN 13725 标准基础上建立了适合于本国的测定方法，分别为 VDI 3881 标准、AFNOR X-43-101 标准和 NVN 2820 标准。不同的测试方法得到的异味浓度单位不同，比如澳大利亚昆士兰使用 OU、荷兰使用 OU_E/m^3、美国使用 D/T（dilution to threshold）、韩国使用 OC，但国际上对异味浓度的定义是一致的，因此我们可以认为 $1OU = 1OU/m^3 = 1OU_E/m^3 = 1OC = 1D/T$。

表 7-2　常用异味浓度测定方法的比较

参数	欧盟方法	美国方法	三点比较式臭袋法
稀释方式	动态嗅觉仪稀释法	动态嗅觉仪稀释法	人工稀释法
嗅辨顺序	上升法	上升法	下降法
选择方式	强制	强制	强制:污染源;非强制:环境样品
回答方式	50%可能性	是/否	是/否
概率法	使用	—	—
样品呈现	三点比较式/两点比较式	三点比较式	三点比较式
稀释步骤水平	1.4~2.4 倍	2 倍	10~1000 万倍
嗅觉测试仪材料	玻璃、不锈钢或聚四氟乙烯		
稀释使用的空气	无臭且干燥的空气	无臭空气	无臭空气
稀释范围	$2~2^7$ 倍	10~10000 倍	10~1000 万倍
流速	≥20L/min	≥8L/min	—
迎面风速	0.2~0.5m/s（离面部 3~5cm）	0.02~0.05m/s（离面部 6~10cm）	—

大多数国家和地区的异味浓度标准是综合异味浓度值（odor concentration threshold，C_t）、标准概率或标准超出概率（P）以及用于扩散模型的异味浓度平均时间制定的。为了使模型模拟结果更接近实际情况，通常使用峰/均值因子（F）对扩散模型模拟的浓度值进行转换，以求得更短时间的异味浓度值。C_t、P 和 F 的取值在各地区差别较大，主要取决于行业类型、气味愉悦度、土地使用类型、异味测定方法、除臭技术和当地的经济条件。亚洲某些国家和地区主要限定异味浓度的厂界标准，主要按

照土地类型划分，并未规定超出概率、峰/均值因子等。除亚洲一些地区使用实测法评估异味污染外，大多数国家和地区通过扩散模型预测环境敏感点的异味浓度，并与排放标准（odor impact criteria，OIC）比较来评价异味影响。

7.1.3 防护距离

防护距离或缓冲区（buffer zone）是指敏感地区边缘至污染源的距离，可分为固定式和可调节式两种。防护距离主要用于农业源、污水处理厂和堆肥场。该方法的特点是针对性较强，能够有效控制农业源和公共基础设施引起的异味污染。

固定式安全防护距离通常按照行业类型划分，并根据各行业不同的处理工艺、处理能力等再细化。如荷兰针对蔬菜废物堆肥设施的处理量划分安全距离，即：处理量小于 5000t/a 时，设置距离为 100~200m；处理量为 15001~20000t/a 时，设置距离为 600~750m。

可调节式防护距离包括公式型和曲线型。

（1）公式型

即根据影响因素设计公式，公式中的变量（影响因素）包括动物/工艺类型、操作范围、操作特点、地形地貌或气象等因素。以澳大利亚新南威尔士州为例，规定肉食养鸡场、集约型猪舍和牛饲养场的安全距离如式（7-1）~式（7-3）所示。

（2）曲线型

曲线型，即根据排放因子参照"安全距离-气味排放因子曲线"计算安全防护距离。以美国明尼苏达州为例，若排放因子为 100，那么要求在保证无干扰频率达到 98% 的条件下，安全距离需要达到 4000ft（1ft＝0.3048m），如图 7-1 所示。

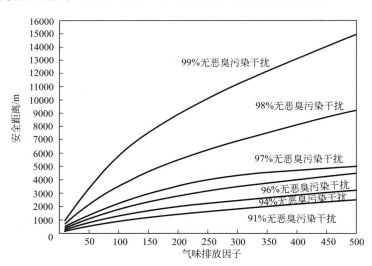

图 7-1 美国明尼苏达州安全距离-气味排放因子对应关系

$$D = N \times 0.17S \qquad (7-1)$$
$$D = 50N \times 0.5S \qquad (7-2)$$

异味污染的感官表征与暴露评估方法

$$D = N \times 0.5S \tag{7-3}$$

式中　D——敏感区域最近点至养殖场距离，ft；

　　　N——鸡棚的数量［式(7-1)］、猪的数量［式(7-2)］、牛的数量［式(7-3)］；

　　　S——多因子相乘结果，即 $S_1 \times S_2 \times S_3 \times S_4 \times S_5$，其中 S_1 与养殖场的规模、类型以及维修计划有关，S_2 为敏感地区类型因子，S_3 为地形因子，S_4 为植被因子，S_5 为风频率因子。

7.1.4　最大排放浓度

最大排放浓度以排放源为评价目标，以企业类型、地区功能区划分和功能区之间距离、人口密度以及投诉情况等因素为主要依据，并以大气排放标准、行业排放标准以及健康风险标准为参考制定。最大排放浓度主要包括物质浓度和异味浓度两类。

在美国，西海岸海湾空气管理局根据多年投诉情况统计，按照污染源类型（点源、面源和体源）和排放筒高度，制定了针对污水处理排放源的最大异味浓度标准和 6 种物质浓度标准。

在欧洲，丹麦制定的《工业异味污染控制要求》中规定了工业源的异味浓度值不得超过 100；荷兰对某些污染源的特定物质规定了排放限值，比如对肥料加工厂、氮肥生产厂、氨气生产厂规定了氨的排放浓度，针对制硫装置规定了硫化氢的排放限值；瑞士在《联邦法》（Federal Law）中规定了 4 类共计 150 多种物质的排放限值，并要求当物质的质量排放速率大于某一特定值时才执行该标准。

在亚洲，日本《恶臭防止法》不仅对废气排放制定限值，还关注液体散发出的废气；韩国的复合恶臭排放限值以 OC 计，工业区设施的排放限值为 1000OC，其他地区设施排放限值为 500OC；我国的《恶臭污染物排放标准》（GB 14554—1993）规定了 8 种典型异味物质的排放限值和异味浓度排放限值，要求无论企业的类型、规模或管理形式如何均需要达到该标准要求。

7.1.5　投诉响应机制

有效投诉机制的建立能够真实反映该地区的异味污染情况，通过投诉和现场勘察记录能够统计全年的异味污染情况，确定该地区的主要污染源，有利于异味污染的管理与控制，对异味污染管理办法的有效运作和异味污染的治理具有重要意义。

很多地区对投诉机制有明确的规定，如美国爱德华州将投诉机制写入法规，要求必须使用异味投诉管理系统处理农业源存在的问题。此外，各地区投诉管理机制启动条件的设置各有不同，如：新西兰惠灵顿规定当工作人员测定的臭气浓度值为 10 或 10 以上以及存在长期异味问题时执行相应的投诉管理机制；美国加利福尼亚州的投诉机制的启动条件是在一个周期（每 90d 为一周期）内接收到 10 次或 10 次以上投诉或一天内同一污染源接收到超过 5 次投诉以及未超过 5 次但存在健康威胁。

当投诉机制启动后，执行现场调查任务，各地区均规定了详细的实施步骤。以美国北卡罗莱纳州为例，接到居民投诉后，工作人员记录投诉问题和 30d 内的天气情况，天气情况由空气质量总局提供。现场勘察人员第一时间赶到现场，在相近的气象条件下监测并记录，调查周围的情况，找到投诉人和企业认真了解情况后形成"污染情况报告"，交给空气管理部门。若发现存在污染，管理部门向企业提供治理意见，并要求在 90d 内治理完毕。

7.1.6　技术指南

技术指南主要规定了异味污染控制技术和相应的处理措施，确保在废气排出前达到控制要求，将污染扼杀在"摇篮"里。欧盟规定了异味污染管理需要结合最佳经济可行技术（best available technology economically achievable，BATEA）。其中，技术（techniques），即设备的使用技术，包括设备的设计安装、组件、维护、操作以及报废技术；可行（available），即该技术在经济和技术上的可行性；最佳的（best），即能够最有效地保护环境。以德国为例，《环境空气中异味污染导则》(Guideline on Odour in Ambient Air，GOAA) 规定所有的处理设施都应符合最新的"最佳经济可行技术"要求。在澳大利亚，新西兰惠灵顿地区规定了企业必须执行最有效技术（best practicable option，BPO）阻止或最小化异味污染，其中异味控制技术是 BPO 的重要组成部分，具体包括废气收集、冷凝、化学处理、生物处理、吸附、焚烧和扩散技术。

此外，许多地区虽然没有强调技术标准，但在各行业推出了"控制技术与管理要求"，严格规定了技术方面的具体措施，例如荷兰、美国科罗拉多州等针对不同类型的设施规定了具体的控制技术或管理手段。在荷兰，《荷兰空气排放指南》（NeR，the Netherlands Emission Guidelines for Air）侧重于使用"最佳可用控制技术（Best Available Control Technology）"措施减少异味排放；《荷兰环境保护法》（the Dutch Environmental Protection Act）规定，在签发许可证时必须采用"尽可能低的合理原则（As Low As Reasonably Achievable，ALARA）"。科罗拉多州要求潜在污染源使用"最佳操作（best practical）"控制异味气体尽可能低地排放。比如，对商业猪饲养操作相关的过程做了非常具体的技术要求，包括猪圈养结构，通风，粉尘管理，粪肥管理，固体废物和工艺废水收集、存储和处理系统，粪肥堆肥存储场地等。

7.2　亚　洲

亚洲其他国家和地区的异味污染情况与我国类似，主要表现在人口密集，城市规划、工业结构和工业布局不合理，使企业与居民区共建现象严重，导致城市异味污染投诉事件日益增多。为此，各地区根据主要的异味污染源制定了厂界标准和最大排放标准，不仅对异味物质排放情况提出控制要求，还对异味浓度做出限定。

7.2.1 日本

日本是较早开展异味污染研究的国家之一。20 世纪 60 年代初，畜禽养殖场、石油炼制厂、纸浆厂等在日本各地大规模兴起，城市扩张导致企业与居民区共建现象日益严重，异味污染投诉逐年递增。为此，日本政府于 1971 年制定《恶臭防止法》，并在 1972 年正式实施。该法针对石油、化工、垃圾填埋、畜禽养殖等行业，规定了氨、硫化氢、甲硫醇、甲硫醚和三甲胺的排放浓度限值。该法律的实施有效降低了日本异味污染投诉比例，在一定程度上遏制了污染。

然而，1992 年以后，由未规定限制物质的增加引起的异味污染导致投诉的数量陡然上升，特别是针对服务业（包括餐饮业和汽车修理业等）的异味投诉持续增加，行业投诉汇总如图 7-2 所示。为此，日本政府于 1995 年对《恶臭防止法》进行修订，引入了应对复合异味气体的"臭气指数"评价法。臭气指数限值是根据臭气强度 2.5～3.5 级范围确定的，即一个可接受的强度范围，不会引起大多数居民的不悦。之后，《恶臭防止法》不断修订和完善，追加异味物质，修正规制基准，目前规定的厂界标准受控物质有 22 种，浓度限值如表 7-3 所列。日本规定的最大排放标准包括水体和空气两种，分别使用不同的公式计算，具体排放标准如表 7-4 所列。

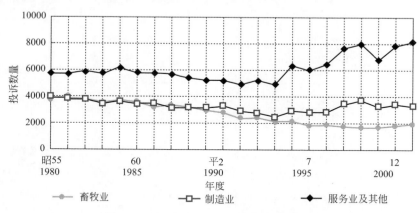

图 7-2 1980～2000 年日本行业投诉汇总

表 7-3 日本《恶臭防止法》中限定的 22 种异味污染物厂界浓度限值

物质名称	标准限值/(mg/m³)
氨	0.759～3.795
硫化氢	0.004～0.021
甲硫醇	0.030～0.304
甲硫醚	0.028～0.554

物质名称	标准限值/(mg/m³)
二甲基二硫醚	0.038～0.420
三甲胺	0.013～0.184
乙醛	0.098～0.982
丙醛	0.129～1.295
丁醛	0.029～0.257
异丁醛	0.064～0.643
戊醛	0.035～0.192
异戊醛	0.012～0.038
异丁醇	2.973～66.071
乙酸乙酯	11.786～78.571
甲基异丁基酮	4.464～26.786
甲苯	41.071～246.429
苯乙烯	1.857～9.286
二甲苯	4.732～23.661
丙酸	0.099～0.661
丁酸	0.004～0.024
戊酸	0.004～0.018
异戊酸	0.004～0.046
臭气指数①	10～21(相当于臭气浓度10～126)

① 臭气指数＝10lg(臭气浓度)，无量纲。

表7-4 有组织排放源恶臭污染物排放标准

物质	公式	单位	说明	应用
硫化氢	$C_{lm}=kC_m$	mg/L	液体排放标准，以浓度计	监管标准作为许可证发放必要条件，并由当地政府监管执行
甲硫醇				
二甲基硫				
二甲基二硫醚				
氨	$0.108H_e^2C_m$	m³/h	排气筒排放标准，以体积流量计	
硫化氢				
三甲胺				
丙醛				
正丁醛				
异丁醛				
正戊醛				
异戊醛				
正丁醇				
乙酸乙酯				
甲基异丁酮				
甲苯				
二甲苯				

注：k 是常数，由液体流出物的体积流量决定；C_m 是地方当局根据《恶臭防止法》要求确定的最大允许浓度标准；H_e 是根据计算得到的烟囱高度值。

异味污染的感官表征与暴露评估方法

《恶臭防止法》对异味防止的目的意义、限定区域、执行标准、事故处置、测试方法、防止对策、公民及政府的职责以及处罚措施等诸多方面进行了解释说明和规定。其主要内容及实施情况如下：

① 各都、道、府、县的地方政府指定异味污染的受控区域，规定该区域内受控的异味物质种类，并在国家标准的范围内制定地方排放标准。控制项目主要包括 22 种特定物质浓度和臭气指数，各地方政府可以选择特定异味物质浓度或臭气指数或两者结合作为受控区域的控制项目。

② 日本标准体系包括厂界标准、气体排放口标准和排水口标准。其中厂界标准是气体排放口和排水口标准制定的基础，气体排放口标准需要依据厂界的标准限值通过大气扩散模型进行推算，因此不同的排放口由于其排放高度、排放参数、周边最大建筑物高度的不同，执行的排放标准也各不相同。

③ 地方政府有权要求受控区域内的企业在规定时间内上交排放情况报告，并对排放设施的运行条件和预防措施进行现场检查。当工厂产生的异味超过监管标准并严重影响居民的生活时，地方政府有权力对企业发出整改命令或整改劝告。如果不遵从上述命令或劝告，该企业将受到处罚。

《恶臭防止法》还规定了公民、政府和企业的责任。公民的责任为在日常生活中，特别是在人口密集区域，每个公民要努力防止异味污染的发生，例如不随意丢弃垃圾、不在户外进行焚烧活动等。国家的责任包括宣传与教育，作为各地政府的坚强后盾，提供合理的管理建议，对异味控制提供经济支持，推动相关科学研究等。地方政府的责任包括为当地居民提供最新的异味污染情况信息，保护当地的生活环境质量，规划土地使用并推动异味管理系统的有效实施等。

7.2.2 韩国

韩国在 20 世纪 90 年代初制定的《大气环境保全法》中规定异味排放标准的相关内容，对于厂界的臭气强度和 8 种异味物质浓度设定了限值。90 年代末又追加了厂界和排放口的臭气浓度限值。法规限制的单位包括大气污染的排放单位和居民区内的异味污染单位。为了减少异味污染，法律规定禁止建立废物焚化炉，禁止户外焚烧橡胶、皮革和人造树脂。

2000 年以后，韩国国民对大规模的工业区造成的异味污染的投诉数量急剧增加。

2004 年 2 月，韩国政府考虑到异味的特殊性，制定了《恶臭防止法》。法律中对异味排放限值、测试方法以及惩罚措施等内容进行了规定，同时受控物质由 8 种增加到了 12 种。2008 年、2010 年又先后两次修订了《恶臭防止法》的内容，并增加受控物质，目前受控物质达到了 22 种，具体的受控物质和排放限值如表 7-5 所列。

韩国对异味污染的控制管理办法主要规定了管理部门、控制区域、应用范围、污染测定等方面，其主要内容概述如下：

① 由于异味污染影响的范围并不是全国性的而是地域性的，因此由地方政府负责异味污染的管理。

② 规定恶臭污染控制区域：根据法律规定异味污染企业或地区的范围，并逐渐将异味管理区扩展到投诉率高的工业区，以进行有效的异味排放限制。

表 7-5　韩国有组织排放源异味污染物排放限值

控制项目	测定对象	工业区限值/(mg/m³)	非工业区限值/(mg/m³)
特定异味物质	氨	1.5	0.76
	硫化氢	0.09	0.03
	甲硫醇	0.009	0.004
	甲硫醚	0.14	0.028
	二甲基二硫醚	0.13	0.038
	三甲胺	0.05	0.013
	乙醛	0.2	0.1
	苯乙烯	3.7	1.9
	丙醛	0.26	0.13
	丁醛	0.097	0.029
	正戊醛	0.077	0.035
	异戊醛	0.023	0.012
	异丁醇	13	3
	甲基异丁基酮	12	4
	甲苯	123	41
	二甲苯	9.5	4.7
	丙酸	0.23	0.01
	正丁酸	0.010	0.005
	异戊酸	0.018	0.005
	正戊酸	0.009	0.004
	2-丁酮	112	42
	乙酸丁酯	21	5.2
复合恶臭	臭气浓度	厂界：20 排放筒：1000	厂界：15 排放筒：500

③ 地方政府根据本地区情况规定本地区异味排放限值，并进行管理，当国家恶臭排放标准不能解决异味问题时，需执行地方标准，强化法规条例。

④ 恶臭法规标准在异味排放企业中的应用：除小的企业外，异味排放企业既要从排放设备环节控制异味，又要从生产流程和产品储藏等环节控制异味。

⑤ 异味排放单位的基本控制措施：由环境管理部门指定异味排放单位，通过控制指定单位的异味排放，来减少异味的污染。

⑥ 建立异味污染的测试机构，以保证测试方法的可靠性和客观性，推动测试技术

的发展，指导异味排放标准的实施。

7.2.3 中国

（1）大陆地区

我国大陆地区对异味污染的控制管理起步较晚，随着 1993 年国家《恶臭污染物排放标准》的颁布实施，大陆地区才开始对异味污染排放进行控制。目前，排放标准是大陆地区控制恶臭污染的主要手段，国家和地方标准中规定了厂界和有组织排放的臭气浓度限值和受控物质的最高允许排放速率。根据 2018 年发布的《恶臭污染物排放标准（征求意见稿）》修订稿要求，车间或生产设施排气筒和周界的控制项目包括 8 项恶臭污染物和 1 项臭气浓度（综合性指标），其中周界物质排放限值如表 7-6 所列。

表 7-6 恶臭污染物排放标准（修订）周界物质排放限值

序号	控制项目	单位	浓度限值
1	氨	mg/m³	0.2
2	三甲胺	mg/m³	0.05
3	硫化氢	mg/m³	0.02
4	甲硫醇	mg/m³	0.002
5	甲硫醚	mg/m³	0.02
6	二甲基二硫醚	mg/m³	0.05
7	二硫化碳	mg/m³	0.5
8	苯乙烯	mg/m³	1.0
9	臭气浓度	mg/m³	20

天津和上海在国家标准基础上，根据地区特点各自制定了地方标准。天津《恶臭污染物排放标准》（DB 12/059—2018）增加了 8 种恶臭污染物排放控制要求，包括乙苯、丙醛、丁醛、戊醛、乙酸乙酯、乙酸丁酯、2-丁酮和甲基异丁酮，并收严了部分恶臭污染物排放控制要求，其中天津周界物质排放限值如表 7-7 所列。上海《恶臭（异味）污染物排放标准》（DB 31/1025—2016）增加了 14 种恶臭污染物排放控制要求，主要包括醛类、酯类、酮类、胺类等物质，其中上海周界物质排放限值如表 7-8 所列。除了专门针对恶臭污染的排放标准外，有些相关行业也对臭气浓度、恶臭物质浓度进行了限定，具体内容如表 7-9 所列。

表 7-7 天津《恶臭污染物排放标准》周界物质排放限值

序号	控制项目	单位	浓度限值
1	氨	mg/m³	0.2
2	三甲胺	mg/m³	0.05
3	硫化氢	mg/m³	0.02

序号	控制项目	单位	浓度限值
4	甲硫醇	mg/m³	0.002
5	甲硫醚	mg/m³	0.02
6	二甲基二硫醚	mg/m³	0.05
7	二硫化碳	mg/m³	0.5
8	苯乙烯	mg/m³	1.0
9	臭气浓度	mg/m³	20

表 7-8　上海《恶臭污染物排放标准》周界物质排放限值　　　　单位：mg/m³

控制项目	工业区限值	非工业区限值
氨	0.5	0.2
三甲胺	0.07	0.05
硫化氢	0.05	0.02
甲硫醇	0.004	0.002
甲硫醚	0.06	0.02
二甲基二硫醚	0.06	0.03
二硫化碳	2.0	0.33
苯乙烯	0.70	0.42
臭气浓度	20	10

表 7-9　其他涉及恶臭污染控制项目的行业标准

标准名称	标准号	控制项目
《城镇污水处理厂污染物排放标准》	GB 18918—2002	氨、硫化氢、臭气浓度
《无机化学工业污染物排放标准》	GB 31573—2015	氨、硫化氢
《橡胶制品工业污染物排放标准》	GB 27632—2011	氨
《医疗机构水污染物排放标准》	GB 18466—2005	氨、硫化氢、臭气浓度
《畜禽养殖业污染物排放标准》	GB 18596—2001	臭气浓度
《炼焦化学工业污染物排放标准》	GB 16171—2012	氨、硫化氢
《生活垃圾填埋场污染控制标准》	GB 16889—2008	同《恶臭污染物排放标准》（GB 14554—1993）
《生活垃圾焚烧污染控制标准》	GB 18485—2014	
《生活垃圾填埋场恶臭污染控制技术规范》	DB11/T 835—2011	

（2）中国台湾地区

2007 年，中国台湾地区修订了《固定污染源空气污染物排放标准》，其中对异味污染的修订重点如下：将臭气或厌恶性异味修正为异味污染物；依据不同的管道高度对排放标准分别加严；考虑新设污染源在建设规划时，对污染防治设施可作妥善设计，故将其厂界标准加严为 30。排放标准具体内容见表 7-10。

表 7-10　中国台湾地区异味污染物排放标准

空气污染物	排放标准			
	排放管道		周界	
	高度 h/m	异味浓度/(OU$_E$/m³)	区域	异味浓度/(OU$_E$/m³)
异味污染物	h≤18 18<h≤50 h>50	1000 2000 4000	工业及农业区	现有：50 新建：30
			工业及农业 以外地区	10

（3）中国香港地区

《空气污染管制条例》（the Air Pollution Control Ordinance，2014）中第 311 章及其补充规定是控制香港固定污染源的主要立法机制，该条例的宗旨是"主动预防"异味污染的发生。此外，《环境影响评估条例技术备忘录》的附录 4 "评估空气质量影响和技术危害标准"（the Environmental Impact Assessment Ordinance Technical Memorandum，2011）规定了"气味评估标准"（Criteria for Evaluating Air Quality Impact and Hazard to Life of the Technical），其中，规定了污水处理厂的异味浓度标准值为 5OU（平均时间 5s），要求使用 AERMOD 模型模拟影响范围和异味浓度，并与标准值比较进行异味污染评价。

7.3　欧　洲

欧洲的异味管理是比较具体、全面且系统规范的，以荷兰和德国为例，不仅有相关法律的强制实施，还有配套的适用于许可证发放的管理指南，不仅规定了排放源的排放限值，还制定了敏感点的环境标准，并根据不同的异味源类别，采取适宜的评价和管理办法。将污染源排放标准按照"愉悦"和"不愉悦"制定是该地区的一大特点，深入考虑了人的感受，真正从感官的角度评价污染情况。面对我国复杂的异味污染问题，灵活运用管理措施、多种管理办法并施的理念是十分必要的，为此分析了荷兰、英国和德国的管理思路。

7.3.1　荷兰

荷兰率先推动异味污染量化管理趋势。1971 年，荷兰针对高密度的畜禽养殖业颁布了欧盟第一个国家级异味污染影响评价标准。1984 年，荷兰颁布了针对工业源异味定量化管理的《空气质量大纲》，规定使用嗅觉仪方法测定臭气浓度，应用扩散模型预测周边环境超过某一极限值的小时平均浓度的出现频率。该标准实施以来，对减少工业企业周边居民的投诉起到了显著的作用。

《空气质量大纲》在实施过程中也暴露了一些问题：法规未区分气味的种类对人带来的不同感官影响，对面包房的香味和涂料工厂的臭味作相同的要求；法规保护性强，标准过于严格，方法比较死板；现有的测试方法不能为法规的执行提供充分、准确的数据。为此，1995年荷兰出台了更为灵活的异味管理方法，根据气味对人感官影响的不同，不同类型的行业执行不同的标准。此方法被写入《荷兰空气排放指南》（Netherlands Emission Guidelines for Air），指南规定了环境敏感点异味控制水平、最大排放标准和防护距离，旨在防止新的或减少现有的异味污染。环境敏感点异味污染以全年98%的小时平均臭气浓度为指标（表7-11），最大排放标准只规定了五种类型设施的排放标准（表7-12），而垃圾处理和畜牧业异味主要使用安全防护距离标准（表7-13）。

表7-11　荷兰不同污染源周边环境敏感点异味浓度标准

标准排放限值/(OU_E/m³)	土地使用	污染源类型
≥5	—	面包店
2.5	建筑区或其他环境敏感点	肉类加工
0.95*	建筑区或其他环境敏感点	肉类加工
2.5	建筑区等	草干燥机
5	建筑区等	面包、糕点店
5	—	咖啡烘焙
3.5	建筑区等	香精香料
2.0*	建筑区等	香精香料
0.5	人口密集住宅区	污水处理厂、绿地
1.0	乡村或工业区	污水处理厂、绿地
1.5	人口密集住宅区	现有的污水处理厂
3.5	乡村或工业区	现有的污水处理厂
1.0	人口密集住宅区	家畜饲料生产
1.5	住宅区或其他环境敏感点	堆肥,有机部分的生活垃圾,绿地
0.5*	住宅区或其他环境敏感点	堆肥,有机部分的生活垃圾,绿地
3.5	住宅区或其他环境敏感点	堆肥,有机部分的生活垃圾
1.5*	住宅区或其他环境敏感点	堆肥,有机部分的生活垃圾
1.5	建筑用地	屠宰场
0.55*	建筑用地	屠宰场
1.5	环境敏感点	大型啤酒厂

注：1. 规定排放标准值的平均时间为1h，频率为98%；2. * 为目标排放限值。

此外，荷兰对大多行业制定排放因子，用于评估设施的异味影响；向行业提供异味治理措施；进行全国性调查，用于评估由异味造成的居民烦扰程度。管理标准的制定是基于经验、科学研究、社会调查、可用技术措施和经济可行性，由政府、行业、顾问和大学教授代表组成的工作组制定，主要用于规划、许可、监测和执行。

表 7-12　荷兰有组织源异味污染物排放标准

控制项目	标准限值/(mg/m³)	应用范围
氨气	5	肥料加工厂
氯气	6	氯生产厂
氨气	30	除氮肥外的肥料生产厂
	30～200	氮肥生产厂
氨气	30	氨生产厂
硫化氢	10	设有"克劳斯"工艺的工厂

表 7-13　安全防护距离标准

防护距离/m	污染源类型	产量说明/(t/a)
100～200	蔬菜废弃物的堆肥 （使用特殊机器频繁转动）	0～5000
201～400		5001～10000
401～600		10001～15000
601～750		15001～20000
＞750		≥20000
225～300	蔬菜废物堆肥安装 （使用抓斗或装载机的常规转向方法）	0～5000
301～450		5001～10000
451～600		10001～15000
601～750		15001～20000
＞750		≥20000
100	蔬菜废物堆肥安装 （强制曝气）	＜20000
200		≥20000
可变的	猪饲养	与动物数量相关

7.3.2　英国

1990 年，英国在《环境保护法案》第 79 节中对"扰民污染"作出定义，即"扰民污染包括由工业、贸易、商业造成的对健康有害或对居住环境造成侵扰的粉尘、水雾、气味等"。环境健康工作人员作为执法者，按照法案规定要求对某个具体场所的扰民问题进行判定，确定存在扰民问题后对场所提出整改要求。然而，由于没有评价原则和具体实施步骤的规定，造成评价结果差异大，不能真实、全面地反映污染情况。因此，2003 年 1 月英国环境署颁布了《异味管理导则》（Additional Guidance for H4 Odour Management）、《综合污染防治》（IPPC）和《异味标准指导》，为异味污染的评价提供了依据和方法。

《异味管理导则》中明确规定企业若要获得环境许可证，必须制订异味管理计划（Odour Management Plan，OMP），环境管理部门必须根据企业制订的计划内容和实施情况对企业进行环境许可管理。此外，导则规定了异味管理计划制订要求，包括主要内容、污染控制方法、行业排放标准、审批办理手续以及具体污染问题的管控办法等。

对于行业排放标准，导则使用了较为灵活的制定方法。以气味对人体感官影响不同为基础，针对不同类型行业制订了不同的标准。主要包括：

① 对于气味强烈难闻的排放源，例如涂料厂，规定小时平均臭气浓度为 $C_{98,0,1h}$ $<1.5OU_E/m^3$；

② 对于气味中等的排放源，例如食品加工厂，小时平均臭气浓度为 $C_{98,0,1h}<$ $3.0OU_E/m^3$；

③ 对于气味不太难闻的排放源，例如面包房，小时平均气味浓度为 $C_{98,0,1h}<$ $6.0OU_E/m^3$。

7.3.3 德国

德国的异味污染管理可以追溯到 1978 年，源于气味频率与烦恼度之间的剂量-效应关系研究。管理体系最大的特点是全面，考虑了异味污染的频率、异味强度、持续时间、烦恼度和所在位置五个因素。《环境空气异味指南》(Guideline on Odour in Ambient Air，GOAA) 概述了德国整体的异味管理计划，包括评价方法、相关数据测量和计算方法以及累计异味影响计算方法等。此外，《德国联邦排放控制法》(BImSchG, German Federal Immission Control Act) 第 3 部分规定"是否存在异味污染"是许可证发放的重要考察程序，城市规划设计前必须对异味污染影响进行评估。

为了全面了解全国异味污染问题，有针对性地制定管理方案，环境管理部门基于投诉情况和实际监测数据对全国主要异味源进行统计，结果表明主要有畜牧业、堆肥工厂（包括发酵工艺）、污水处理厂（包括污泥堆肥）、固废处理（包括固废存储场地、固废处理、固废利用、固废生物处理、土壤再生、垃圾焚烧）等 15 个行业。相关部门对以上行业进行污染排放特征分析，建立排放清单，用于污染影响范围模拟预测。在污染摸底调查基础上，环境管理部门制定了一系列异味影响评估方法，包括愉悦度法、"气味-小时法"、用于畜牧业异味评价的防护距离法（表 7-14）、针对特定行业的异味最大排放浓度法（表 7-15）以及气味强度评价法（表 7-16）。

表 7-14 防护距离标准

防护距离/m	土地使用类型	污染源类型
150	树苗圃，栽培植物	养殖或畜禽养殖
350	居民区	屠宰场
300	居民区	粪便干燥设施，干燥绿色饲料的设施
300	居民区	封闭式有机废物堆肥设施产量>3000Mg/a
		封闭式生物垃圾发酵罐吞吐量产量>10Mg/d
		干燥废品的设施
		储存液体肥料的设施

防护距离/m	土地使用类型	污染源类型
500	居民区	开放式有机废物堆肥设施产量＞3000Mg/a
		开放式生物垃圾发酵罐产量＞10Mg/d
可变的		畜牧业

表 7-15　异味最大排放浓度标准

标准限值/(OU/m³)	异味源/处理过程
500	有机废物生产设施产量大于1000Mg/a
	生物废物发酵罐产量大于30Mg/d
	废品干燥设施
	污泥干燥设施
	混合生活垃圾机械处理设施

表 7-16　气味强度评价

强度范围	表述
0	没有感觉(无味)
1	非常轻微(可感知但无法识别)
2	轻微(可感知也可识别)
3	中强(清晰,可明确区分)
4	强(有想要避开气味的冲动)
5	非常强(压倒性的、不可容忍的)

7.4　大　洋　洲

　　该地区的管理办法的最大特点是制定全面的防护距离,以南澳大利亚州为例,管理部门规定了100余种行业的防护距离,并根据城镇人数制定不同级别的环境敏感点异味浓度标准。此外,管理部门注重以协商方式解决污染问题,遵守互利共赢原则,不仅要考虑污染对人健康与生活的影响,还要考虑企业的发展和盈利。相关部门在执法过程中主要起着权衡各方利益、协调各方工作的作用。

7.4.1　澳大利亚新南威尔士州

　　澳大利亚新南威尔士州有一套非常全面的评估和管理异味的政策,特别是针对固定源废热管理,主要包括公害法、环境敏感点标准、三级异味影响评估体系、污染预防与控制策略、协商制度、监督机制、投诉机制管理以及监管与执法规范。其中，涉及异味最重要的两个法律包括《环境保护法》（Protection of the Environment Operations）和《环境规划与评估法》（the Environmental Planning and Assessment Act）。《环境保护法》规定，所有获得许可证的企业和工厂不得排放异味气体，如果确实由于工艺流程的原因无法避免，需要通过与管理部门、周边居民进行协调和谈判来适当放宽要求。

为了配合管理部门制定的不同管理模式，新南威尔士州的异味影响评估模型包括三个等级，等级越高评价结果越精准。Level 1 评价模型（rule of thumb assessment），该模型需要的数据最少，使用简单的公式大致预测异味污染的影响范围和程度，主要应用于肉鸡养殖场、密集型猪舍和养牛场的异味污染评估。Level 2 扩散模型（screening dispersion model），使用污染最重情况下的监测数据建立模型，Level 2 的预测结果比 Level 1 更接近实际情况。Level 3 精确分散模型（refined dispersion model），使用特定地点长期的、具体的数据建立模型，是最全面和真实的评估方法。

新南威尔士州规定了环境敏感点的物质标准，以 3min 为平均时间，主要应用于污染源异味污染评估，其中硫化氢标准按照人口数再细化。环境敏感点物质浓度的预测可使用 Level 2 模型或 Level 3 模型进行模拟，当频率在 100% 或 99.9% 条件下不超过标准值时，即达到标准要求，具体排放标准如表 7-17 所列。除了物质标准外，政府还制定了异味浓度标准，用来评估点源和面源对环境敏感点的影响。该标准以人口密度划分等级，受影响地区的人口越多就越容易引起不适感，因此人口密度越大，标准规定越严格（表 7-18）。值得注意的是，虽然政府没有针对各行业提出异味控制要求，但鼓励各行业根据各自特点制定具体排放标准，并提供了关于标准制定的程序技术说明。针对畜禽养殖行业（肉鸡养殖场、密集型猪舍和养牛场等），政府采用防护距离标准进行异味管理，具体如表 7-19 所列。

表 7-17　环境敏感点的物质浓度排放标准

物质	浓度/（mg/m³）	平均时间	频率	应用范围
乙醛	0.083			
乙酸	0.536			
丙酮	51.786			
乙烯酸	0.302			
苄基氯	0.053			
1,3-丁二烯	1.085	3min	对 Level 2（筛选评价）需要 100% 达到要求；对 Level 3（精确评估）需要 99.9% 达到要求	
正丁醇	0.991			
丁硫醇	0.016			
二硫化碳	0.143			
氯苯	0.210			
异丙苯	0.043			
环己酮	0.525			
双丙酮醇	1.450			

物质	浓度/(mg/m³)	平均时间	频率	应用范围
二乙胺	0.065			
二甲胺	0.019			
乙醇	0.152			
乙酸乙酯	4.107			
丙烯酸乙酯	24.750			
甲醇	0.001			
甲胺	6.086			
甲基乙基酮	0.006			
甲硫醇	6.429			
异丁烯酸甲酯	0.223			
α-甲基苯乙烯	0.274	3min	对 Level 2(筛选评价)需要100%达到要求;对 Level 3(精确评估)需要99.9%达到要求	
甲基异丁酮	0.446			
硝基苯	0.005			
四氯乙烯	5.246			
苯酚	0.039			
磷化氢	0.064			
正丙醇	0.080			
吡啶	0.015			
甲苯	0.232			
苯乙烯	0.698			
三甲胺	0.406			
二甲苯	0.379			
硫化氢	0.001	0.1~1s	99%	≥2000 人
	0.002			500~2000 人
	0.003			125~500 人
	0.003			30~125 人
	0.004			10~30 人
	0.005			≤2 人

表 7-18 环境敏感点的异味浓度排放标准

标准值/(OU$_E$/m³)	平均时间/s	频率	应用范围
2			≥2000 人
3			500~2000 人
4	0.1~1	99%	125~500 人
5			30~125 人
6			10~30 人
7			≤2 人

表 7-19　防护距离标准

防护距离/m	应用范围	污染源类型	应用模型
200	公共道路	肉鸡养殖场、密集猪舍和养牛场	Level 1 评估
50	公共道路，车流量小于 50 辆/d		
200	主干水道		
100	其他水道		
800	大水库		
100	奶制品		
100	屠宰场		
200	邻近的农村住宅		
20	边界线		

管理部门对投诉相关流程也做了规定，设立了包括异味污染在内的适用于整个州的污染投诉热线。接到投诉后，管理部门按照投诉内容分配给相应的地区办事处或地方委员会；检查员收到任务后，根据投诉内容对每个被投诉地区进行现场勘察和评估；若检查员认为投诉合法，根据现场调查情况进行污染来源分析与确认，并检查设施的运营情况，约谈相关设施运营商；检查员将调查结果汇总后形成报告并提交，管理部门对提交报告进行审核，并向运营商提出整改建议与整改时间。环境管理部门要求运营商建立电话投诉热线，鼓励公众在致电环保局之前先与运营商沟通，这种鼓励措施是管理部门帮助运营商与周边居民建立良好关系的一种方式。

7.4.2　南澳大利亚州

南澳大利亚州制定的《环境保护法》（Environment Protection Act）中第 25 条明确规定，所有从事散发异味或可能散发异味活动的人员必须承担环境责任，保证采取一切合理和切实可行的措施预防或尽量减少异味对环境造成的任何损害。《异味模型模拟评估方法指南》（Odour Assessment Using Odour Source Modelling）和《防护距离准则》（Guidelines for Separation Distances）详细说明了异味污染管理方法，以上两部指南虽然不具有法律强制性，但是属于企业环境许可标准中的参照文件。

南澳大利亚州异味管理的基本要求是避免异味引起的不悦，总体目标是减少异味排放及其影响、确保设施排放不会对附近居民造成影响、保证异味不会对人的健康造成危害。为了达到该目标，南澳大利亚州使用防护距离、最大排放标准和技术标准对异味污染进行管理，以社区异味日记、投诉管理、异味浓度测定标准和风险评估准则等方法辅助配合。其中，防护距离是基于行业的规模或性质以及环境敏感点类型制定标准，并使用扩散模型进行更详细的异味影响评估。防护距离涉及石油化工、制造业和矿产、固废处理、食品加工、动植物加工、物料处理和运输、污水处理、液体废物处理、垃圾处理和畜禽养殖行业，防护距离如表 7-20 所列。防护距离主要用于新建企业的评估，以确保土地规划的合理性，保证最大限度地减少异味影响，也为了确保区域内的工业活动不受住宅和其他敏感点限制，保证企业的正常运行不受影响。

表 7-20　防护距离

防护距离/m	土地使用类型	源类型
250	城市居住区	小型垃圾储存
500		大型垃圾储存
200	高速和主干道路	小型垃圾储存
500		大型垃圾储存
250	农村	小型垃圾储存
500		大型垃圾储存
—	环境敏感点	小型垃圾储存
—		大型垃圾储存
1000	环境敏感点：家庭旅行车停车场、社区中心、咨询室、独立式住宅、教育设施、儿童活动中心、医院、酒店、汽车旅馆、住宅区、养老院、办公区、公寓、居民住宅区、公园休息区、半独立式住宅区、不相容企业	化学肥料
1000		聚酯树脂生产
1000		合成树脂/橡胶生产
1000		爆炸物
300		甲醛生产
1000		油漆、油墨制造
2000		炼油厂
500		其他石油/煤产品
1000		大部分挥发性有机化合物存储>1000t
1000		有机化工产品
1000		无机化工产品
300		其他非化工产品
500		人造纺织品、合成纤维
500		沥青拌和厂
100		混凝土/石产品
50		表面涂层
100		电镀
100		印刷和涂层处理固化炉
200~3000		垃圾填埋
		垃圾转运站
300		一般的垃圾
150		绿色废物压实和堆肥去除
100		垃圾收集车辆仓库
500		屠宰场
		堆肥
500		包含绿色有机废物
—		包含有机废物

注："—"表示在该污染源周边不得有居民区等敏感点。

最大排放标准的制定是综合了企业规模和性质、环境敏感点类型等因素，应用扩散模型更精细评估源的潜在影响。其中，敏感点类型因素主要考虑受影响的人口数，具体数值见表 7-21。该标准主要应用于新建或改建设施以及存在异味污染问题的已有设施。评价标准为扩散模型的预测结果不得超过全年的 99.9% 时间水平；若预测结果为标准限值的 1/2，说明该企业是合格的；若在标准限值的 0.5～2 倍之间，说明需要重新预测；若为标准限值的 2 倍以上，说明该企业是不合格的。

表 7-21　环境敏感点的异味浓度排放标准

排放限值	平均时间/min	频率	应用范围
2			≥2000 人
4			≥350 人
6	3	99.9%	≥60 人
8			≥12 人
10			<12 人

7.4.3　新西兰

新西兰第一个异味模型模拟指南于 20 世纪 90 年代初开发，规定 $2OU_E/m^3$（99.5%）作为污水处理厂的烦恼阈值，并在 1990 年年底对该指南进行大量论证，最终形成新西兰评估和管理异味的操作指南，该指南对环境敏感点的异味浓度排放标准做了规定（表 7-22）。该标准将敏感区域化分为三个等级，即：高灵敏度地区，包括住宅、高密度住宅、商业区、零售区、教育区、娱乐区、旅游区及文化保护区等；中灵敏度地区，包括轻工业区；低灵敏度地区，包括农村地区、重工业区和公共道路。另外，标准将频率设定为 99.5% 和 99.9% 水平，99.5% 被设定为基准频率，随着敏感程度增加或污染源运行条件的变化（间断性的运行排放且运行时间少于全年的 50%），将频率调整至 99.9%。频率的制定依据为 99.5% 的设定可有效指示潜在的不良慢性影响，而 99.9% 的设定可为由短期高浓度引起的潜在急性影响提供指示。除使用模型对异味污染进行评估外，该指南还规定了防护距离（表 7-23）。

表 7-22　环境敏感点异味浓度排放标准

排放限值	平均时间/h	频率/%	区域	应用条件
1	1	99.5	高灵敏度地区	不稳定到半不稳定条件下的最坏情况
2	1	99.9 99.5	高灵敏度地区	中性至稳定条件下的最坏情况
5	1	99.5 99.9	低密度的城镇地区和低密度工业区	全部情况
5	1	99.5	农村地区和高密度工业区	全部情况

表 7-23　新西兰养猪场安全防护距离

防护距离/m	土地使用类型	污染源类型
50	附近住宅区	养猪场
45	挤奶棚和院子	
50	屠宰场	
800	生活用水库	
30	家庭供水区	
20	水道	
50	高速公路	
20	厂界	
500	农村住宅	养猪量不超过 2000 头
1500	公众集会区	
2000	城市居民区	
可调节安全距离	城市、乡村、公众集会区	养猪量超过 2000 头

7.5　北美洲

7.5.1　加拿大

加拿大的异味污染管理主要借鉴其他国家的管理经验，政府要求各地区根据各自地域特点、主要行业类型、投诉情况等因素，选择适合于本地区的管理办法。若该地区基本不存在异味投诉，也可不设立管理机制和管控措施。加拿大部分地区异味管理办法汇总如表 7-24 所列，其中，安大略省是应用管理办法最多的地区。

表 7-24　加拿大部分地区异味管理办法汇总

地区	管理办法
亚伯达省	公害法、环境敏感点物质浓度标准、防护距离
安大略省	公害法、环境敏感点异味浓度标准、环境敏感点物质浓度标准、防护距离
马尼托巴省	公害法、环境敏感点异味浓度标准
魁北克市	公害法、防护距离
卡尔加里城	公害法、环境敏感点异味浓度标准

安大略省的异味污染管理办法使用公害法、环境敏感点异味浓度标准、环境敏感点物质浓度标准和防护距离。其中，环境敏感点异味浓度标准为 $1OU/m^3$，平均时间为 10min，频率为 100％；环境敏感点物质浓度标准包括最大浓度（Point of Impingement，

POI）和基于健康风险制定的环境空气质量标准（Ambient Air Quality Criteria，AAQC），如表 7-25 所列；防护距离标准主要针对畜牧业和污水处理制定，具体数值如表 7-26 所列。

表 7-25　加拿大安大略省环境中异味物质排放标准

序号	物质名称	标准限值/(mg/m³)	平均时间	参考标准
1	乙酸	2.500	30min	POI 标准
		2.500	24h	AAQC
2	丙酮	48.000	30min	POI 标准
		48.000	30min	AAQC
3	苯乙酮	0.625	30min	POI 标准
		1.167	1h	AAQC
		0.850	10min	AAQC
4	乙炔	56.000	30min	POI 标准
		56.000	24h	AAQC
5	氨	3.600	24h	POI 标准
6	乙酸异戊酯	53.200	24h	AAQC
7	乙酸正戊酯	53.200	24h	AAQC
8	异丙醚	0.220	30min	POI 标准
9	异丙苯	0.100	30min	POI 标准
10	二甘醇单乙醚	0.880	30min	POI 标准
		0.273	24h	AAQC
		1.100	10min	AAQC
11	二甘醇单甲醚	0.800	30min	POI 标准
		1.200	24h	AAQC
12	二异丁基酮	0.470	30min	POI 标准
		0.649	10min	AAQC
13	二甲胺	1.840	1h	AAQC
14	二甲基二硫醚	0.040	30min	POI 标准
		0.040	1h	AAQC
15	二甲醚	2.100	30min	POI 标准
		2.100	24h	AAQC
16	甲硫醚	0.030	30min	POI 标准
		0.030	1h	AAQC
17	乙醇	19.000	30min	POI 标准
		19.000	1h	AAQC
18	联苯	0.060	30min	POI 标准
		0.060	1h	AAQC
19	乙二醇丁醚	0.350	30min	POI 标准
		0.500	10min	AAQC

　异味污染的感官表征与暴露评估方法

序号	物质名称	标准限值/(mg/m³)	平均时间	参考标准
20	乙二醇丁醚乙酸酯	0.500	30min	POI 标准
		0.700	10min	AAQC
21	乙二醇乙醚	0.800	30min	POI 标准
		1.100	10min	AAQC
22	乙酸异丁酯	1.220	30min	POI 标准
		0.412	24h	AAQC
		1.660	10min	AAQC
23	甲基丙烯酸	2.000	30min	POI 标准
		2.000	24h	AAQC
24	丙烯酸甲酯	0.004	30min	POI 标准
		0.004	1h	AAQC
25	氯苯	3.500	1h	AAQC
		4.500	10min	AAQC
26	萘	0.036	30min	POI 标准
		0.050	10min	AAQC
27	辛烷	45.400	30min	POI 标准
		15.300	24h	AAQC
		61.800	10min	AAQC
28	异丙醇	24.000	30min	POI 标准
		24.000	24h	AAQC
29	丙醛	0.007	30min	POI 标准
		0.003	24h	AAQC
		0.010	10min	AAQC
30	丙酸	0.100	30min	POI 标准
		0.100	1h	AAQC
31	丙酸酐	0.100	30min	POI 标准
		0.100	1h	AAQC
32	2-甲基己酮	0.460	30min	POI 标准
		0.160	24h	AAQC
		0.630	1h	AAQC
33	四氢呋喃	9.300	30min	POI 标准
		9.300	24h	AAQC
34	甲基叔丁基醚	2.200	30min	POI 标准
35	乙酸正丙酯	0.900	30min	POI 标准
36	异丁醇	1.940	30min	POI 标准
		0.655	24h	AAQC
		2.640	10min	AAQC

序号	物质名称	标准限值/(mg/m³)	平均时间	参考标准
37	正丁醇	2.278	30min	POI 标准
		0.770	24h	AAQC
		3.100	10min	AAQC
38	乙酸丁酯	0.734	30min	POI 标准
		0.248	24h	AAQC
		1.000	10min	AAQC
39	二硫化碳	0.330	30min	POI 标准
		0.330	24h	AAQC
40	氯	0.300	30min	临时标准
		0.230	10min	AAQC
41	正癸烷	60.000	1h	AAQC
42	双丙酮醇	0.990	30min	POI 标准
		0.330	24h	AAQC
		1.350	10min	AAQC
43	乙酸乙酯	19.000	30min	POI 标准
		19.000	1h	AAQC
44	丙烯酸乙酯	0.005	30min	POI 标准
		0.005	1h	AAQC
45	乙苯	1.900	10min	AAQC
46	乙醚	7.000	30min	临时标准
		0.950	10min	AAQC
47	2-乙基己醇	0.600	30min	POI 标准
		0.600	1h	AAQC
48	3-乙氧基丙酸乙酯	0.147	30min	POI 标准
		0.050	24h	AAQC
		0.200	10min	AAQC
49	甲醛	0.065	30min	POI 标准
50	乙二醇乙醚乙酸酯	0.220	30min	POI 标准
		0.300	10min	AAQC
51	糠醛	1.000	30min	POI 标准
		0.100	1h	AAQC
52	硫化氢	0.030	30min	POI 标准
		0.030	1h	AAQC
53	硫醇	0.020	30min	POI 标准
		0.020	1h	AAQC
54	乙酸异丙酯	1.470	30min	POI 标准
		0.500	24h	AAQC

序号	物质名称	标准限值/(mg/m³)	平均时间	参考标准
54	乙酸异丙酯	2.000	10min	AAQC
55	甲基异丁酮	1.200	30min	POI标准
		1.200	24h	AAQC
56	甲基丙烯酸甲酯	0.860	30min	POI标准
		0.860	24h	AAQC
57	甲基胺	0.025	30min	POI标准
		0.025	24h	AAQC
58	甲苯	2.000	30min	POI标准
		2.000	24h	AAQC
59	总还原硫	0.040	30min	POI标准
		0.040	1h	AAQC
60	三甲胺	0.001	30min	POI标准
		0.001	1h	AAQC
61	1,2,4-三甲苯	0.500	30min	POI标准
		1.000	24h	AAQC
62	二甲苯	2.300	30min	POI标准
		2.300	24h	AAQC
63	丙二醇单甲醚	5.000	30min	POI标准
		5.000	24h	AAQC
64	吡啶	0.060	30min	POI标准
		0.080	10min	AAQC
65	丙二醇甲醚	89.000	30min	POI标准
		30.000	24h	AAQC
		121.000	10min	AAQC
66	二氯丙烯	2.400	30min	POI标准
		2.400	24h	AAQC
67	苯乙烯	0.400	30min	POI标准

表 7-26　加拿大安大略省安全防护距离标准

安全防护距离/m	土地利用	污染源类型	污染源分类
100(推荐值)			容量≤500m³/d
100(最小值) 150(推荐值)	敏感区域 (比如居民区)	污水处理厂	500m³/d≤容量≤25000m³/d
>150			容量≥25000m³/d

7.5.2　美国

在美国，异味被看作是区域性的环境问题，不同区域由于经济发展水平、产业结构、地理环境和气象条件不同，异味污染情况差异较大，因此联邦政府没有制定统一的异味法规标准，而是由各个州根据所辖区域的经济发展特点和实际情况制定相应的管理方法，一般有以下几种形式：

① 针对某种特定的异味物质制定标准，如一些州和地方规定了硫化氢、甲硫醇等异味物质的环境标准，见表 7-27。但是如果多个污染源的异味气体混合在一起，组分变得复杂，则利用单一物质测试法评价异味污染存在一定的困难。

表 7-27　美国部分州规定的环境敏感点物质浓度标准

地区	物质名称	标准限值	平均时间
加利福尼亚州	硫化氢	30×10^{-9}	1h
		8×10^{-9}	—
康涅狄格州	硫化氢	$6.3 \mu g/m^3$	—
	甲硫醇	$2.2 \mu g/m^3$	—
爱达荷州	硫化氢	30×10^{-9}	30min
		10×10^{-9}	24h
伊利诺伊州	硫化氢	10×10^{-9}	8h
明尼苏达州	硫化氢	50	30min
		30	30min
		60	1h
		7	3个月
密苏里州	氨	144×10^{-9}	—
内布拉斯加州	总还原硫	100×10^{-9}	30min
新墨西哥州	硫化氢	$(30 \sim 100) \times 10^{-9}$	30min
		10×10^{-9}	1h
纽约州	硫化氢	10×10^{-9}	1h
纽约市	硫化氢	1×10^{-9}	—
北达科他州	硫化氢	50×10^{-9}	瞬时
宾夕法尼亚州	硫化氢	100×10^{-9}	1h
		5×10^{-9}	24h
得克萨斯州	硫化氢	居住区和商业区：120×10^{-9}	30min
		工业区和农业区：80×10^{-9}	30min

② 建立在动态嗅觉测试法和扩散模型预测基础上的非现场测试方法。用动态嗅觉测试法测定排放源的臭气浓度，然后将数据输入大气扩散模型进行预测。臭气浓度单位为 OU 或 OU/m³ 或 D/T（dilutions/threshold），与我国使用的臭气浓度概念相同，均

指将异味气体稀释至嗅觉阈值的倍数。表 7-28 中有美国部分州和地方采用 D/T 表示的环境敏感点异味浓度标准。

表 7-28　美国部分州和地方的环境敏感点异味浓度标准

地区	排放限值	平均时间	频率	源类型	所在区域
宾夕法尼亚州阿勒格尼	4D/T	2min	<50h/a	污水处理厂	居住在高速公路周边
宾夕法尼亚州费城市	20D/T	—	<100h/a	污水处理厂	居民区
加利福尼亚州空气资源委员会	5D/T	—	—	污水处理厂	地界线
加利福尼亚州东湾市政府区	50D/T	—	<10h/a	污水处理厂	工业转居民用地
	20D/T	—	<100h/a		
加利福尼亚州科斯塔县	4D/T	—	<100h/a	污水处理厂	工业用住宅及高速路
加利福尼亚州奥克兰市	50D/T	3min	—	—	—
加利福尼亚州圣地亚哥市	5D/T	5min	99.5%	污水处理厂	厂界
加利福尼亚州澄县卫生区	20D/T	—	<100h/a	污水处理厂	在高速路处居民区
加利福尼亚州萨克拉门托县	20D/T	—	<100h/a	污水处理厂	农村住宅
加利福尼亚州央特维尔	4D/T	—	<100h/a	污水处理厂	高尔夫球场
西雅图市	5D/T	5min	—	污水处理厂	—
康涅狄格州	7D/T	—	—	—	—
北卡罗来纳州	4D/T	30s	—	堆肥场	—
马萨诸塞州	5D/T	1h	—	堆肥	厂界外
密苏里州	5.4D/T	—	—	—	厂界线
北达科他州	2D/T	—	—	—	—
伊利诺伊州坎卡基	4D/T	2min	—	污水处理厂	—
肯塔基州	7D/T	—	—	—	—
科罗拉多州	7D/T	—	—	除了制造业和农业	居民或商业区
	15D/T	—	—		其他地区
	127D/T	—	—	除养猪业以外	—
	7D/T	—	—	家养、商业养猪	厂界
	2D/T	—	—		非厂界区
艾奥瓦州	15D/T	2h	—		厂界
	7D/T	—	—		居民或公共区
新泽西州	5D/T	<5min	—	生物固体/污泥处理	通过分散模型预测的具有最高影响的敏感受体
佛罗里达州棕榈滩县	7D/T	—	—	堆肥场	边界线
俄勒冈州波特兰	1~2D/T	15min	—	—	—
怀俄明州	7D/T	—	—	—	—

③ 向新扩建企业推荐最佳实用技术（BACT）用于控制异味污染。

④ 建议防护距离，例如美国农业工程协会（ASAE）建议畜禽养殖场应与居民区保持 0.4~0.8km 的距离，与新建居民区保持 1.6km 的距离。

加利福尼亚州是美国异味污染最严重的地区之一。该地区的异味污染主要由海湾空气管理局（Bay Area Air Quality Management District）进行控制与管理。管理体系包括公害法、环境敏感点的物质浓度和异味浓度标准、投诉响应机制和最大排放浓度标准。之所以选择以上方法建立异味管理系统，与当地工业、农业的分布情况和类型有关。管理局通过调查发现，当地主要污染源有污水处理厂、垃圾填埋场、堆肥设施、炼油厂以及化工厂，因而整个系统侧重对以上行业的物质排放和异味浓度的控制与管理。

环境敏感点的物质浓度和异味浓度标准规定了异味浓度限值以及二氧化硫、硫化氢的浓度限值，如表7-29所列。最大排放浓度标准中关于异味浓度的限值是基于排气筒高度制定的，具体标准值如表7-30所列；物质浓度排放限值主要规定了硫化氢、氨、硫醇、三甲胺等物质在点源、面源和体源的标准值，如表7-31所列。以上标准限值的制定依据为保证人们身体健康且不能引起生活不适。

表 7-29　美国加利福尼亚州无组织源排放标准

控制项目	标准值	平均时间
臭气浓度	5D/T	—
二氧化硫	500×10^{-9}	3min
	250×10^{-9}	60min
	50×10^{-9}	24h
硫化氢	60×10^{-9}	3min
	30×10^{-9}	60min

表 7-30　美国加利福尼亚州有组织源臭气浓度排放限值

物质	标准值/(D/T)	排放筒高度
臭气浓度	1000	<9m
	3000	9~18m
	9000	18~30m
	30000	30~55m
	50000	>55m

投诉管理是整个异味管理系统的重要组成部分。加利福尼亚州的做法是，以90d为一个周期，当投诉达到10次及10次以上时将启用"投诉响应机制"；经过定期整改后若在一年内未收到投诉，则为整改成功，若在整改后一个新的周期内又出现5次或更多的投诉时，"投诉机制"重新启动，直至整改合格为止。整改合格的标准参考相关排放标准。此外，为了使公众了解异味污染管理政策，环境管理部门组织定期开展学生授课、社区宣传以及手册设计与发放，形成管理执行与居民监督共同机制，从而有效解决异味污染。

表 7-31　美国加利福尼亚州各物质的有组织排放标准

物质	标准值/(mg/m³)	污染源类型	物质	标准值/(mg/m³)	污染源类型
甲硫醚	0.277	点源	二氧化硫	857.143	大部分源(除船舶外)
	0.138	面源、体源		5714.286	船舶
氨	3794.643	点源	硫化氢	379.464	硫黄回收厂
	1897.321	面源、体源		4553.571	硫酸厂
硫醇(以甲硫醚计)	0.429	点源		1517.856	催化裂化装置,流化焦硫器
	0.214	面源、体源		607.143	可口可乐煅烧窑
酚类(以苯酚计)	20.982	点源		22kg/h	催化剂制造厂
	10.491	面源、体源		9.0kg	亚硫酸处理(杏)
三甲胺	0.0527	点源		10.9kg	亚硫酸处理(桃)
	0.0527	面源、体源		13.6kg	亚硫酸处理(梨)

7.6　非洲和中东

　　南非于 2004 年颁布了《国家环境管理之空气质量法案》（National Environment Management：Air Quality Act，2005），该法案要求控制由灰尘、噪声和令人不快的气味引起的污染问题。各地方政府可以根据当地情况和排放源特征制订气味控制措施，并要求所有潜在污染源必须采取一切合理措施防止任何活动引起的任何异味的散发。然而，南非并未出台具体的标准来管理控制异味污染。

　　沙特阿拉伯同样没有专门针对异味污染制定的相关标准，而是在大气污染物排放标准中，规定了硫化氢的厂界标准值，还限定了个别污染物的最大排放浓度标准。皇家委员会（the Royal Commission for Jubail and Yanbu）为可能造成健康影响和气味烦恼的化合物设定了标准值，制定标准值的依据为影响人类健康的阈值。此外，皇家委员会环境条例（the Royal Commission Environmental Regulations）要求"设施的经营者不得随意排放空气污染物，其浓度和持续时间不得对公众健康造成伤害、不利影响或造成滋扰"，并要求"为有效控制大气排放，设施负责人应使用最佳可行技术"。

　　以色列环境保护部（IMEP）和地方当局负责预防和消除包括空气污染、异味或不卫生条件对人产生的滋扰。1961 年颁布的《环境妨害法》（the Abatement of Environmental Nuisances Law）是以色列管理空气质量、异味和噪声的关键法规。

　　该法律规定，"任何人不得进行引起噪声和空气污染（包括气味）的行为"。该法律还规定了环境敏感点异味浓度标准，即：住宅区为 $1OU_E/m^3$；混合区域，包括一个或多个娱乐区、旅游区、商业区、公共建筑区和轻工业区，$5OU_E/m^3$；其他区域，$10OU_E/m^3$。此外，法律还规定了使用扩散模型预测污染源的影响范围和异味浓度：对于现有设施，影响频率为98％；对于新设施，影响频率为99.5％。

参考文献

[1] 包景岭，李伟芳，邹克华. 浅议恶臭污染的健康风险研究 [J]. 城市环境与城市生态，2012，25（4）：5-7.

[2] GB 14554—93.

[3] DB 12/059—1995.

[4] DB 31/1025—2016.

[5] Office of Odor, Noise and Vibration Environmental Management Bureau Ministry of the Environment. Odor Measurement Review [EB/OL]. Japan: Office of Odor, 2005 [2017-07-25].

[6] 石磊，李昌建，李秀荣，等. 美国恶臭污染管理及测试方法 [J]. 城市环境与城市生态，2004，17（3）：40-42.

[7] Eliot E, Freeman B C S. Legal and regulatory aspects related to odor [J]. Proceedings of the Water Environment Federation, 2004（3）：104-110.

[8] Standards Development Branch, Ontario Ministry of the Environment. Ontario's ambient air quality criteria [EB/OL]. Ontario: Ontario Ministry, 2012 [2017-07-25].

[9] Mcgahan E, Nicholas P, Watts P. Nuisance criteria for impact assessment [EB/OL]. Australian: Australian Pork Ltd, 2002 [2017-07-25].

[10] Yang S B. A comparative study on odor regulation in Japan and Korea [EB/OL]. Ulsan: University of Ulsan, 2005 [2017-07-25].

[11] Bay Area Air Quality Management District. Regulation 7 [EB/OL]. California: Bay Area Air Quality Management District, 1982 [2017-07-25].

[12] Netherlands Environmental Protection Agency. Netherlands Emission Guidelines for Air: Chapter 3. 6 [EB/OL]. Netherlands: Environmental Protection Agency, 2003 [2017-07-25].

[13] Ranzatoa L, Barausse A, Mantovanib A, et al. A comparison of methods for the assessment of odor impacts on air quality: Field inspection（VDI 3940）and the air dispersion model CALPUFF [J]. Atmospheric Environment, 2012，61（1）：570-579.

[14] The Standards Policy and Strategy Committee. EN13725 Air quality determination of odor concentration by dynamic olfactometry [S]. European Union: the Standards Policy and Strategy Committee, 2003.

[15] ASTM Committee. ASTM E679-04 Standard practice for determination of odor and taste thresholds by a forced-choice ascending concentration series method of limits [S]. USA: ASTM Committee, 2004.

[16] Office of Odor, Noise and Vibration Environmental Management Bureau Ministry of the Environment. Odor index regulation and triangular odor bag method [EB/OL]. Japan: Government of Japan, 2003 [2017-07-25].

[17] GB/T 14675—1993.

[18] Fukuyama J. Odor pollution control for various odor emission sources in Japan [EB/OL]. Japan: Osaka City Institute of Public Health and Environmental Sciences, 2004 [2017-07-25].

[19] Park S J. The regulation and measurement of odor in Korea [EB/OL]. Korea: Civil & Environmental Engineering Woosong University, 2004 [2017-07-25].

[20] Harreveld V, Anton P. Odor impact assessment within the european ippc framework [J]. Proceedings of the Water Environment Federation, 2004（3）：90-103.

[21] Wellington Regional Council. Regional Air Quality Management Plan for the Wellington Region [EB/OL]. New Zealand: Wellington Regional Council, 1991 [2017-07-25].

［22］ New Zealand Ministry of the Environment. Review of odour management in New Zealand：Technical report ［EB/OL］. New Zealand：New Zealand Ministry of the Environment，2002 ［2017-07-25］.

［23］ 宋从波，刘旭峰，刘茂. 规模化养猪场恶臭防护距离模型比较研究 ［R］. 北京：中国灾害防御协会风险分析专业委员会，2014.

［24］ South Australia EPA. Guidelines for separation distances ［EB/OL］. Australia：South Australia EPA，2007 ［2017-07-25］.

［25］ European Community EPA. Odour Impacts and Odour Emission Control Measures for Intensive Agriculture ［EB/OL］. Eurpe：European Community EPA，2001 ［2017-07-25］.

［26］ New South Wales Government. Protection of the Environment Operations Act ［EB/OL］. Australia：New South Wales Government，1997 ［2017-07-25］.

［27］ Jacobson L D, Guo H Q, Schmidt D, et al. Development of an odor rating system to estimate setback distances from animal feedlots：odor from feedlots-setback estimation tool (offset) ［R］. USA：Asae International Meeting，2000：1-10.

［28］ Mcginley C M. Enforceable permit odor limits ［EB/OL］. Chicago：The Air and Waste Management Association Environmental Permitting Symposium II，2000 ［2017-07-25］.

［29］ Frechen F B. Odour measurement and odour policy in Germany ［J］. Water Science & Technology，2000，41 (6)：17-24.

［30］ Kamgawar A K. Odor regulation and odor measurement in Japan ［EB/OL］. Japan：Noise and Odor Division，The Ministry of the Environment，2003 ［2017-07-25］.

［31］ IDAHA. Rules Governing Agriculture Odor Management ［EB/OL］. IDAHA：Department of Agriculture，2011 ［2017-07-05］.

［32］ Robertson W A. New Zealand′s new legislation for sustainable resource management：The resourcemanagement act ［J］. Land Use Policy，1993，10 (4)：303-311.

［33］ German EPA. Determination and Assessment of Odour in Ambient Air：Guideline on Odour in Ambient Air ［EB/OL］. Germany：German EPA，2008 ［2017-07-25］.

［34］ Queensland EPA. Odour Impact Assessment from Developments ［EB/OL］. Queensland：department of Environment and heritage protection，2012 ［2017-07-25］.

［35］ Bay Area Air Quality Management District. California Environmental Quality Act ［EB/OL］. California，USA：Association of Bay Area Governments，2012 ［2017-07-25］.

［36］ New South Wales Government. Environmental Planning and Assessment Act ［EB/OL］. NSW，New South Wales Government，1979 ［2017-07-25］.

［37］ German EPA. Federal Immission Control Act，Bundes-Immissionsschutzgesetz (BImSchG) ［EB/OL］. Germany：German EPA，2013 ［2017-07-25］.

［38］ German EPA. Technical Instructions on Air Quality Control - TA Luft ［EB/OL］. Germany：German EPA，2002 ［2017-07-25］.

［39］ Japan MOE. Offensive Odor Control Law ［EB/OL］. Japan：government of Japan，2003 ［2017-07-25］.

［40］ Japan MOE. Calculation Method of Odor Index and Odor Intensity ［EB/OL］. Japan：government of Japan，2003 ［2017-07-25］.

附　录

附录 1　214 种工业化学物质的气味阈值
与健康阈值、挥发性的比较

John E. Amooref 和 Earl Hautala 参考了大量的文献，统计整理了 216 种化学物质的气味阈值定量数据，并统一单位整理成表格（表 1），同时列出美国政府工业卫生学会（ACGIH）发布的这些物质的健康风险阈限值作为对比，从气味角度衡量化学品安全。表中还计算了每种化合物的安全稀释因子和气味安全系数，并对这些物质的气味安全等级从 A 到 E 进行了分类，作为该物质超出健康阈限值的警告。

表 1　214 种化学物质的气味阈值定量数据

物质	1 健康阈限值 （体积分数）/10⁻⁶	2 25℃的挥发性 （体积分数）/10⁻⁶	3 气味阈值 （体积分数）/10⁻⁶	4 标准偏差	5 安全稀释因子	6 气味安全系数	7 气味安全等级
乙醛	100	9	0.05	1.7	10000	2000	A
乙酸	10	20000	0.48	1.5	2000	21	C
乙酸酐	5	6700	0.13	1.1	1300	39	B
丙酮	750	290000	13	1.6	390	57	B
乙腈	40	120000	170	2.8	3000	0.23	D
乙炔	140000	9	620	2.8	7	230	B
丙烯醛	0.1	360000	0.16	1.5	3600000	0.61	D
丙烯酸	10	5800	0.094	—	580	110	B
丙烯腈	2	140000	17	2.4	72000	0.12	E
丙烯醇	2	33000	1.1	1.3	16000	1.8	C
氯丙烯	1	480000	1.2	2.5	480000	0.84	D
氨	25	9	5.2	2.0	40000	4.8	C
乙酸正戊酯	100	5200	0.064	2.1	52	1800	A
乙酸仲戊酯	125	9200	0.002	—	74	61000	A
苯胺	2	630	1.1	1.6	310	1.9	C

异味污染的感官表征与暴露评估方法

物质	1 健康阈限值 （体积分数）/10⁻⁶	2 25℃的挥发性 （体积分数）/10⁻⁶	3 气味阈值 （体积分数）/10⁻⁶	4 标准 偏差	5 安全稀 释因子	6 气味安 全系数	7 气味安 全等级
砷化氢	0.05	9	0.50	—	20000000	0.1	E
苯	10	120000	12	1.6	12000	0.85	D
氯化苄	1	1600	0.044	1.1	1600	23	C
多氯联苯	0.2	11	0.00083	—	56	240	B
溴	0.1	270000	0.051	2.2	2700000	2	C
三溴甲烷	0.5	8000	1.3	2.3	16000	0.39	D
1,3-丁二烯	1000	9	1.6	2.5	1000	640	A
丁烷	800	9	2700	1.4	1300	0.29	D
2-丁氧基乙醇	25	1300	0.10	—	52	250	B
乙酸正丁酯	150	16000	0.39	2.5	110	390	B
丙烯酸正丁酯	10	7100	0.035	5.3	720	290	B
正丁醇	50	9200	0.83	1.4	180	60	B
仲丁醇	100	23000	2.6	2	230	38	B
叔丁醇	100	55000	47	2.6	550	2.1	C
正丁胺	5	93000	1.8	2.5	19000	2.7	C
乳酸正丁酯	5	590	7.0	—	120	0.71	D
正丁基硫醇	0.5	约49000	0.00097	1.4	97000	510	B
对叔丁基甲苯	10	850	5.0	—	85	2	C
樟脑	2	450	0.27	1.9	230	7.3	C
二氧化碳	5000	8	74000	1.5	200	0.067	E
二硫化碳	10	470000	0.11	1.9	47000	92	B
一氧化碳	50	9	100000	10	20000	0.00050	E
四氯化碳	5	140000	96	1.8	29000	0.052	E
氯	1	9	0.31	1.8	1000000	3.2	C
二氧化氯	0.1	9	9.4	1.6	10000000	0.011	E
α-苯氯乙酮	0.05	9.9	0.035	1.1	200	1.4	C
氯苯	75	15000	0.68	1.6	200	110	B
氯溴甲烷	200	190000	400	—	940	0.50	D
氯仿	10	250000	85	1.7	25000	0.12	E
三氯硝基甲烷	0.1	34000	0.78	1.4	340000	0.13	E
β-氯丁二烯	10	290000	15	7.9	29000	0.68	D
邻氯甲苯	50	47000	0.32	1.5	94	150	B
间甲酚	5	180	0.00028	2.4	36	17000	A
反式巴豆醛	2	约41000	0.12	1.1	20000	17	C
异丙苯	50	5900	0.088	2.9	120	570	A
环己烷	300	130000	25	2.8	430	12	C

物质	1 健康阈限值 （体积分数）/10^{-6}	2 25℃的挥发性 （体积分数）/10^{-6}	3 气味阈值 （体积分数）/10^{-6}	4 标准偏差	5 安全稀释因子	6 气味安全系数	7 气味安全等级
环己醇	50	2000	0.15	2.1	39	340	B
环己酮	25	6000	0.88	2.2	240	28	B
环己烯	300	99000	0.18	—	330	1600	A
环己胺	10	15000	2.6	—	1500	3.8	C
环戊二烯	75	约560000	1.9	—	7500	40	B
癸硼烷	0.05	约110	0.060	—	2300	0.83	D
二丙酮醇	50	1600	0.28	—	33	180	B
乙硼烷	0.1	9	2.5	—	10000000	0.040	E
邻二氯苯	50	1800	0.30	4.2	37	160	B
对二氯苯	75	1200	0.18	4.1	17	420	B
反式-1,2-二氯乙烯	200	420000	17	16	2100	12	C
β,β'-二氯二乙醚	5	1500	0.049	—	290	100	B
二环戊二烯	5	3600	0.0057	1.9	720	870	A
二乙醇胺	3	78	0.27	—	26	11	C
二乙胺	10	310000	0.13	2.9	31000	77	B
二乙氨基乙醇	10	2900	0.011	—	290	910	A
乙基酮	200	22000	2.0	2.1	110	97	B
二异丁基甲酮	25	3300	0.11	—	130	230	B
二异丙胺	5	110000	1.8	3.9	21000	2.7	C
N-二甲基乙酰胺	10	2600	47	—	260	0.21	D
二甲胺	10	9	0.34	3.1	100000	29	B
N-二甲基苯胺	5	1000	0.013	3.8	200	400	B
n-二甲基甲酰胺	10	3100	2.2	46	310	4.6	C
1,1-二甲基肼	0.5	210000	1.7	5.5	410000	0.30	D
1,4-二氧六环	25	52000	24	2.4	1000	1.1	C
环氧氯丙烷	2	21000	0.93	12	11000	2.1	C
乙烷	140000^i	9	120000	5.9	7	1.2	C
乙醇胺	3	780	2.6	—	260	1.2	C
2-乙氧基乙醇	5^n	7100	2.7	9.0	1400	1.8	C
2-乙氧基乙酸	5^n	2700	0.056	—	530	89	B
乙酸乙酯	400	120000	3.9	1.8	300	100	B
丙烯酸乙酯	5	50000	0.0012	4.1	10000	4000	A
乙醇	1000	75000	84	1.8	75	12	C
乙胺	10	9	0.95	2.6	100000	11	C
乙基戊酮	25	3600	6	—	140	4.2	C
乙苯	100	13000	2.3	2.7	130	44	B

物质	1 健康阈限值 （体积分数）/10^{-6}	2 25℃的挥发性 （体积分数）/10^{-6}	3 气味阈值 （体积分数）/10^{-6}	4 标准 偏差	5 安全稀 释因子	6 气味安 全系数	7 气味安 全等级
溴乙烷	200	610000	3.1	—	3100	64	B
乙基氯化物	1000	9	4.2	—	1000	240	B
乙烯	140000	9	290	2.6	7	490	B
乙二胺	10	16000	1.0	—	1600	10	C
二氯乙烷	10	110000	88	2.1	11000	0.11	E
环氧乙烷	1[n]	9	430	1.6	1000000	0.0023	E
亚胺	0.5	260000	1.5	1.3	520000	0.32	D
乙醚	400	700000	8.9	3.3	1800	45	B
甲酸乙酯	100	320000	31	1.6	3200	3.3	C
乙叉降冰片烯	5		0.014	1.4		350	B
乙基硫醇	0.5	710000	0.00076	2	1400000	650	A
N-乙基吗啡啉	5	11000	1.4	18	2100	3.5	C
硅酸乙酯	10	3000	17	4.9	300	0.57	D
氟	1	9	0.14	—	1000000	7.3	C
甲醛	1[n]	9	0.83	2.3	1000000	1.2	C
蚁酸	5	57000	49	1.9	11000	0.10	E
糠醛	2	2100	0.078	1.7	1000	25	C
糠醇	10	810	8		81	1.2	C
乙醛	100	9	0.05	1.7	10000	2000	A
氟烷	50[n]	390000	33	—	7900	1.5	C
庚烷	400	60000	150	1.7	150	2.7	C
六氯环戊二烯	0.01	78	0.030	5.1	7800	0.34	D
六氯乙烷	10	770	0.15	—	77	64	B
正己烷	50	200000	130	2.0	4000	0.37	D
己烯乙二醇	25	100	50	—	4.0	0.50	D
肼	0.1	18000	3.7	1.1	180000	0.027	E
溴化氢	3	9	2	—	330000	1.5	C
氯化氢	5	9	0.77	2.2	200000	6.5	C
氰化氢	10	970000	0.58	1.9	97000	17	C
氟化氢	3	9	0.042	1.2	330000	71	B
硒化氢	0.05	9	0.3	—	20000000	0.17	E
硫化氢	10	9	0.0081	1.5	100000	1200	A
茚	10	2200	0.015	3.9	220	690	A
碘仿	0.6	约49	0.0050	1.8	81	120	B
异戊酯	100	7100	0.025	1.6	71	3900	A
异戊醇	100	4300	0.042	1.3	43	2300	A

物质	1 健康阈限值 （体积分数）/10^{-6}	2 25℃的挥发性 （体积分数）/10^{-6}	3 气味阈值 （体积分数）/10^{-6}	4 标准 偏差	5 安全稀 释因子	6 气味安 全系数	7 气味安 全等级
乙酸异丁酯	150	26000	0.64	1.8	170	230	B
异丁醇	50	16000	1.6	2	330	30	B
异佛尔酮	5	450	0.20	—	89	25	C
乙酸异丙酯	260	79000	2.7	2.9	320	93	B
异丙醇	400	57000	22	1.8	140	18	C
异丙胺	5	740000	1.2	2.8	150000	4.1	C
异丙醚	260	210000	0.017	—	850	15000	A
马来酸酐	0.25	约170	0.32	—	670	0.77	D
异亚丙基丙酮	15	13000	0.45	26	850	33	B
2-甲氧基乙醇	5″	16000	2.3	26	3200	2.1	C
乙酸甲酯	200	270000	4.6	3.5	1400	44	B
甲基丙烯酸酯	10	110000	0.0048	—	11000	2100	A
甲基丙烯腈	1	88000	7	—	88000	0.14	E
甲醇	200	160000	100	2.0	800	2.0	C
甲胺	10	9	3.2	4.6	100000	3.1	C
甲基戊酮	50	2000	0.35	2.1	40	140	B
N-甲基苯胺	0.5	640	1.7	—	1300	0.29	D
甲基正丁基酮	5	5000	0.076	—	1000	66	B
乙醛	100	9	0.05	1.7	10000	2000	A
三氯乙烷	350	160000	120	2.8	470	2.8	C
2-氰基丙烯酸甲酯	2	约530	2.2	—	260	0.91	D
甲基环己烷	400	61000	630	—	150	0.63	D
顺-3-甲基环己醇	50	710	500	—	14	0.10	E
二氯甲烷	100	550000	250	1.2	5500	0.40	D
甲基乙基酮	200	130000	5.4	1.9	660	37	B
甲酸甲酯	100	760000	600	2.9	7600	0.17	E
甲基肼	0.2	65000	1.7	—	330000	0.12	E
甲基异戊酮	50	4800	0.012	—	96	4200	A
甲基异丁基甲醇	25	7800	0.070	—	310	360	B
甲基异丁基酮	50	9500	0.68	2.3	190	73	B
甲基异氰酸酯	0.02	630000	2.1	—	32000000	0.0094	E
异丙基甲基酮	200	39000	1.9	2.3	200	100	B
甲硫醇	0.5	9	0.0016	2.0	2000000	300	B
甲基丙烯酸甲酯	100	52000	0.083	1.9	520	1200	A
甲基丙基酮	200	21000	11	2.2	110	18	C

物质	1 健康阈限值 （体积分数）/10^{-6}	2 25℃的挥发性 （体积分数）/10^{-6}	3 气味阈值 （体积分数）/10^{-6}	4 标准 偏差	5 安全稀 释因子	6 气味安 全系数	7 气味安 全等级
α-甲基苯乙烯	50	3800	0.29	4	76	170	B
吗啉	20	13000	0.01	—	670	2000	A
萘	10	120	0.084	1.9	12	120	B
羰基镍	0.05	520000	0.30	3.3	10000000	0.17	E
硝基苯	1	360	0.018	1.7	360	58	B
硝基乙烷	100	27000	2.1	—	270	46	B
二氧化氮	3	9	0.39	2.6	330000	7.8	C
硝基甲烷	100	47000	3.5	—	470	29	B
1-硝基丙烷	25	13000	11	4.2	520	2.3	C
2-硝基丙烷	10^n	22000	70	2.2	2200	0.14	E
间硝基甲苯	2	约280	0.045	—	140	45	B
壬烷	200	6000	47	4.1	30	4.3	C
辛烷	300	18000	48	3.2	61	6.3	C
四氧化锇	0.0002	12000	0.0019	—	61000000	0.10	E
二氟化氧	0.05	9	0.10	—	20000000	0.50	D
臭氧	0.1	9	0.045	1.9	10000000	2.2	C
戊硼烷	0.005	270000	0.96	—	54000000	0.0052	E
戊烷	600	670000	400	1.9	1100	1.6	C
四氯乙烯	50	25000	27	1.8	490	1.8	C
苯酚	5	460	0.040	1.5	92	130	B
苯基醚	1	29	0.0012	3.7	29	800	A
苯基硫醇	0.5	2000	0.00094	4.4	4100	530	B
光气	0.1	9	0.90	1.7	10000000	0.11	E
膦	0.3	9	0.51	2.5	3300000	0.58	D
邻苯二甲酸酐	1	0.67	0.053	—	0.7	19	C
丙烷	140000^i	9	16000	1.3	7	8.8	C
丙酸	10	5400	0.16	1.8	540	61	B
丙基乙酸	200	43000	0.67	4.1	220	300	B
正丙醇	200	26000	2.6	1.7	130	78	B
丙烯	140000^i	9	76	3.0	7	1800	A
丙烯酰氯	75	69000	0.25	—	920	300	B
丙二醇-1-甲基醚	100	16000	10	—	160	10	C
环氧丙烷	20	700000	44	4.5	35000	0.45	D
硝酸正丙酯	25	30000	50	—	1200	0.50	D
吡啶	5	27000	0.17	1.4	5300	30	B

物质	1 健康阈限值 （体积分数）/10⁻⁶	2 25℃的挥发性 （体积分数）/10⁻⁶	3 气味阈值 （体积分数）/10⁻⁶	4 标准 偏差	5 安全稀 释因子	6 气味安 全系数	7 气味安 全等级
醌	0.1	130	0.084	3	1300	1.2	C
苯乙烯	50	9600	0.32	2	190	160	B
二氧化硫	2	9	1.1	1.3	500000	1.7	C
1,1,2,2-四氯乙烷	5	8400	1.5	2.1	1700	3.4	C
四氢呋喃	200	230000	2.0	5.4	1100	99	B
甲苯	100	37000	2.9	1.6	370	34	C
甲苯-2,4 二异氰酸酯	0.005^n	约21	0.17	2.9	4200	0.030	E
邻甲苯胺	2	330	0.25	4.1	170	8.0	C
1,2,4-三氯苯	5	570	1.4	2.1	110	3.6	C
三氯乙烯	50	99000	28	1.7	2000	1.8	C
三氯氟甲烷	1000	9	5	—	1000	200	B
1,1,2-三氯-1,2,2-三氟乙烷	1000	430000	45	—	430	22	C
三乙胺	10^n	93000	0.48	2.1	9300	21	C
三甲胺	10^n	9	0.00044	1.4	100000	23000	A
1,3,5-三甲苯	25	3800	0.55	1.9	150	45	B
亚磷酸三甲酯	2	34000	0.00010	—	17000	20000	A
正戊醛	50	21000	0.028	2.5	420	1800	A
乙酸乙烯	10	140000	0.50	1.6	14000	20	C
氯乙烯	5	9	3000	3.7	200000	0.0017	E
偏二氯乙烯	5^n	790000	190	3.7	160000	0.027	E
乙烯基甲苯	50	2400	10	—	48	5	C
间二甲苯	100	11000	1.1	2.1	110	92	B
2,4-二甲基苯胺	2	190	0.056	—	97	36	B

注：1. 第 1 列为 1982 年美国政府工业卫生学会（ACGIH）发布的健康阈限值。所使用的阈限值是时间加权平均值，根据最佳的工业健康数据（8 小时工作日和 40 小时工作周的时间加权平均浓度），在这个浓度之下，几乎所有工人都可以日复一日地重复接触，没有不利影响。上标 n 表示该阈限值是 1982 年预期变更公告中提出的值；上标 i 表示 ACGIH 没有指定阈限值的惰性气体，只是要求空气中的氧含量不得低于 18%，如果该气体含量达到 14% 或 140000×10⁻⁶ 时将会发生窒息。

2. 第 2 列为挥发性，是根据文献蒸气压值（25℃，mm 汞柱）乘以 1316（每 760mm 汞柱为 1000000×10⁻⁶）

3. 第 3 列为空气稀释气味阈值，是所有可用文献数据的几何平均值，省略了极值点和重复点。原本在水稀释中测定的气味阈值被转换为等效的空气稀释气味阈值。

4. 第 4 列为标准误差，当两个或更多的文献阈值被确定时，就能计算其平均值的标准误差。

5. 第 5 列为安全稀释因子，为挥发性除以健康阈限值（第 2 列除以第 1 列）。

6. 第 6 列为气味安全系数，是健康阈限值除以气味阈值（第 1 列除以第 3 列）。

7. 第 7 列为气味安全等级，A 类物质在健康阈限值浓度下会发出最强烈的异味警告，而 E 类物质在健康阈限值浓度下几乎是无味的，见表 2。

表 2　气味安全等级

气味安全等级系数		注释
A	＞550	超过 90％不敏感的人能够感觉到该物质阈限值浓度下的气味
B	26～550	50％～90％不敏感的人能够感觉到该物质阈限值浓度下的气味
C	1～26	少于 50％不敏感的人能够感觉到该物质阈限值浓度下的气味
D	0.18～1	10％～50％敏感的人能够感觉到该物质阈限值浓度下的气味
E	＜0.18	少于 10％敏感的人能够感觉到该物质阈限值浓度下的气味

附录 2　恶臭污染环境监测技术规范

1　适用范围

本标准规定了环境空气及各类恶臭污染源（包括水域）以不同形式排放的恶臭污染的监测技术。

本标准适用于采用实验室分析方法进行环境空气、有组织排放源和无组织排放源排放的恶臭污染监测。

2　规范性引用文件

本标准内容引用了下列文件中的条款。凡是不注日期的引用文件，其有效版本适用于本标准。

GB/T 14675　《空气质量　恶臭的测定　三点比较式臭袋法》

GB/T 16157　《固定污染源排气中颗粒物测定与气态污染物采样方法》

HJ/T 55　《大气污染物无组织排放监测技术导则》

3　术语和定义

下列术语和定义适用于本标准。

3.1　恶臭（odor）

一切刺激嗅觉器官引起人们不愉快感觉及损害生活环境的异味气体。

3.2　臭气浓度（odor concentration）

用无臭空气对臭气样品连续稀释至嗅辨员阈值时的稀释倍数。

3.3　嗅觉阈值（odor threshold）

嗅觉阈值包括可以嗅到气味存在的感觉阈值和能够定出气味特性的识别阈值，本标准中使用的是感觉阈值。

3.4　正解率（ratio of proper odor results）

指嗅辨员对样品嗅辨结果的加权统计值。

3.5　周界（boundary）

指恶臭排放单位的法定边界。若无法定边界，则指实际边界。

3.6 恶臭敏感点（odor sensitive point）

指人群集聚区，包括人群居住地、活动场所等。

4 恶臭的采样点位与采样频次

4.1 有组织排放源的采样点位

4.1.1 采样位置

按照 GB/T 16157 中气态污染物采样方法的相关要求进行。

用真空瓶采集恶臭气体样品时，采样位置应选择在排气压力为正压或常压的点位处。

4.1.2 采样点

按照 GB/T 16157 中气态污染物采样方法的相关要求进行。

4.2 无组织排放源的采样点位

4.2.1 点位布设

按照 HJ/T 55 中的相关要求进行。

在进行无组织排放源恶臭监测采样时，应对风向和风速进行监测。应在下风向周界布设监测点位。一般情况下，点位设立在周界主导风向的下风向轴线及风向变化标准偏差±S°范围内或在有臭气方位的边界线上，如图1所示。±S°的计算测量方法参考 HJ/T 55，每分钟测量一次风向角度，连续测定 10 次，取其平均值并计算标准偏差范围值。

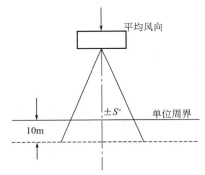

图 1　一般情况下监测点设置示意图

被测周界无条件设置监测点位时，可在周界内设置监测点位，原则上距离周界不超过 10m。当排放源紧靠围墙（单位周界），且风速小于 1.0m/s 时，在该处围墙外增设监测点。

当两个或两个以上无组织排放源的单位相毗邻时，应选择被测无组织排放源处于上风向时进行臭气浓度监测，其布点方法同前。

雨、雪天气下，因污染物会被吸收，影响监测数据的代表性，不宜进行恶臭无组织排放监测。

4.2.2 采样点数量

一般设置 3 个点位，根据风向变化情况可适当增加或减少监测点位。

4.3 环境空气的采样点位

恶臭敏感点的监测采用现场踏勘、调查（污染发生的时段、地点等）的方式，确定采样点。

对于水域恶臭监测，若被污染水域靠近岸边，选择该侧岸边为下风向时进行监测，以岸边为周界。

4.4 采样频次

4.4.1 有组织排放源的采样频次

① 连续有组织排放源按生产周期确定采样频次，样品采集次数不少于 3 次，取其最大测定值。生产周期在 8h 以内的，采样间隔不小于 2h；生产周期大于 8h 的，采样间隔不小于 4h。

② 间歇有组织排放源应在恶臭污染浓度最高时段采样，样品采集次数不少于 3 次，取其最大测定值。

4.4.2 无组织排放源的采样频次

① 连续无组织排放源每 2h 采集一次，共采集 4 次，取其最大测定值。

② 间歇无组织排放源应在恶臭污染浓度最高时段采样，样品采集次数不少于 3 次，取其最大测定值。

4.4.3 环境空气的采样频次

对于环境空气敏感点的监测，根据现场踏勘、调查确定的时段采样，样品采集次数不少于 3 次，取其最大测定值。

5 恶臭的采样方法

5.1 有组织排放源的采样方法

5.1.1 真空瓶采样

5.1.1.1 系统组成

真空瓶采样系统由真空瓶、洗涤瓶、干燥过滤器和抽气泵等组成，见图 2。

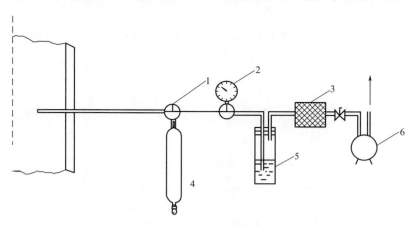

图 2　真空瓶采样系统

1—三通阀；2—真空压力表；3—干燥过滤器；4—真空瓶；5—洗涤瓶；6—抽气泵

5.1.1.2 采样操作

① 将除湿定容后的真空瓶，在采样前抽真空至负压 $1.0 \times 10^5 Pa$。观测并记录真空瓶内压力，至少放置 2h，真空瓶压力变化不能超过规定负压 $1.0 \times 10^5 Pa$ 的 20%，否则

不能使用，更换真空瓶。

② 系统漏气检查：按图 2 所示连接系统，关上采样管出口三通阀，打开抽气泵抽气，使真空压力表负压上升到 13kPa，关闭抽气泵一侧阀门，如压力在 1min 内下降不超过 0.15kPa，则视为系统不漏气。如发现漏气，要重新检查、安装，再次检漏，确认系统不漏气后方可采样。采样前，打开抽气泵以 1L/min 流量抽气约 5min，置换采样系统内的空气。

③ 接通采样管路，打开真空瓶旋塞，使气体进入真空瓶，然后关闭旋塞，将真空瓶取下。

④ 必要时记录采样的工况、环境温度、大气压力及真空瓶采样前瓶内压力。

注 1：当管道内压力为负压时不能采用此系统采样，可将采样位置移至风机后的正压处。

注 2：真空瓶要尽量靠近排放管道，并应采用惰性管材（如聚四氟乙烯管等）作为采样管。

注 3：如采集排放源强酸或强碱性气体时，应使用洗涤瓶。取 100mL 的洗涤瓶，内装洗涤液，如待测气体呈酸性，用 5mol/L 氢氧化钠溶液洗涤气体，如呈碱性则用 3mol/L 硫酸溶液洗涤气体。

5.1.2 气袋采样

5.1.2.1 系统组成

气袋采样系统由气袋采样箱、采样袋、抽气泵等组成，见图 3。

5.1.2.2 采样操作

① 将各部件按图 3 连接好。

② 系统漏气检查：在抽气泵前加装一个真空压力表，其他操作同真空瓶采样系统，参见本标准 5.1.1.2。

③ 打开采样气体导管与采样袋之间阀门，启动抽气泵，将气袋采样箱抽成负压，气体进入采样袋，采样袋充满气体后，关闭采样袋阀门。

④ 采样前按上述操作，用被测气体冲洗采样袋三次。

⑤ 采样结束，从气袋采样箱取出充满样气的采样袋，送回实验室。

⑥ 必要时记录采样的工况、环境温度及大气压力。

注：排气温度较高时，应注意气袋的适用温度。

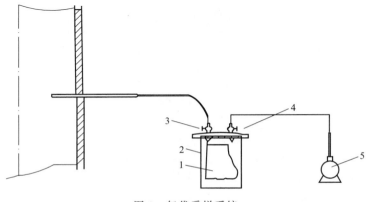

图 3　气袋采样系统

1—采样袋；2—气袋采样箱；3—进气口；4—排气口；5—抽气泵

5.2 无组织排放源及环境空气的采样方法

5.2.1 气象参数监测

一般情况下，气象参数监测应包括环境温度、大气压力、主导风向和风速的测量，并与采样同步进行。当风向发生变化，风向变化标准偏差±S°发生明显偏离时，应及时调整监测点位。

5.2.2 真空瓶采样

（1）实验室准备工作：将除湿定容后的真空瓶，在采样前抽真空至负压 $1.0 \times 10^5 Pa$。观测并记录真空瓶内压力，至少放置 2h，真空瓶压力变化不能超过规定负压 $1 \times 10^5 Pa$ 的 20％，否则不能使用，更换真空瓶。

（2）现场采样：按 4.2.1 选择恶臭无组织排放源采样位置，要在恶臭气味最大时段进行采样。采样时打开真空瓶进气端胶管的止气夹（或进气阀），使瓶内充入样品气体至常压，随即用止气夹封住进气口。

（3）采样记录的填写：包括采样日期、开始时间、样品编号、采样地点、环境温度、采样前真空瓶压力、真空瓶容量、采样点位示意图及恶臭污染状况的感官描述。

5.2.3 气袋采样

（1）实验室准备工作：检查并确保采样袋完好无损。

（2）现场采样：按图 4 所示，在气袋采样箱中先装上经排空后的采样袋。按 4.2.1 选择恶臭无组织排放源采样位置，要在恶臭气味最大时段进行采样。采样时打开进气截止阀，使恶臭气体迅速充满采气袋。开盖取出采样袋，将采集的样品运回实验室。

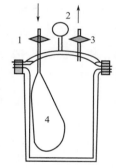

图 4　气袋采样箱

1—进气截止阀；2—负压表；

3—抽气截止阀；4—采样袋

（3）采样记录的填写：包括采样日期、开始时间、样品编号、采样地点、环境温度、采样袋容量、采样点位示意图及恶臭污染状况的感官描述。

6　样品的前处理与分析方法

6.1　样品的前处理方法

当有组织排放源样品浓度过高时，可对样品进行预稀释。

6.1.1　真空瓶采集的样品预稀释

将采样后的真空瓶放入实验室静置半小时达到温度平衡，再进行预稀释处理。稀释操作是在真空瓶进气口处连接气袋，从大口端硅橡胶导管处注入已知体积的无味空气或高纯氮气，迫使真空瓶中气体进入气袋，反复抽推注射器，使注入空气和样气混合均匀，获得稀释倍数为 K 的样品气体。稀释倍数 K 按式（1）计算。保证气路及注射器不漏气，管路不吸附。

$$K = \frac{V_1 + V_2}{V_1} \qquad (1)$$

式中 V_1——真空瓶采集的样品气体积，L;

　　　V_2——注入的空气体积，L;

　　　K——样品的稀释倍数。

　　稀释后样品的实际浓度按式（2）计算：

$$C = C_{分析}K \tag{2}$$

式中 K——样品的稀释倍数；

　　　$C_{分析}$——样品的分析浓度，无量纲；

　　　C——样品的实际浓度，无量纲。

6.1.2 气袋采集的样品预稀释

　　气袋采集的样品送到实验室静置半小时达到温度平衡，再进行预稀释处理。稀释操作是使用注射器抽取一定量 V_1 样品气体，注入另一个空气袋内，再根据分析的需要注入 V_2 体积的空气或高纯氮气，混合均匀，得到稀释样品气体。稀释倍数 K 按式（1）计算。

6.2 恶臭的分析方法

6.2.1 臭气浓度的分析按照 GB/T 14675 的相关要求进行。

6.2.2 排放源臭气浓度测定时，配气员首先进行稀释试验，初步判定初始稀释倍数。然后以较适宜嗅辨员开展稀释浓度的实验，进行后续实验。

6.2.3 环境臭气浓度测定时，其测定结果的小组平均正解率 M 可有几种结果，应按以下规定进行分析。

　　① M_1 第一次稀释倍数的平均正解率小于 0.58，则停止分析，样品臭气浓度取小于 10。

　　② M_1 第一次稀释倍数的平均正解率小于 1 且大于 0.58，再提高稀释倍数 10 倍，求得第二次稀释倍数的平均正解率 M_2，若 M_2 小于 0.58 则停止分析，按 GB/T 14675 中相关公式计算样品臭气浓度。

　　③ 若 M_1 第一次稀释倍数的平均正解率小于 1 且大于 0.58，而第二次稀释倍数的平均正解率 M_2 虽小于 M_1 但仍大于 0.58，则继续按 10 倍梯度稀释配气，直到最终平均正解率小于 0.58，并以相邻的一次平均正解率为 M_1 计算臭气浓度结果。这时公式中的 t_1 为相邻一次的稀释倍数。

　　④ M_1 大于 0.58，当继续进行样品稀释后出现 M_2 大于 M_1 的情况时，说明人们对该气体嗅觉敏感度很高，M_1 的配气浓度远离嗅阈值，应继续提高稀释倍数，直到出现平均正解率 M_n 小于 M_{n-1}，且小于 0.58 时停止分析。

7 监测结果与记录

7.1 对数据计算中的中间参数（M、α、X_i、X）修约至小数点后两位，其余均不作中间过程修约，臭气浓度结果的小数位数只舍不入，取整数。

7.2 现场监测采样、样品保存、样品运输、样品交接、样品处理和实验室分析等内容应按规定格式认真记录。

7.3 臭气浓度的采样记录、交接记录、嗅辨记录、配气记录、臭气浓度测定结果登记表等记录式样参见附录 B。

8 质量保证与质量控制

8.1 监测人员要求

8.1.1 监测人员要求

按照 GB/T 14675 中的相关要求进行。

8.1.2 嗅辨工作要求

按照 GB/T 14675 中的相关要求进行。

8.2 采样器材的准备

8.2.1 真空瓶

① 用于臭气浓度采样时，采样前应采用空气吹洗，再抽真空使用，使用后的真空瓶应及时用空气吹洗。当使用后的真空瓶污染较严重时，应采用蒸沸或重铬酸钾洗液清洗的方法处理。具体方法参见附录 A.1.3。

② 当有组织排放源样品浓度过高，需对样品进行预稀释时，在采样前应对真空瓶进行定容，可采用注水计量法对真空瓶定容，定容后的真空瓶应经除湿处理后再抽气采样。定容除湿方法参见附录 A.1.4。

③ 对新购置的真空瓶或新配置的胶塞，应进行漏气检查。用带有真空表的胶塞塞紧真空瓶的大口端，抽气减压到绝对压力 1.33kPa 以下，放置 1h 后，如果瓶内绝对压力不超过 2.66kPa，则视为不漏气。

8.2.2 注射器

对新购置的注射器，应进行漏气检查。用水将注射器活栓润湿后，吸入空气至刻度 1/4 处，用橡皮帽堵严进气孔，反复把活栓推进拉出几次，如活栓每次都回到的位置与原来位置的误差不大于原体积的 2.5%，可视为不漏气。

8.3 样品的管理

8.3.1 样品的标志

样品应编制唯一性的标志码，包括样品编号、采样时间、采样地点、点位、频次、监测项目。污染源样品还应注明排气筒的信息。

8.3.2 样品的保存与运输

① 样品采集后应对样品进行密封，环境样品与污染源样品在运输和保存过程中应分隔放置，并防止异味污染。

② 真空瓶存放的样品应有相应的包装箱，防止光照和碰撞，气袋样品应避光保存。

③ 所有的样品均应在 17~25℃ 条件下进行保存。

④ 进行臭气浓度分析的样品应在采样后 24h 内测定。

附录 A
（资料性附录）
采样设备及辅助设施

A.1 真空瓶

A.1.1 真空瓶的规格

真空瓶的结构如图 A.1 所示，按其容积大小，分为大、中、小三个规格，容量分别约为 10L、3L、1.5L。真空瓶大口端，用 2 号硅橡胶塞密封，该密封塞带有真空表。真空瓶的进气口为球形接口，用硅橡胶导管和止气夹密封。当对真空瓶抽气后，可利用密封胶塞上的真空表计量真空瓶的负压值。

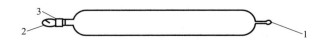

图 A.1　真空瓶结构示意

1—进气口；2—真空表；3—排气口

A.1.2 技术要求

真空瓶采用硅硼玻璃制造，应具有 $2kg/cm^2$ ❶ 的抗压能力。

A.1.3 真空瓶的清洗

A.1.3.1 真空瓶的空气吹洗

真空瓶采样前可采用空气吹洗，即用硅橡胶管将真空采样瓶进气端（小口端）与真空泵进气口接管相连接，打开真空瓶大口端胶塞，在清洁空气环境中，用真空泵抽取清洁空气约 2min，使采样瓶内残余吸附的气味物质得到挥发和清除，直至确认采样瓶内无气味后备用。

A.1.3.2 空气瓶的洗涤方法

若真空瓶有污渍可进行清洗，清洗方法同一般玻璃器皿，清洗后采用 A.1.4 方法干燥。

若真空瓶有明显气味，如进行过臭气浓度较高的样品采样，当用真空泵抽取清洁空气吹洗无效时，可把真空采样瓶放入大型蒸锅筷上，锅底加水沸蒸 0.5h，自然晾干，再按上述方法进行清洁空气吹洗。

蒸气清洗法具有高温脱附和快速清洗作用，可应用于吸附力较强的污染物采样后的清洗。设备主要由真空瓶支架和可控流量的蒸气发生器组成，其输出的蒸气可用冷水池凝结处理。主要技术指标：蒸气温度大于 $100℃$，蒸气流量大于 80L/min，蒸气绝对压力小于 100kPa，设备具有压力保险阀。

采用重铬酸钾洗液浸润真空瓶内壁 3～5 次，后用自来水冲洗至中性，用 A.1.4 方

---

❶　kg/cm^2 为 kgf/cm^2，$1kgf/cm^2 = 98.0665kPa$。

法干燥备用。

A.1.4　真空瓶的定容和干燥预处理

定容即真空瓶容积测量，可采用量水法，将待测真空瓶注满水后，测量装入瓶内水的体积，该体积即为真空瓶的实际容积。

真空瓶除湿法应用于真空瓶量水法定容或采用湿法清洗后的真空瓶干燥处理，预处理方法如图 A.2 所示。将真空瓶大口端导气管与干燥剂相连，真空瓶另一端入气口与抽气泵或采样器连接，抽气至真空瓶彻底干燥。注意在进行干燥处理时，为防止实验室环境空气对真空瓶的污染，可在图 A.2 干燥瓶后连接活性炭过滤器。

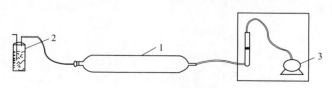

图 A.2　真空瓶干燥预处理示意

1—真空瓶；2—干燥瓶；3—抽气泵

A.2　气袋采样器（气袋采样箱）

A.2.1　气袋采样器的结构

气袋采样器的结构如图 A.3 所示，由气袋采样箱、采样袋、抽气泵等组成。采样袋进气口与密封盖内接口连接，采样袋置于箱内，盖上密封盖，抽气泵向箱内抽气，因箱内负压作用，外部气体进入采样袋，流量计和针阀控制抽气流速。

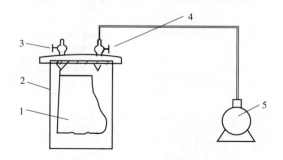

图 A.3　气袋采样器结构示意

1—气袋；2—气袋采样箱；3—进气口；4—排气口；5—抽气泵

A.2.2　技术要求

气袋采样器应具有足够的气密性，能够形成 50kPa 的负压。流量计量程为 $0.4\sim4L/min$，精确度不低于 2.5%。

采样袋可采用聚酯或氟聚合物等材质。规格有 5L、10L、30L 等类型。

A.3　辅助设施

A.3.1　抽气泵

用于真空瓶抽气的抽气泵要求抽气流速大于 30L/min，应能克服烟道及采样系统阻力，可用隔膜泵或旋片式抽气泵。当流量计放在抽气泵出口端时，抽气泵应不漏气。

A.3.2　空压机

在采样和分析过程中使用的空压机应为无油空压机，其压缩空气流速应大于30L/min。

A.3.3　采样管与连接导管

采样管材质应选择不吸附且不与待测污染物起化学反应、不被排气中腐蚀成分腐蚀，同时能在排气温度和流速下保持足够机械强度的材料。一般可选择不锈钢、硬质玻璃、石英、氟树脂或聚四氟乙烯等材料。

连接导管可选择氟树脂或硅橡胶管，应尽可能短。

A.3.4　干燥器

干燥器用于吸收采样气体中的水分，使流量计指示流量为干气体流量。干燥器容积不小于200mL。

A.3.5　洗涤瓶及干燥过滤器

洗涤瓶的作用是避免H_2S、NH_3等酸碱腐蚀性气体对抽气泵的损害；干燥过滤器的主要作用是防止洗涤瓶中的水汽进入抽气泵。

附录 B
（资料性附录）
原始记录

B.1　恶臭现场采样记录

标识：　　　　　　　　　　　　　　　　　　　　　　　　　　共　　页　　第　　页

单位名称		单位地址	
工艺名称		恶臭污染源	
最近敏感目标位置距离			采样日期	

样品编号	采样地点	采样时间	主导风向	风速	大气压	现场臭气强度	异味特征描述

方法及依据	
备注	

采样人：　　　　　　　　　　　　　　　　　　　复核人：

B.2　监测样品交接单

标识：　　　　　　　　　　　　　　　　　　　　　　　　　　共　　页　　第　　页

样品编号	监测项目	状态描述	备注

样品数：　　送样人：　　　接样人：　　　送检时间：　年　月　日　时

注：状态描述应记录样品感观（色、味及其他异常情况）。

异味污染的感官表征与暴露评估方法

B.3 嗅辨记录

标识：　　　　　　　　　　　　　　　　　　　　　　　　　共 页 第 页

批号	嗅辨结果	批号	嗅辨结果	批号	嗅辨结果
方法及依据					

嗅辨员：　　　　　　　　　　　　　日期：　　　年　　　月　　　日

B.4 嗅辨配气记录

标识：　　　　　　　　　　　　　　　　　　　　　　　　　共 页 第 页

项目					
样品号	批号	稀释倍数	注入量/mL	注入袋号	备注
方法及依据					

分析人：　　　　　　　审核人：　　　　　　　　　日期：　年　　月　　日

B.5 环境臭气浓度测定结果登记表

标识：　　　　　　　　　　　　　　　　　　　　　　　　　共 页 第 页

监测时间：　　　年　　　月　　　日　　　　　　　　　　监测地点：

样品编号																								
稀释倍数 t		$t_1=$			$t_2=$			$t_1=$			$t_2=$			$t_1=$			$t_2=$			$t_1=$			$t_2=$	
试验次序		1	2	3	1	2	3	1	2	3	1	2	3	1	2	3	1	2	3	1	2	3	1	2	3
嗅辨员判定结果	A																								
	B																								
	C																								
	D																								
	E																								
	F																								
小组平均正确率(M)																									
臭气浓度 $Y=t_1\times10\alpha\beta$		α Y						α Y						α Y						α Y					

监测方法依据：

注：$M=(1\times a+0.33b+0\times c)/n$，$n=$解答总数（18人次），$\alpha=(M_1-0.58)/(M_1-M_2)$，$\beta=\lg(t_2/t_1)$。

统计人：＿＿＿＿＿＿＿　　复核人：＿＿＿＿＿＿＿　　审核人：＿＿＿＿＿＿＿

B.6 污染源臭气浓度测定结果登记表

标识：　　　　　　　　　　　　　　　　　　　　　　　　　　　共　　页　第　　页

监测方法依据：　　　　　　　　　　　　　　　　　日期：

样品编号：

稀释倍数(a)							个人嗅阈值 $X_i=(\lg a_1+\lg a_2)/2$	个人嗅阈值 最大最小值
对数值($\lg a$)								
嗅辨员	A							
	B							
	C							
	D							
	E							
	F							
结果	$X=$		$Y=10^X$					

填表人：　　　　　　　　　　复核人：

附录3　恶臭嗅觉实验室建设技术规范

1　适用范围

本标准规定了恶臭嗅觉实验室的选址、布局以及内部设计等技术要求。

本标准适用于恶臭嗅觉实验室的建设。

2　规范性引用文件

本标准内容引用了下列文件中的条款。凡是不注明日期的引用文件，其有效版本适用于本标准。

GB/T 14675　《空气质量　恶臭的测定　三点比较式臭袋法》

JGJ 91　《科学实验室建筑设计规范》

3　术语和定义

下列术语和定义适用于本标准。

3.1　恶臭（odor）

一切刺激嗅觉器官引起人们不愉快感觉及损害生活环境的异味气体。

3.2　恶臭嗅觉实验室（olfactory laboratory）

采用三点比较式臭袋法、嗅觉仪测定法、恶臭强度测定法及其他方法进行恶臭嗅觉测定的实验室，主要用于采样器材准备、样品配制、嗅辨测定和嗅觉恢复等。

3.3　臭气浓度（odor concentration）

用无臭空气对臭气样品连续稀释至嗅辨员阈值时的稀释倍数。

3.4　传递窗（delivery window）

恶臭嗅觉测定中用于传递样品的窗口。

3.5　嗅觉仪（olfactometer）

进行恶臭嗅觉测定时，用无臭空气以规定的比率稀释臭气样品，并传递给嗅辨员的仪器。

3.6　嗅辨台（sniff table）

嗅辨员进行恶臭嗅觉测定的工作台。

3.7　嗅辨位（sniff position）

通过不透明隔板在嗅辨台上分隔成的独立嗅辨空间。

4　新建实验室的选址

4.1　恶臭嗅觉实验室应远离异味污染源及噪声源，如与其他实验室相邻，应有效隔离，并设置独立的进出通道。

4.2　恶臭嗅觉实验室选址时，应对拟建恶臭嗅觉实验室室外的空气进行臭气浓度测定，臭气浓度最大值应小于 10。

5　实验室的布局

5.1　恶臭嗅觉实验室须具备采样准备室、样品配制室、嗅辨室三个功能区，装备嗅觉仪的实验室须设置嗅觉仪泵房。有条件的实验室可增设休息室。各功能区的布局应集中紧凑、划分明确、联系方便、互不干扰。恶臭嗅觉实验室布局可参考图 1。

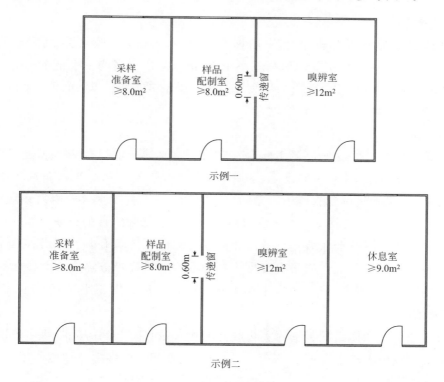

图 1　恶臭嗅觉实验室布局示意

5.2　恶臭嗅觉实验室的功能区和主要功能：采样准备室用于采样器材的存放、采样器使用前的准备、测定后样品的处理、采样器材清洗等；样品配制室用于测定器材存放、样品短期存放、无臭空气制备、样品配制等；嗅辨室用于嗅辨员对样品嗅辨；休息室为嗅辨员提供空气清洁的休息环境，缓解嗅觉疲劳。

5.3 采样准备室可与其他实验室共用，但需要满足实验室的内部设计的要求。样品配制室应与嗅辨室相邻，并设置传递窗。传递窗的长度不小于0.60m，高度不小于0.40m，可参考图2设计。

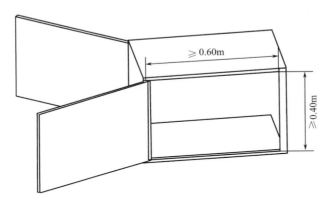

图2　传递窗设计示意

6　实验室的内部设计

6.1　建筑与装修

6.1.1 采样准备室、样品配制室使用面积不小于8.0m²，嗅辨室使用面积不小于12m²，设有嗅觉仪的嗅辨室使用面积不小于17m²。室内净高均不小于2.4m。

6.1.2 实验室的内墙、门和窗须采用无味、低吸附性的材质，地面铺设无味、低吸附性的地面材料。嗅觉仪泵房应有效隔音。

6.2　内部设施

6.2.1 采样准备室内部设施包括实验台、置物架、水池、通风橱或机械通风装置，布局可参考图3。样品配制室内部设施包括实验台、置物架、物品柜，布局可参考图4。嗅辨室内部设施包括嗅辨台、椅子，布局可参考图5。设置嗅觉仪的嗅辨室还应增加嗅觉仪实验台，布局可参考图6。以上设施均采用无味、低吸附性的材质。

6.2.2 实验台宽度不小于0.75m，采样准备室实验台总长度不小于1.5m，样品配制室实验台总长度不小于4.0m。嗅辨台高度为0.80m，通过隔板分隔成6个独立的嗅辨位，每个嗅辨位长度不小于1.0m，宽度不小于0.50m，隔板高度不小于0.30m。嗅辨台的设计可参考图7。

6.2.3 采样准备室和样品配制室的实验器材配置参照GB/T 14675的相关要求。

6.2.4 嗅辨室室内噪声级应低于45dB（A）；实验期间室内温度波动应不超过±3℃。

6.3　空气净化及调节

6.3.1 恶臭嗅觉实验室应设置通风及空气净化装置，保证实验室内空气无异味。

6.3.2 恶臭嗅觉实验室内温度范围应在17～25℃之间，相对湿度范围应在40%～70%之间。

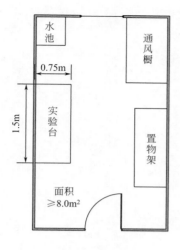

图 3　采样准备室布局示意图

图 4　样品配制室布局示意图

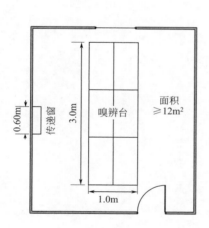

图 5　嗅辨室布局示意图

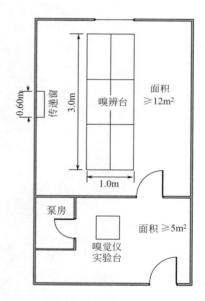

图 6　设置嗅觉仪的嗅辨室布局示意图

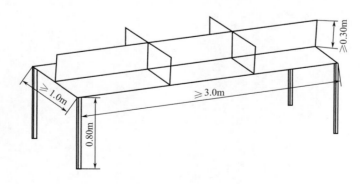

图 7　嗅辨台设计示意图

7 安全和防护

7.1 采样瓶等易碎实验器材存放处应设置"易碎"安全标志。

7.2 采样器存放区域应区分清洁区和工作区，并设置安全标志。

7.3 废弃样品处理必须在通风橱内完成。

7.4 其他要求参照 JGJ 91 执行。